教育部高等学校电子信息类专业教学指导委员会规划教材

高等学校电子信息类专业系列教材·新形态教材

U0197938

电路理论

（微课视频版）

王晓辉 田启川 师洪洪 程海新 编著

清华大学出版社

北京

内 容 简 介

本书侧重讲解电路分析的基本概念、基本定律、基本定理，电路的时域分析、频域分析、复频域分析等基本分析方法及其实际应用，突出思维方式的引导，注重对学习者学习效果的及时检测和反馈，提升读者知识掌握效果和实际应用能力。除了不同难度等级的课后思考题之外，还解析了执业资格考试中电路相关的部分问题，供不同层次、不同需求的读者练习。配套的微课、每章思维导图、电子课件和课后习题、模拟题及参考答案，增加了教材的可读性和读者自学的高效性。

本书适合普通高等学校电类专业电路等相关课程使用，也可作为参加"全国注册电气工程师执业资格考试"专业基础考试中"电路"部分的复习参考书，还可供相关专业技术人员阅读。

图书在版编目（CIP）数据

电路理论：微课视频版/王晓辉等编著．—北京：清华大学出版社，2022.7（2025.3重印）
高等学校电子信息类专业系列教材．新形态教材
ISBN 978-7-302-60562-1

Ⅰ．①电…　Ⅱ．①王…　Ⅲ．①电路理论－高等学校－教材　Ⅳ．①TM13

中国版本图书馆 CIP 数据核字（2022）第 064160 号

责任编辑：曾　珊　李　晔
封面设计：李召霞
责任校对：韩天竹
责任印制：曹婉颖

出版发行：清华大学出版社
网　　　址：https://www.tup.com.cn, https://www.wqxuetang.com
地　　　址：北京清华大学学研大厦 A 座　　邮　　编：100084
社　总　机：010-83470000　　　　　　　　邮　　购：010-62786544
投稿与读者服务：010-62776969, c-service@tup.tsinghua.edu.cn
质量反馈：010-62772015, zhiliang@tup.tsinghua.edu.cn
课件下载：https://www.tup.com.cn,010-83470236
印　装　者：三河市人民印务有限公司
经　　销：全国新华书店
开　　本：185mm×260mm　　印　张：19.5　　　　字　　数：473 千字
版　　次：2022 年 7 月第 1 版　　　　　　　　印　　次：2025 年 3 月第 2 次印刷
印　　数：1501～1800
定　　价：69.00 元

产品编号：092482-01

高等学校电子信息类专业系列教材

前言
PREFACE

电路理论课程是高等院校电类专业的一门重要的专业基础课和必修课,后续各专业基础课和专业课都建立在这门课程的理论体系之上。

本书将电路基础理论、思维方法、工程应用三者有机结合,进行了体系化设计,通过先易后难、逐级递进的方式将电路基本概念和基本理论层层展开,并配套实际应用分析和思考练习,使学生掌握电路的基本概念、基本定理和分析电路的基本方法,提高学生分析问题、解决问题的能力以及工程科学应用能力和工程素质。本书逻辑主线鲜明,知识主题突出,可充分满足不同层次读者对于电路理论知识和实际应用的需要。

本书的编写在注重理论知识讲解的同时,更注重思维方式的引导,强调如何利用经典理论方法解决实际问题,加强对思考问题的引申,增加与实际应用结合紧密的例题、练习题,与相关定理、定律的应用联系起来,提升学生对问题进行分析、设计、开发、研究等实际应用能力,为电路基础到专业课之间搭建延伸的桥梁,培养学生的工程意识、工程观念以及理论和实际相结合的能力与创新能力。本书能很好地处理技术先进性与教学适用性之间的关系,适应信息化时代学生自主学习的趋势,从内容和形式的策划上更利于教师授课和学生学习。除传统内容外,本书还配套了核心知识点对应的微课讲解、每章节的 PPT、思维导图、课后习题和模拟练习题,以及课后习题和模拟练习题的参考答案,便于读者自学、自测。

本书由王晓辉负责全书的策划、组织和统稿工作,并编写了第 1~7 章及核心知识点微课的录制。田启川负责第 8、9 章的编写,程海新负责第 10~13 章的编写,师洪洪负责本书电子课件、思维导图的制作及微课的剪辑等工作。

北京建筑大学电气与信息工程学院建筑电气与智能化专业建电 181 班的同学对本书进行了第一稿的勘误,提出了很多细致、详尽的问题和建议。电气与信息工程学院研究生邱映、李兆巍、齐航、邓威威、刘静蕾对本书中的图表、公式等做了大量的修订工作。本书得到了北京建筑大学教材建设项目的资助,在此一并表示感谢!

由于编者水平有限,书中难免有疏漏和不当之处,恳请广大读者批评指正。

编 者
2022 年 4 月
于北京

学习建议

本书可作为电类相关专业本科生电路课程的教材,也可作为参加"全国注册电气工程师执业资格考试"专业基础考试中"电路"部分的复习参考书,还可供相关专业的技术人员和社会读者阅读参考。课程参考学时为 80~96 学时,包括理论教学环节 80 学时和实验教学环节 16 学时。教师可以根据不同的教学对象或教学大纲要求安排学时数和教学内容。

课程的主要内容包括电路模型与电路定律、电阻电路的等效变换、电阻电路的一般分析、电路定理、低阶电路的暂态分析、正弦稳态电路分析、含有耦合电感的电路、电路的频率响应、三相电路、非正弦周期信号电路分析、线性动态电路的复频域分析、二端口网络分析等。电路理论课程的主要任务是学习电路的基本概念、基本原理、基本分析方法及其实际工程应用,提高学生分析电路的思维能力和进行电路实验研究的能力,以便为学生学习后续课程奠定必要的基础。

本课程的实践环节十分重要,因此与课堂讲授内容相配合,可设置基尔霍夫定律的验证、叠加定理的验证与应用、戴维南定理的验证与应用、一阶电路过渡过程的研究、荧光灯电路的分析及功率因数提高、三相电路实验等实验项目。通过实验方案的设计、操作和验证、分析,使学生能够理论联系实际,加深对电路理论的认知。

本课程的主要知识点、重点、难点及课时分配见下表。

序号	教学内容	教学重点	教学难点	课时分配
第 1 章	电路模型与电路定律	电压、电流参考方向与实际方向的关系;理想电压源和电流源的特性;基尔霍夫电流定律	关联参考方向与非关联参考方向;受控源与理想电源的区别;非关联参考方向下欧姆定律的表达;基尔霍夫电压方程的列写	10 学时
第 2 章	电阻电路和独立电源的等效变换	电阻电路的等效变换;独立电源等效变换	Y 形连接和 △ 形连接电路的等效变换	4 学时
第 3 章	电阻电路的一般分析	支路电流法;回路电流法;结点电压法	基尔霍夫电流方程与基尔霍夫电压方程的数目;网孔电流的概念;回路电流方程中基本回路的选取;结点电压方程中参考结点的选取	8 学时
第 4 章	电路定理	叠加定理及其应用;戴维南定理及其应用	电源置零的处理方法;叠加定理的适用条件;有源二端网络的开路电压的求解;无源二端网络的等效电阻的求解	10 学时

续表

序号	教学内容	教学重点	教学难点	课时分配
第5章	一阶和二阶电路的暂态分析	动态电路的基本概念；动态电路初始条件的确定；一阶电路的零输入响应、零状态响应和全响应；三要素法分析动态电路的方法；一阶电路的阶跃响应和冲激响应	不同时刻的电路特性及状态；三要素的物理意义及计算方法	12学时
第6章	相量法	正弦量的三要素；正弦量的相量法基础	同一物理量的不同表达形式；正弦量的相量表示法	4学时
第7章	正弦稳态电路的分析	电路定律的相量形式、阻抗与导纳的概念；相量图；正弦稳态电路的分析与计算；正弦稳态电路的功率；功率因数提高	电路定律的相量形式表达与计算；参考相量的选取；功率因数提高的原理	10学时
第8章	含有互感电路的计算	互感现象；互感的概念；变压器原理及理想变压器；含有耦合电感电路的正弦稳态分析方法	相量法分析耦合电感上的电压、电流关系；互感电路的去耦等效；含有耦合电感电路的正弦稳态分析方法	6学时
第9章	电路的频率响应	RLC串联电路的谐振；RLC并联电路的谐振；RLC串联电路的频率响应	谐振电路的分析	4学时
第10章	三相电路	三相电源的特点；三相电源与三相负载的连接；不同连接三相电路中线电压与相电压的关系，线电流与相电流的关系；三相电路的分析与计算；三相电路的功率分析及测量	Y形接线与△形接线时线电压、相电压及线电流与相电流的关系；三相四线制与三相五线制电路；一相等效电路法计算三相电路的电压与电流	10学时
第11章	非正弦周期信号电路	非正弦周期信号及其分解；非正弦周期电流电路中的有效值、平均值和平均功率的概念及求解；非正弦周期电流电路的计算	周期函数分解为傅里叶级数；非正弦周期信号电流作用下，电路中响应的计算	4学时
第12章	线性动态电路的复频域分析	一般线性电路时域动态分析及其难点；拉普拉斯变换及其意义；拉普拉斯变换的基本性质；拉普拉斯变换电路图；拉普拉斯逆变换；应用拉普拉斯变换进行线性电路的动态分析	拉普拉斯逆变换；应用拉普拉斯变换分析线性动态电路的方法	8学时
第13章	二端口网络	二端口网络的概念；二端口网络的方程与参数；二端口网络的等效电路；二端口网络的转移函数；二端口网络的连接	二端口网络的等效电路；二端口网络的转移函数	6学时

微课视频清单

序号	视 频 名 称	时长	对应二维码插入书中的位置
1	电压电流的方向	9′51″	1.2.2 节节尾
2	电压电流的方向应用	5′47″	1.2.2 节节尾
3	电功率	8′03″	1.3.3 节节尾
4	电路中的无源元件	14′48″	1.4.3 节节尾
5	电路中的电源元件	8′32″	1.4.5 节节尾
6	电路中的受控源	6′07″	1.4.6 节节尾
7	基尔霍夫定律	13′04″	1.6.3 节节尾
8	电阻电路的 Y-△ 变换	9′25″	2.2.2 节节尾
9	独立电源的等效变换	6′47″	2.3.2 节节尾
10	支路电流法	7′41″	3.2.3 节节尾
11	网孔电流法	7′58″	3.3.2 节节尾
12	回路电流法	11′21″	3.4.3 节节尾
13	结点电位法	11′15″	3.5.3 节节尾
14	叠加定理	9′52″	4.1.3 节节尾
15	戴维南定理	7′04″	4.3.1 节节尾
16	最大功率传输定理	4′21″	4.4 节节尾
17	动态电路的初始条件	6′25″	5.1.1 节节尾
18	一阶 RC 电路的零输入响应	6′05″	5.2.2 节节尾
19	一阶 RC 电路的零状态响应	5′40″	5.3.3 节节尾
20	一阶 RC 电路的全响应	5′34″	5.4.3 节节尾
21	三要素法分析一阶电路	6′06″	5.5.2 节节尾
22	正弦波的特征量	8′20″	6.1.3 节节尾
23	正弦波的相量表示法	6′46″	6.2.3 节节尾
24	单一参数的正弦交流电路	8′28″	7.1.3 节节尾
25	正弦交流电路的相量分析法	10′14″	7.2.2 节节尾
26	正弦交流电路的功率	6′12″	7.2.3 节节尾
27	功率因数的提高	9′22″	7.3.3 节节尾
28	互感的概念	11′07″	8.1.4 节节尾

序号	视 频 名 称	时长	对应二维码插入书中的位置
29	互感电压的计算	7′18″	8.1.5 节节尾
30	互感电路分析	6′42″	8.3 节节尾
31	三相电路的概念	5′37″	10.1.4 节节尾
32	三相电路的电压电流	7′39″	10.2.3 节节尾
33	对称三相电路的计算	9′42″	10.3 节节尾
34	三相电路的功率	4′58″	10.5.2 节节尾
35	拉普拉斯变换的运算电路	7′30″	12.4.4 节节尾
36	应用拉普拉斯变换法分析线性电路	4′10″	12.5 节节尾

目 录
CONTENTS

电路模型与电路定律

电路模型与电路定律是分析电路的基础,正确理解电路的基本概念,掌握计算电路的基本方法,是本章的主要任务。本章重点介绍电路的基本模型、组成电路的基本元件及其特性,并分析电路的基本定律。

1.1 电路与电路模型

1.1.1 电路的组成及作用

电路是电流的通路,它是为了满足某种需要由某些电工设备或元件按一定方式组合构成的。电路中的每个组成部分称为电路的元件。电路在日常生活中到处可见,不论是如图 1-1-1 所示的简单的手电筒,还是如图 1-1-2 所示的复杂的电力系统,均由电路实现其功能。电路由 3 部分组成,即电源、负载和中间环节。其中,电源是将非电能转换成电能的装置,如发电机、干电池等。负载是将电能转换成非电能的装置,如电动机、电炉、电灯等。

电路的中间环节,如输电线路、变压器、开关等,是连接电源和负载的部分,起传输和分配电能的作用。不同的电路实现其各自的功能,如在电力系统中,电路实现电能的传输和转换功能;而在电子电路中,电路的作用是传递和处理信号。如图 1-1-2 所示的电路虽然看起来比较复杂,但是利用电路理论的相关方法可以对其进行分析,并通过对电路的分析解决实际的电路问题,研究各种电路的特性。

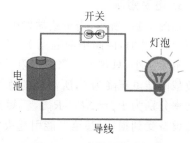

图 1-1-1　手电筒示意电路

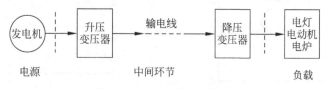

图 1-1-2　电力系统示意电路

1.1.2 电路模型

电路通过各电路元件的连接实现其电路功能。理想电路元件是指有某种确定的电磁性能的理想元件,主要有电阻、电感、电容、电源等元件。这些元件中,如电阻、电感、电容等,需要外接激励才能工作,这样的元件称为无源元件。另外一些元件,本身可作为其他元件的激励或含有激励元件(如电源),称为有源元件。由反映实际电路部件主要电磁性质的理想电路元件组成的电路称为电路模型。图 1-1-1 所示手电筒的电路模型如图 1-1-3 所示。

图 1-1-3 手电筒的
电路模型

为描述电路的运行特性,常关注电路的基本物理量有电流、电压、电位、电功率等。

1.1.3 电路的状态

1. 电路正常工作

在如图 1-1-4 所示的电路中,当开关处于闭合状态时,电路中各部分处于正常工作状态。正常工作的电路必须处于额定状态,即电源、负载、导线等都有相应的额定值。各种电气设备的电压、电流和功率的额定值是指制造厂为了使产品正常运行而规定的正常容许值,分别用 U_N、I_N 和 P_N 表示。

额定值是电气设备的额定工作条件,运行在额定值的电气设备处于最佳工作状态。如直管荧光灯的额定电压是 220V,额定功率是 36W,此时荧光灯的工作状态最佳。但在实际工作时,电压、电流、功率的实际值并不一定等于它们的额定值。为了保证设备的工作效率和使用寿命,常常规定其实际工作的电压或电流不能超过额定值的一定范围。

2. 电路开路

在图 1-1-4 所示的电路中,当开关断开时,电路处于开路状态,也称断路。开路电路一个非常明显的特征就是电路的电流 $I=0$。此时,断开电路两端的电压 $U=U_0=U_E$,称为电路的开路电压。因此,开路电路中负载所消耗的总功率 $P=0$,电源发出的功率及电源的内容上所消耗的功率分别为 $P_E=0$,$\Delta P=0$。

3. 电源短路

如图 1-1-5 所示,当负载端发生短路时,电流有了阻力更小的通路,因此电路输出的电压 $U=0$。此时,电路中的电流 $I=I_S=U_E/R_0$,该电流称为短路电流。短路时,短路回路中的电阻非常小,只剩下电源的内阻,因此短路电流非常大,这是短路的明显特征。短路电路中负载两端电压降为 0,所消耗的总功率也为 0,而电源发出的功率及电源的内容上所消耗的功率分别为 $P_E=\Delta P=R_0 I^2$。短路产生的远大于正常工作电流的短路电流,可能使电路中的设备受到损坏,甚至可能引起火灾等危害。

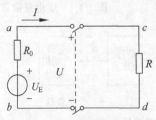

图 1-1-4 电路正常工作

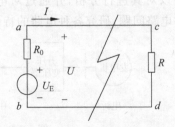

图 1-1-5 电路短路

1.2 电压、电流的方向

电压、电流这两个物理量都是矢量,既包含大小,又包含方向。方向是分析电路的关键,如果没有方向,电路分析将没有意义。

1.2.1　电压和电流的定义

物理中对电压和电流分别做了明确的定义。

1. 电流

带电粒子有规则的定向运动形成电流,单位为 A(安培)。电流的大小即电流强度,规定为单位时间内通过导体横截面的电荷量。

$$i(t) \overset{\text{def}}{=\!=} \lim_{\Delta t \to 0} \frac{\Delta q}{\Delta t} = \frac{dq}{dt}$$

在电路中,电流的实际方向规定为正电荷定向移动的方向。

2. 电压

电压的大小定义为单位正电荷 q 在电场力作用下从电路中一点移至另一点时所做的功 W 的大小。电压的单位为是 V(伏特)。

$$U \overset{\text{def}}{=\!=} \frac{dW}{dq}$$

一般电压的方向规定为由高电位("+"极)端指向低电位("−"极)端,即电位降低的方向。

1.2.2　参考方向

从上述定义可以看出,电压和电流均为矢量,它们除了具有大小之外,还具有方向。其大小可根据定义计算,那么,如何确定其方向呢? 在有些情况下电压的实际方向(物理中对电量的规定)也难以确定,为了便于电路的分析和计算,通常可以人为地为该电量假设一个方向,即参考方向。

1. 参考方向的表示方式

电流参考方向有如下两种表示方式。

(1)用箭头表示:箭头的指向为电流的参考方向,如图 1-2-1(a)所示。

(2)用双下标表示:如 i_{AB},电流的参考方向由 A 指向 B,如图 1-2-1(b)所示。

(a)用箭头表示参考方向　　(b)用双下标表示参考方向

图 1-2-1　电流的参考方向

电压参考方向的 3 种表示方式如下:

(1)用箭头表示,如图 1-2-2(a)所示。

(2)用正负极性表示,如图 1-2-2(b)所示。

(3)用双下标表示,如图 1-2-2(c)所示。

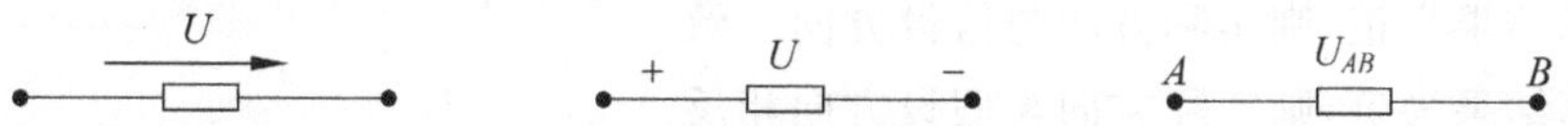

(a)用箭头表示的参考方向　　(b)用正负极性表示的参考方向　　(c)用双下标表示的参考方向

图 1-2-2　电压的参考方向

当然,在实际的电路表示中,也可以将上述几种方式结合,如同时用正负极和双下标表示,或用箭头和双下标表示。

由此,在进行电路分析时,首先应根据所假设的参考方向,即规定的电压或电流的正方向进行电路分析,再根据计算结果判断实际方向。缺少“参考方向”的物理量是没有意义的。

2. 参考方向与实际方向的关系

对于电流,如图 1-2-3(a)所示,当电流的参考方向与实际方向一致时,记为 $I>0$;反之,当二者不一致时,记为 $i<0$。对于电压,与电流相类似,如图 1-2-3(b)所示,当电压的参考方向与实际方向一致时,记为 $U>0$;反之,当不一致时,记为 $U<0$。

(a) 电流的参考方向与实际方向

(b) 电压的参考方向与实际方向

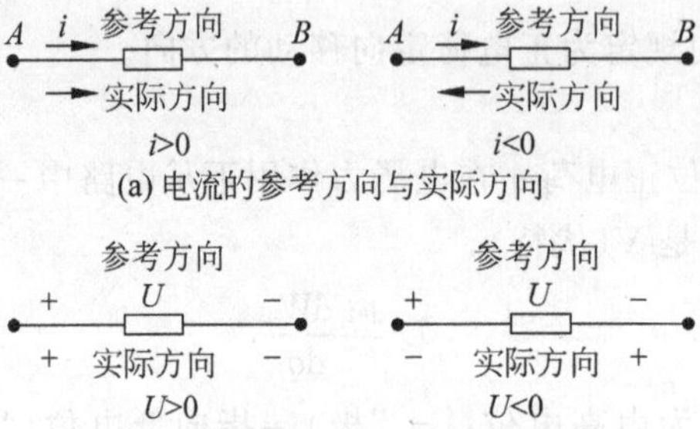

图 1-2-3　电流的参考方向与实际方向的关系

根据上述电压、电流的方向,在电路中规定:如果元件或支路的电压、电流采用相同的参考方向,则称之为关联参考方向,如图 1-2-4(a)所示;反之,如图 1-2-4(b)所示,称之为非关联参考方向。

(a) 关联参考方向　(b) 非关联参考方向

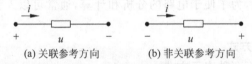

图 1-2-4　电压的参考方向与实际方向的关系

【例题 1-2-1】 电压电流参考方向如图 1-2-5 所示,问:A、B 两部分电路电压电流参考方向是否关联?

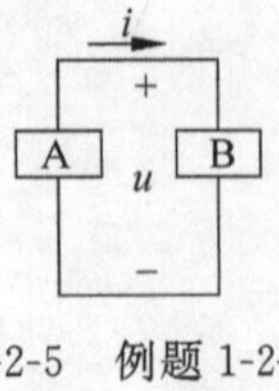

图 1-2-5　例题 1-2-1 图

对于电路 A,可以发现电流与电压的方向不一致;而电路 B 中,电压与电流方向是一致的。因此,电路 A 电压、电流参考方向非关联;电路 B 电压、电流参考方向关联。

3. 电路求解步骤

(1) 在解题前先设定一个正方向,作为参考方向;

(2) 根据电路的定律、定理,列出物理量间相互关系的代数表达式;

(3) 根据计算结果确定实际方向:

若计算结果为正,则实际方向与假设方向一致;

若计算结果为负,则实际方向与假设方向相反。

【例题 1-2-2】 如图 1-2-6 所示电路,已知:$U_E=2\text{V}$,$R=1\Omega$。问:当 U 分别为 3V 和 1V 时,电流 I_R 为多少?

【解】

（1）先假定电路中物理量的参考方向如图 1-2-7 所示。

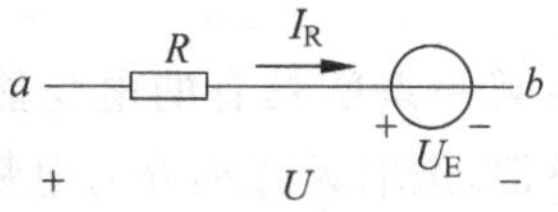

图 1-2-6　例题 1-2-2 图 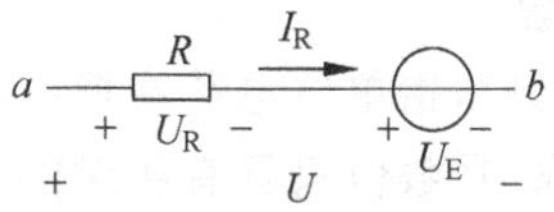　　　图 1-2-7　参考方向的标注

（2）根据参考方向列电路方程：

$$U = U_R + U_E$$

因此，$U_R = U - U_E$。

于是 $I_R = \dfrac{U_R}{R} = \dfrac{U - U_E}{R}$。

（3）代入数值计算：

当 $U = 3\text{V}$ 时，$I_R = \dfrac{3-2}{1} = 1(\text{A})$（实际方向与参考方向一致）；

$U = 1\text{V}$ 时，$I_R = \dfrac{1-2}{1} = -1(\text{A})$（实际方向与参考方向相反）。

【*2017-1】　在如图 1-2-8 所示的电路中，元件电压 $u = (5 - 9\mathrm{e}^{-t/\tau})$，当 $t > 0$ 和 $t \to \infty$ 时电压 u 的代数值及其真实方向为（　　　）。

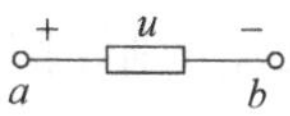

图 1-2-8　*2017-1 题图

A. $\begin{cases} t = 0, u = 4\text{V}, \text{电位 } a \text{ 高}, b \text{ 低} \\ t \to \infty, u = 5\text{V}, \text{电位 } a \text{ 高}, b \text{ 低} \end{cases}$　　　B. $\begin{cases} t = 0, u = -4\text{V}, \text{电位 } a \text{ 高}, b \text{ 低} \\ t \to \infty, u = 5\text{V}, \text{电位 } a \text{ 高}, b \text{ 低} \end{cases}$

C. $\begin{cases} t = 0, u = 4\text{V}, \text{电位 } a \text{ 低}, b \text{ 高} \\ t \to \infty, u = 5\text{V}, \text{电位 } a \text{ 高}, b \text{ 低} \end{cases}$　　　D. $\begin{cases} t = 0, u = -4\text{V}, \text{电位 } a \text{ 低}, b \text{ 高} \\ t \to \infty, u = 5\text{V}, \text{电位 } a \text{ 高}, b \text{ 低} \end{cases}$

【解】　D

电压 $u = (5 - 9\mathrm{e}^{-t/\tau})$，$t > 0$。

因此，

当 $t = 0$ 时，$u = 5 - 9 = -4\text{V}$，电位为负，因此电位 a 低，b 高；

当 $t \to \infty$ 时，$u = 5 - 0 = 5\text{V}$，电位为正，因此电位 a 高，b 低。

需要注意的是：

（1）分析电路前必须选定电压和电流的参考方向。

（2）参考方向一经选定，必须在图中相应位置标注（包括方向和符号），在计算过程中不得任意改变。

（3）参考方向不同时，其表达式相差一个负号，但电压、电流的实际方向不变。

微课 1　电压
电流的方向

微课 2　电压
电流的方向
应用

---

*　注：含有 * 的例题为"注册电气工程师执业资格考试"专业基础部分的历年真题，"-"前是年份，"-"后是题号。

1.2.3 电位

1. 电位的概念

电位又称"电势",指单位电荷在静电场中的在某一点所具有的电势能。电势大小取决于电势零点的选取,其数值只具有相对的意义。通常,选取无穷远处为电势零点,这时,其数值等于电荷从该处经过任意路径移动到无穷远处所做的功(人为假定无穷远处的势能为零)与电荷量的比值。电位的单位与电压相同,都是伏特(V)。

分析电路中各点的电位时,在电路中任选一个结点,设其电位为零(用⊥标记),此点称为参考点。一般认为参考点的电位为0V。其他各结点对参考点的电压,便是该结点的电位,记为 V_X。

需要注意的是,电位的表示符号为单下标,代表某个点的电位,这要从写法上与电压的表示符号区别开。

图 1-2-9 接地符号

在很多建筑物的侧面墙体上标记有如图 1-2-9 所示的符号,此符号表示该建筑物的接地测试点,在此处接地的作用便是为建筑物中各设备的正常工作提供电位参考点。

2. 电位与电压的区别

电位值是相对的,参考点选得不同,电路中其他各点的电位也将随之改变;而电路中两点间的电压值是固定的,不会因参考点的不同而改变。

下面通过一个例子来证明以上结论。

【例题 1-2-3】 电路如图 1-2-10 所示,分别计算 A 点为参考点和 B 点为参考点时,其余各点的电位,并计算两点间的电压。

【解】

(1) 若选 A 为参考点,如图 1-2-11(a)所示,则各点电位如下:

$$V_A = 0$$

$$V_B = U_{BA} = -60\text{V}, \quad V_C = U_{CA} = 80\text{V},$$

$$V_D = U_{DA} = 30\text{V}$$

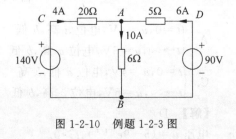

图 1-2-10 例题 1-2-3 图

(2) 若选 B 为参考点,如图 1-2-11(b)所示,则各点电位如下:

$$V_B = 0$$

$$V_A = U_{AB} = 60\text{V}, \quad V_C = U_{CB} = 140\text{V}, \quad V_D = U_{DB} = 90\text{V}$$

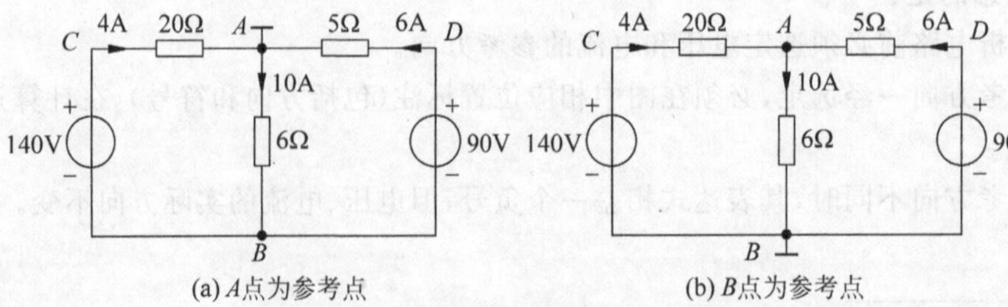

(a) A 点为参考点　　　　　　　　(b) B 点为参考点

图 1-2-11 以不同的点作为参考点

对上述结果对比可以发现：A 和 B 分别为参考点时，C 点的电位 V_C 和 D 点的电位 V_D 均不相同。

（3）分别计算 A 和 B 为参考点时两点间的电压如下：

$$U_{AB} = V_A - V_B = 60\text{V}$$

$$U_{CB} = V_C - V_B = 140\text{V}$$

$$U_{DB} = V_D - V_B = 90\text{V}$$

因此，不论以 A 还是 B 为参考点，各两点间的电压是不改变的。

由此可得出结论：

（1）电路中电位参考点可任意选择；

（2）参考点一经选定，电路中各点的电位值就唯一确定；

（3）当选择不同的电位参考点时，电路中各点电位值将改变，但任意两点间电压保持不变。

3. 电位的应用

（1）根据定义，若已知一个元件两端点相对于同一个参考点的电位（或根据电路结构可依次确定两端点间的电位），则利用两点的电位差可以计算出两点间的电压。更进一步，若已知电阻两端的电位和电阻值，则可以计算电阻中流过的电流。

【例题 1-2-4】　如图 1-2-12 所示的例子，计算支路电流 I_6。

【解】

选 A 点为电位参考点，则可以依次确定 B 点和 C 点的电位分别为：

$$V_B = E_2$$

$$V_C = -E_3$$

那么，$I_6 = \dfrac{V_C - V_B}{R} = \dfrac{-E_3 - E_2}{R} = -\dfrac{E_2 + E_3}{R}$。

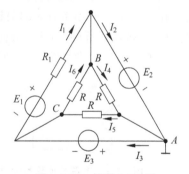

图 1-2-12　例题 1-2-4 图

（2）在电路中计算电位时，首先选定参考点，参考点的电位为 0V，电路中某点的电位即为该点到参考点的电压。需要注意的是，必须先选定参考点，电位才有意义。这样便将电位的计算转化为电压的计算。可利用本书后面所介绍的方法计算电压。

（3）后面将介绍用"结点电位法"分析电路的一般方法，有时在结点较少、支路较多的电路中利用结点电位法可大大简化计算，提高计算效率。

1.3　电功率

1.3.1　电功率的定义

从概念上，电功率定义为：单位时间内电场力所做的功，即

$$P = \frac{\mathrm{d}W}{\mathrm{d}t}$$

在 1.2 节介绍过电压和电流，其定义分别为

$$U=\frac{\mathrm{d}W}{\mathrm{d}q}, \quad I=\frac{\mathrm{d}q}{\mathrm{d}t}$$

由此,可以推导出:

$$P=\frac{\mathrm{d}W}{\mathrm{d}t}=\frac{\mathrm{d}W}{\mathrm{d}q}\frac{\mathrm{d}q}{\mathrm{d}t}=UI$$

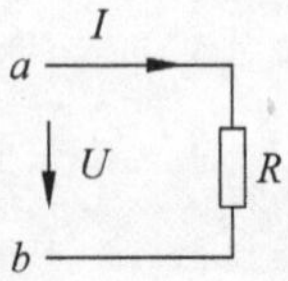

图 1-3-1　电阻电路的功率

这就是电功率。如图 1-3-1 所示,设电路任意两点间的电压为 U,流入此部分电路的电流为 I,当电压和电流为关联参考方向时,这部分电路消耗(吸收)的功率为:

$$P=UI \text{(W)}$$

功率的单位是 W(瓦特)。

电路在一段时间 t 内消耗的能量是:

$$W=\int_0^t ui\,\mathrm{d}t=Pt$$

能量的单位为 J(焦耳)。需要注意的是,平常所说的“度”与“焦耳”不是一回事——1 度＝ 1kW·h＝1000W×3600s＝3.6×10⁶W·s＝3.6×10⁶J。

1.3.2　电功率的应用

电功率的计算公式中规定了电压电流为关联参考方向时的结果,那么,如果电路中电压、电流的方向不一致,结果会如何?功率会存在正负吗?答案是肯定的。这也体现了电源与负载的区别。我们借助图 1-3-2 来分析。

在 U、I 为关联参考方向的前提下,电路的功率 $P=UI$。这里,U 和 I 都是按参考方向来分析的,按前述所讲,当参考方向与实际方向不一致时,U 或 I 取负数即可,不影响分析。

若 $P=UI>0$,即如图 1-3-3 所示,则该电路吸收功率,其性质为负载。

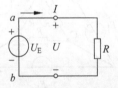

图 1-3-2　电源与负载的区别

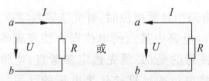

图 1-3-3　U、I 为关联参考方向

若 $P=UI<0$,即如图 1-3-4 所示,则该电路发出功率,其性质为电源。并且,根据能量守恒关系,$P_{吸收}=P_{发出}$,电路中电源发出的功率与负载吸收的功率是平衡的。

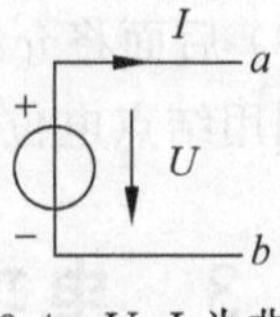

图 1-3-4　U、I 为非关联参考方向

1.3.3　电功率应用举例

【例题 1-3-1】　已知:$U_1=1\mathrm{V}$,$U_2=-3\mathrm{V}$,$U_3=8\mathrm{V}$,$U_4=-4\mathrm{V}$,$U_5=7\mathrm{V}$,$U_6=-3\mathrm{V}$,$I_1=2\mathrm{A}$,$I_2=1\mathrm{A}$,$I_3=-1\mathrm{A}$。求如图 1-3-5 所示电路中各方框所代表的元件吸收或产生的功率。

【解】

根据功率的定义:

$P_1 = U_1 I_1 = -1 \times 2 = -2\text{W}$（发出）；

$P_2 = U_2 I_1 = (-3) \times 2 = -6\text{W}$（发出）；

$P_3 = U_3 I_1 = 8 \times 2 = 16\text{W}$（吸收）；

$P_4 = U_4 I_2 = (-4) \times 1 = -4\text{W}$（发出）；

$P_5 = U_5 I_3 = 7 \times (-1) = -7\text{W}$（发出）；

$P_6 = U_6 I_3 = (-3) \times (-1) = 3\text{W}$（吸收）。

根据上述计算，可以验证 $P_{吸收} = P_{发出}$，满足功率守恒。

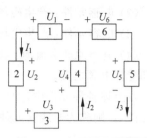

图 1-3-5 例题 1-3-1 图

【*2017-3】 在如图 1-3-6 所示的电路中，1Ω 电阻消耗的功率为 P_1，3Ω 电阻消耗的功率为 P_2，则 P_1、P_2 分别为（ ）。

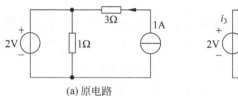

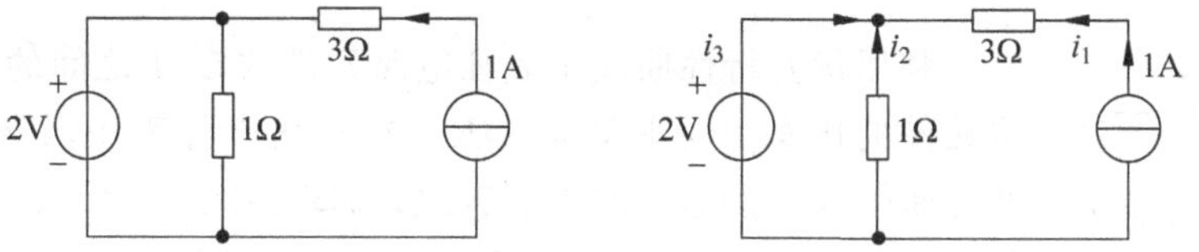

(a) 原电路 (b) 电路中的参考方向

图 1-3-6 *2017-3 题图

A. $P_1 = -4\text{W}$，$P_2 = 3\text{W}$ B. $P_1 = 4\text{W}$，$P_2 = 3\text{W}$

C. $P_1 = -4\text{W}$，$P_2 = -3\text{W}$ D. $P_1 = 4\text{W}$，$P_2 = -3\text{W}$

【解】 B

首先在原电路上标出各电流及其参考方向，根据 KCL 可得：

$$i_1 = 1\text{A}$$

$$i_1 + i_2 + i_3 = 0\text{A}$$

$$i_2 = -\frac{2}{1} = -2\text{A}$$

因此，$P_1 = i_2^2 \cdot 1 = 4\text{W}$，$P_2 = i_1^2 \cdot 3 = 3\text{W}$。

【*2013-1】 在如图 1-3-7 所示的电路中，$u = -2\text{V}$，则 3V 电压源发出的功率应为（ ）。

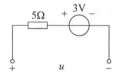

图 1-3-7 *2013-1 题图

A. 10W B. 3W C. -3W D. -10W

【解】 B

设流过电阻的电流为 I，方向自左向右。

由 KVL 可得，$5I + 3 = -2$，得 $I = -1\text{A}$。

$P_{3V} = UI = 3 \times (-1) = -3\text{W}$，即电压源发出的功率为 3W。

微课 3 电功率

1.4 电路元件

电路元件是电路中最基本的组成单元，只有充分了解电路中基本元件的特性才能分析电路，进而解决电路中的问题。

电路中主要存在几种基本的理想电路元件。

（1）电阻元件：消耗电能的元件；

（2）电感元件：产生磁场，存储磁场能量的元件；

（3）电容元件：产生电场，存储电场能量的元件；

（4）电压源和电流源：将其他形式的能量转变成电能的元件。这两种电源又有独立电源和受控电源之分。

在上述各种元件中，如果表征元件端子特性的数学关系式是线性关系，则该元件称为线性元件，否则称为非线性元件。由线性元件构成的电路称为线性电路。

1.4.1 电阻元件

电阻元件是电路中最常见的元件，其符号如图 1-4-1 所示。电阻常见的单位有 Ω、$k\Omega$、$M\Omega$ 等。

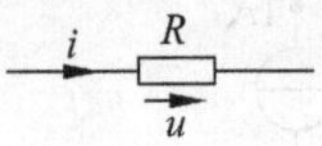

图 1-4-1 电阻元件

利用伏安特性曲线来表征电路元件的 U、I 之间的函数关系。电阻元件的伏安特性满足 $u=iR$。在直角坐标系中，线性电阻的伏安特性曲线为一条通过原点的直线，如图 1-4-2(a)所示，而非线性电阻的伏安特性却并非直线，而是一条曲线，如图 1-4-2(b)所示。

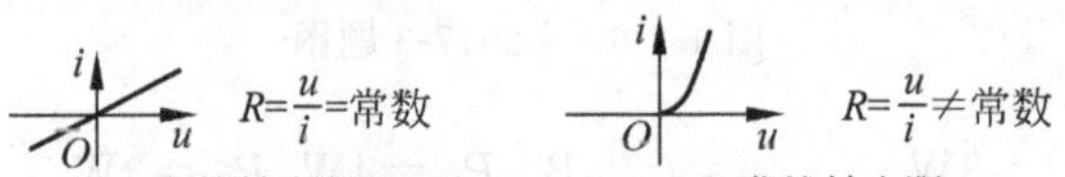

(a) 线性电阻 $R=\dfrac{u}{i}=$常数   (b) 非线性电阻 $R=\dfrac{u}{i}\neq$常数

图 1-4-2 电阻元件的伏安特性

在电路中，电阻元件是耗能元件，其吸收的功率为

$$P=UI=I^2R=\frac{U^2}{R}(\text{W})$$

经过时间 t，电阻元件所消耗的能量为

$$W=\int_0^t ui\,\mathrm{d}t$$

功率、时间、能量的单位分别为 $P(\text{W})$、$t(\text{s})$、$W(\text{J})$ 或 $P(\text{kW})$、$t(\text{h})$、$W(\text{kW}\cdot\text{h})$。

1.4.2 电感元件

理想电感元件定义为单位电流产生的磁链，其单位为 H、mH、μH 等。

根据定义：

$$L=\frac{N\Phi}{i} \tag{1-4-1}$$

在式(1-4-1)中，Φ 表示磁通，N 指线圈的匝数。于是，有 $Li=N\Phi$。当然，该式只是电感的定义式，并不决定电感的大小，也就是说，当电流变化时，并不影响电感的大小。电感的大小由其结构参数决定：

$$L=\frac{\mu SN^2}{l} \tag{1-4-2}$$

在式(1-4-2)中，μ 表示线圈材料的磁导率，S 代表线圈面积，N 表示线圈匝数，l 表示线圈长度。与电阻类似，电感也存在线性电感和非线性电感。对于线性电感，$L=$常数（如：空心电感，μ 不变）；而对于非线性电感，$L\neq$常数（如：铁芯电感，μ 不为常数）。

下面讨论电感中电流、电压的关系。当电感中通入交流电流时，如图 1-4-3(a)所示，变化的电流在线圈中产生磁通，电流和磁通的方向符合右手螺旋法则。在图 1-4-3(b)中，线圈两端产生感应电动势 e，e 的方向与电流方向一致。因此：

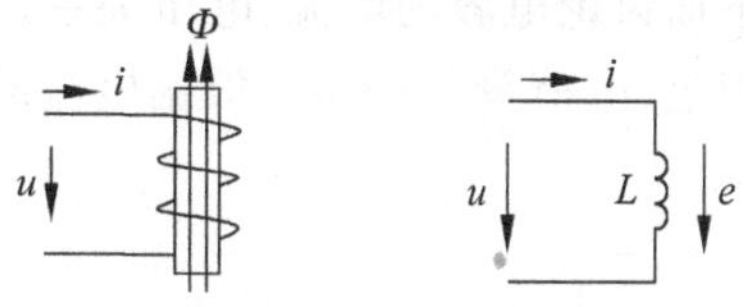

(a) 线圈中的电流　　(b) 线圈两端电动势

图 1-4-3　电感元件

$$e = -N\frac{\mathrm{d}\Phi}{\mathrm{d}t} = -L\frac{\mathrm{d}i}{\mathrm{d}t}$$

而 $u = -e$，于是有：

$$u = L\frac{\mathrm{d}i}{\mathrm{d}t}$$

$$i = \frac{1}{L}\int u\,\mathrm{d}t$$

那么，当 $i = I$（直流）时，代入上式可得

$$\frac{\mathrm{d}i}{\mathrm{d}t} = 0$$

所以电感两端电压 $u = 0$。也就是说，在直流电路中电感相当于短路。

电感是一种储能元件，在交流电流 i 通过电感，电感中存储的磁场能量为

$$W_L = \int_0^t ui\,\mathrm{d}t = \int_0^i Li\,\mathrm{d}i = \frac{1}{2}Li^2$$

如上所述，当电感中的电流是直流时，存储的磁场能量是否为 0 呢？答案是否定的。由于流过电感的电流并不是 0，而是 $i = I$，那么直流电流在电感中存储的磁场能量为

$$W_L = \frac{1}{2}LI^2$$

可见，当电感线圈中通过直流电流时，电感两端电压为零，所存储的磁场能量是恒定的。

1.4.3　电容元件

理想电容元件定义为单位电压下存储的电荷，电容的单位有 F(法拉)、μF、pF 等。据此定义可得：

$$C = \frac{q}{u} \tag{1-4-3}$$

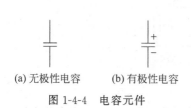

(a) 无极性电容　　(b) 有极性电容

图 1-4-4　电容元件

在电路中，电容的符号如图 1-4-4 所示。图 1-4-4(a) 表示无极性的电容，图 1-4-4(b) 表示带有极性的电容。

同样，式(1-4-3)只是电容的定义式，表示了电荷量随电容两端电压的变化，它并不决定电容值的大小。电容的大小同样由其结构参数所决定：

$$C = \frac{\varepsilon S}{d} \tag{1-4-4}$$

在式(1-4-4)中，ε 表示两极板间介质的介电常数，S 表示极板面积，d 表示极板间距。电容也有线性电容与非线性电容之分。对于线性电容，$C =$ 常数（即 ε 不变）；而对于非线性电容，$C \neq$ 常数（即 ε 不为常数）。

下面讨论电容的电流、电压关系。当有电压作用在两极板之间时,正负电荷分别作用在两极板上,电荷量 $q=Cu$。根据电流的定义:

$$i = \frac{dq}{dt} = C \cdot \frac{du}{dt}$$

于是,

$$u = \frac{1}{C} \int i \, dt$$

类似地,当 $u=U$(直流)时,

$$i = C \frac{du}{dt} = 0$$

这意味着,在直流电路中,电容中通过的电流为0,即电容相当于开路。由于电容是一种储能元件,在此过程中,所存储的电场能量为

$$W_C = \int_0^t ui \, dt = \int_0^u Cu \, du = \frac{1}{2}Cu^2$$

那么,当电容两端所加电压是直流时,存储的电场能量是否为0呢? 答案也是否定的。设电容两端的直流电压为 U,则电容中所存储的电场能为

$$W_C = \frac{1}{2}CU^2$$

当电容两端施加直流电压时,电容中所通过的电流为0,所存储的电场能保持不变。

对电阻、电感和电容这3种无源元件的小结如表1-4-1所示。

表 1-4-1 无源元件小结

	R	L	C
u、i 关系	$u=iR$	$u=L\frac{di}{dt}$	$i=C\frac{du}{dt}$
能量储放	$W_R = \int_0^t ui \, dt$	$W_L = \frac{1}{2}Li^2$	$W_C = \frac{1}{2}Cu^2$

【例题 1-4-1】 在如图 1-4-5(a)所示的电路中,当 U 为直流电压时,计算电感和电容的电压、电流和储能。

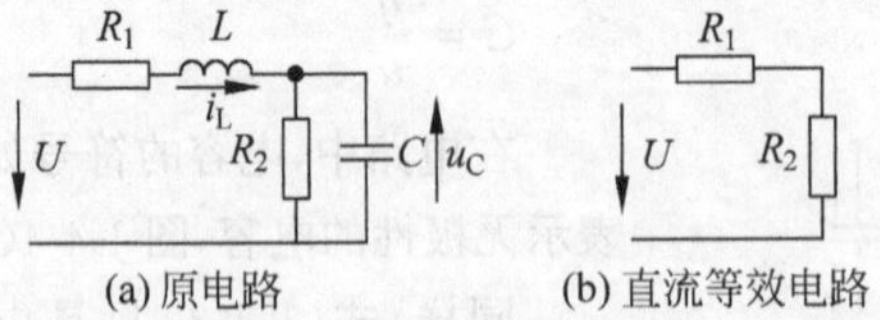

(a) 原电路   (b) 直流等效电路

图 1-4-5 例题 1-4-1 图

【解】 根据直流电路中电感元件视为短路、电容元件视为开路的特性,可将原电路等效为如图 1-4-5(b)所示。在此电路中,可以计算得到:

对于电感元件,

$$I_L = \frac{U}{R_1 + R_2}$$

$$U_L = 0$$

对于电容元件，

$$I_C = 0$$

$$U_C = U\frac{R_2}{R_1 + R_2}$$

电感和电容中的储能分别为：

$$W_L = \frac{1}{2}LI_L^2$$

$$W_C = \frac{1}{2}CU_C^2$$

上述讨论的元件均为理想元件，元件电路符号中不含有其他元件，而实际元件的特性可以用若干理想元件来表示。以电感线圈为例，一个实际的电感元件可能含有如图 1-4-6 所示的电阻、电容等元件。线圈导体可能具有电阻，线圈匝与匝之间可能存在电容等，各实际参数及其影响与电路的工作条

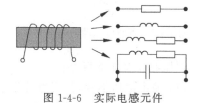

图 1-4-6　实际电感元件

件有关，如电路的电压、频率等。当然，在一定条件下可忽略次要参数的影响。在本书中如果没有特殊说明，各元件均为理想元件。

如图 1-4-7(a)所示的电路是一个将 5V 电压转变成 1.2V 电压的电路原理图，其中便用到了不同规格的电阻、电容和电感元件，如电阻 R222、R223、R224、R225，电容 C164、C165、C166、C167，电感 L7。根据原理图，绘制出其对应的 PCB 图如图 1-4-7(b)，对应制作完成的印制电路板如图 1-4-7(c)所示，进而实现电路的功能。

微课4　电路中的无源元件

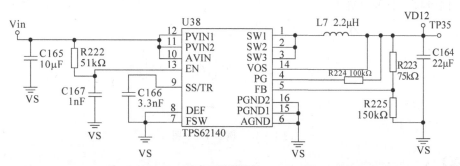

(a) 原理图

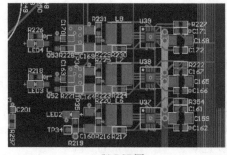

(b) PCB图　　　　　　　　(c) 印制电路板

图 1-4-7　电阻、电容、电感元件在电路中的应用

1.4.4 理想电压源

理想电压源也称为恒压源,其定义为:其两端电压总能保持定值或一定的时间函数,其值与流过它的电流 I 无关的元件称为理想电压源。恒压源的电路符号如图 1-4-8 所示。

当恒压源在电路中承担电源的作用时,其两端的电压与所通过的电流方向相反,为非关联参考方向。将恒压源接入电路中,其伏安特性如图 1-4-9 所示。

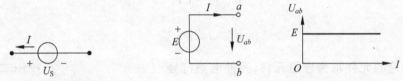

图 1-4-8　理想电压源的电路符号　　　图 1-4-9　理想电压源的伏安特性

恒压源具有如下特点:

(1) 输出电压不变,其值恒等于电动势,即 $U_{ab} \equiv E$;

(2) 电源中的电流由外电路决定。

对于恒压源中的电流由外电路决定这一特点,当外电路的电阻取不同的值时,电路中的电流也随之不同。当电路正常工作时,电路中的电流 $I = U_S/R$;若外电路开路,即电阻 $R = \infty$,此时电路中的电流 $I = 0$;若外电路电阻为 0,电路发生短路,此时电路中的电流无穷大,很容易损坏电源和其他元件,因此电压源不允许发生短路。

下面通过一个例子来定量地分析外电路电阻对电压源电流的影响。

【例题 1-4-2】　如图 1-4-10 所示,设电压源的电动势 $E = 10\text{V}$,分别计算当 R_1 接入和 R_1、R_2 同时接入时的电流 I。

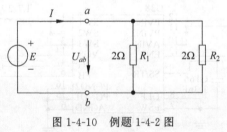

图 1-4-10　例题 1-4-2 图

【解】

由电路图可分析:

当 R_1 接入时,$I = 5\text{A}$;

当 R_1、R_2 同时接入时,$I = 10\text{A}$。

可见,由于电压源的电压保持恒定,流过电压源的电流与外电路的电阻成反比。

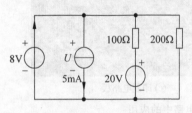

图 1-4-11　* 2018-6 题图

【* 2018-6】　如图 1-4-11 所示的电路,电流源两端电压 U 等于(　　)。

A. 10V　　　　　　B. 8V

C. 12V　　　　　　D. 4V

【解】　B

由电路图可知,电流源与 8V 电压源并联,其两

端电压 $U=8\text{V}$。

1.4.5 理想电流源

理想电流源也称为恒流源。其定义是：其输出电流总能保持定值或一定的时间函数，其值与它的两端电压 U 无关的元件称为理想电流源。其电路符号如图 1-4-12 所示。

将恒流源接入电路中，其伏安特性如图 1-4-13 所示。

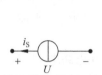

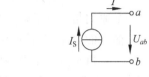

图 1-4-12 理想电流源的电路符号　　　图 1-4-13　理想电流源的伏安特性

恒流源具有如下特点：

(1) 输出电流不变，其值恒等于电流源的电流 I_S；

(2) 输出电压由外电路决定。

对于恒流源两端电压由外电路决定这一特点，当外电路的电阻取不同的值时，电路两端的电压也随之不同。当电路正常工作时，电路中的输出电压 $U=I_SR$；若外电路电阻为 0，即外电压发生短路时，此时电路两端的电压也是 0；而当外电路电阻无穷大，即外电路开路时，电路两端电压无穷大，很容易造成电源和其他元件的击穿或损坏，因此电流源不允许开路。

同样通过一个例子来定量地分析外电路电阻对电流源电压的影响。

【例题 1-4-3】　在如图 1-4-14 所示的电路中，设 $I_S=1\text{A}$，分别求 $R=1\Omega$ 和 $R=10\Omega$ 时，电流源两端电压。

【解】

$R=1\Omega$ 时，$U=IR=1\text{V}$；

$R=10\Omega$ 时，$U=IR=10\text{V}$。

可见，由于恒流源输出的电流恒定，所以恒流源两端的电压与外电路的电阻成正比。

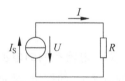

图 1-4-14　例题 1-4-3 图

在分析了恒压源与恒流源的特性之后，现比较二者的特性，如表 1-4-2 所示。

表 1-4-2　恒压源与恒流源特性比较

	恒 压 源	恒 流 源
不变量	$U_{ab}=E$（常数）	$I=I_S$（常数）
变化量	输出电流 I 可变：I 的大小、方向均由外电路决定	端电压 U_{ab} 可变：U_{ab} 的大小、方向均由外电路决定

【例题 1-4-4】 下面通过练习来检验一下我们是否掌握了这两种理想电源的性质。

问：如图 1-4-15 所示的电压源中流过的电流 I 是多少？电流源两端的电压 U_{ab} 等于多少？

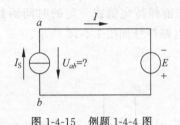

图 1-4-15 例题 1-4-4 图

微课 5 电路
中的电源元件

【解】

该电路结构很简单，但很容易造成概念混乱，不知从何下手。

看到电路中有理想电流源和电压源，需要清楚的两个原则是：恒流源输出的电流 I_S 不能变，恒压源两端输出的电压 E 不能变。

再来分析电路，在串联电路中 $I=I_S$。

同时，由于只存在两个元件，也可认为两个元件是并联关系，并联电路电压相等，但请注意各电压的方向必须一致，因此恒流源两端的电压 $U_{ab}=-E$。

1.4.6 电路中的受控电源

1. 定义

受控源也称为"非独立"电源，它在电路中起电源的作用，但是其电压或电流的大小和方向并不是给定的时间函数，而是受电路中某个地方的电压(或电流)控制。

2. 分类

根据控制量和被控制量是电压 u 或电流 i，受控源可分 4 种类型：当被控制量是电压时，用受控电压源表示；当被控制量是电流时，用受控电流源表示。其电路符号如图 1-4-16 所示。

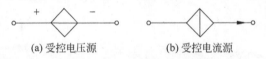

(a) 受控电压源　　　　(b) 受控电流源

图 1-4-16 受控源的电路符号

(1) 电流控制的电流源(CCCS)。如图 1-4-17(a) 所示，受控电流源的电流 i_2 受另一支路的电流 i_1 的控制，满足：$i_2=\beta i_1$，其中 β 的量纲为 1，称为电流放大倍数。

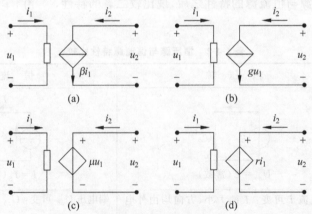

图 1-4-17 各种受控源

（2）电压控制的电流源（VCCS）。如图 1-4-17(b)所示，受控电流源的电流 i_2 受另一支路的电压 u_1 的控制，满足：$i_2 = gu_1$，其中 g 的量纲为电导，称为转移电导。

（3）电压控制的电压源（VCVS）。如图 1-4-17(c)所示，受控电压源的电压 u_2 受另一支路的电压 u_1 的控制，满足：$u_2 = \mu u_1$，其中 μ 的量纲为 1，称为电压放大倍数。

（4）电流控制的电压源（CCVS）。如图 1-4-17(d)所示，受控电压源的电压 u_2 受另一支路的电流 i_1 的控制，满足：$u_2 = ri_1$，其中 r 的量纲为电阻，称为转移电阻。

上述 β、g、μ、r 称为控制系统参数，当这些参数为常数时，被控制量与控制量成正比，受控源是线性的。

表 1-4-3 对理想受控源的分类进行了总结。

表 1-4-3　理想受控源小结

流控电流源	压控电流源	流控电压源	压控电压源
$I_2 = \beta I_1$	$I_2 = gU_1$	$U_2 = rI_1$	$U_2 = mU_1$
$I_2 = \beta I_1$	$I_2 = gU_1$	$U_2 = rI_1$	$U_2 = mU_1$

3．独立源和受控源的比较

独立电源的电动势或电流是由电源本身的非电能量决定的，其大小、方向与电路中其他电压、电流无关，而受控源电压（或电流）受电路中某个电压或电流的控制。它不能独立存在，其大小、方向由控制量决定。

独立源在电路中起"激励"作用，向电路中提供电压、电流，而受控源是反映电路中某处的电压或电流对另一处的电压或电流的控制关系，在电路中不能作为"激励"。

【**例题 1-4-5**】　求图 1-4-18 所示电路中的电压 U_2。

【**解**】

图 1-4-18 中的受控源为电流 I_1 控制的电压源，要表示其两端电压需先计算电路中的电流 I_1。因此，$I_1 = 6/3 = 2(\text{A})$。

于是，$U_2 = -5I_1 + 6 = -10 + 6 = -4(\text{V})$。

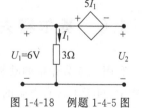

图 1-4-18　例题 1-4-5 图

微课 6　电路中的受控源

1.5　欧姆定律

1.5.1　无源支路的欧姆定律

在电阻支路中，流过电阻 R 的电流与电阻两端的电压 U 成正比，即 $U = IR$。这是欧姆定律最简单的形式，也是大家最熟悉的。根据 1.2.2 节所介绍的电压与电流的方向，列写欧姆定律的表达式需要首先判断 I 与 U 方向的一致性,即 I 与 U 是否是关联参考方向。

可以这样理解:假设电流 i 流过电阻 R,那么若电流产生与之对应的电位降低(电压),则该电流与电压是关联参考方向,如图 1-5-1(a)所示,其欧姆定律写作:$U_R = I_R R$;反之,在非关联参考方向下,如图 1-5-1(b)所示,其欧姆定律写作 $U_R = -I_R R$。在非关联参考方向下的欧姆定律包含"—"号,这在电路分析过程中很容易被忽视导致出错,因此建议在假设参考方向时尽量按电压电流取关联参考方向进行假设。判断电压电流是否关联,便可以根据二者的方向是否一致来进行。

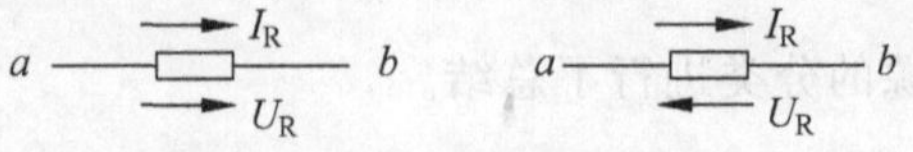

a ——▶I_R—— b a ——▶I_R—— b

———▶ U_R ◀——— U_R

(a) 关联参考方向   (b) 非关联参考方向

图 1-5-1 欧姆定律

注意:

(1) 用欧姆定律列方程时,一定要在图中标明参考方向。

(2) 当 I 与 U 的方向不一致,$U = -IR$。其中"+""—"号是对电压或电流参考方向是否一致而言;同时,I、U 本身数值也有"+""—"号之分,是由物理量所设参考方向与实际方向是否一致决定。

(3) 不论所假设的电压、电流参考方向是一致还是相反,最终的结果都是唯一的,即该电路所得到的电压或电流是相同的。这就是前面介绍过的实际方向的概念。

1.5.2 广义欧姆定律

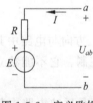

图 1-5-2 广义欧姆
定律

现将欧姆定律推广至支路中含有电动势时的电路,如图 1-5-2 所示。电路的输出电压 $U_{ab} = IR + E$,则电路中的电流为

$$I = \frac{U_{ab} - E}{R} \tag{1-5-1}$$

根据式(1-5-1),当 $U_{ab} > E$ 时,$I > 0$ 表明方向与图中参考方向一致;当 $U_{ab} < E$ 时,$I < 0$ 表明方向与图中参考方向相反。

1.6 基尔霍夫定律

利用 1.5 节介绍的欧姆定律可以分析电阻元件的电流与电压的系列关系,但是在电路分析中,对于不含有电阻的支路分析,欧姆定律的应用受到限制,这时可利用基尔霍夫定律作为欧姆定律的有力补充。欧姆定律与基尔霍夫定律的结合可作为电路分析强有力的"武器"。基尔霍夫定律旧译为克希荷夫定律(克氏定律),是分析与计算电路的基本定律,用来描述电路中各部分电压或各部分电流间的关系,其中包括基尔霍夫电流定律和基尔霍夫电压定律。

基尔霍夫定律在电路分析中具有非常重要的地位,很多电路的分析方法都是根据它推导演变的。为了便于理解,在介绍这个重要的定律之前,先对一些名词进行解释。

1.6.1 名词解释

为便于准确地描述电路,有必要先对电路中的基本术语进行定义。当基本电路元件根据其功能和要求连接成电路时,对应以下基本概念:

(1) 支路和支路电流。电路中的每一个分支即为支路,一条支路中只流过同一个电流,称为支路电流。

(2) 结点。电路中汇聚 3 条或 3 条以上支路的点称为结点。

(3) 路径。基本元件相连的踪迹,同一元件不能出现两次。

(4) 回路。是指电路中的任意闭合路径。

(5) 网孔。内部不包含任何支路的回路。

根据定义不难理解,网孔是回路,但回路不一定是网孔。

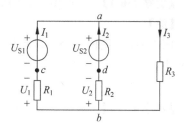

根据定义可以判断,在如图 1-6-1 所示的电路中,共有 3 条支路,I_1、I_2、I_3 为支路电流;有 2 个结点,分别是 a 点和 b 点;共有 3 个回路,分别是 $adbca$、$abca$ 和 $abda$,其中 $adbca$ 和 $abda$ 是网孔。

图 1-6-1 基尔霍夫定律的结点、回路和网孔

下面对基尔霍夫电流定律和基尔霍夫电压定律分别加以介绍。

1.6.2 基尔霍夫电流定律

基尔霍夫第一定律——基尔霍夫电流定律(Kirchhoff's Current Law,KCL)又称结点电流定律。它主要是说明电路中任一结点上的电流关系的基本规律。由于电流具有连续性,流入任意结点的电流之和必定等于流出该结点的电流之和。

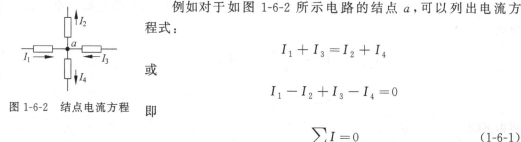

图 1-6-2 结点电流方程

例如对于如图 1-6-2 所示电路的结点 a,可以列出电流方程式:

$$I_1 + I_3 = I_2 + I_4$$

或

$$I_1 - I_2 + I_3 - I_4 = 0$$

即

$$\sum I = 0 \tag{1-6-1}$$

式(1-6-1)说明,在任一瞬间,任一结点上所关联支路中流过的电流的代数和恒等于零。因为电流就像生活中源源不断的水流一样,不会停留在任一点上,也就是说,电路中的任何一点上都不会堆积电荷,这一点很容易理解。这一规律不仅适用于直流电流,同样也适用于交流电流,即在任一瞬间汇交于某一结点的交流电流的代数和恒等于零。用公式表示,即为式(1-6-1)。

需要注意的是,对于某一结点,图中的电流方向是其参考方向,可能与实际方向相反。为了便于记忆,一般规定流入结点的电流为正,流出结点的电流为负。

基尔霍夫电流定律是分析电路的得力武器,它不仅适用于电路中的任一结点,还可以推广应用于广义结点。所谓广义结点,就是电路中的任意假设闭合面。

例如在如图 1-6-3 所示的晶体管中,点画线包围的假设闭合面就是一个广义结点,3 个电极的电流之和等于零,即 $I_C + I_B - I_E = 0$。

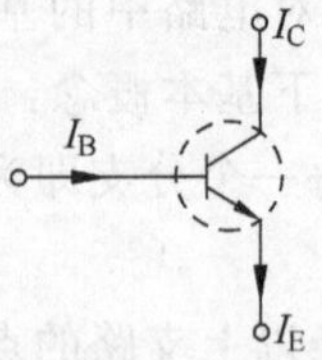

图 1-6-3 广义结点

【例题 1-6-1】 求如图 1-6-4 所示电路中的电流 i。

【解】

图 1-6-4 中圈内部分可以看作一个广义结点,根据基尔霍夫电流定律可以列出电流的关系式:

$$i = 3 - (-2) = 5(A)$$

【例题 1-6-2】 求如图 1-6-5 所示电路中的电流 I_1、I_2 和 I_3。

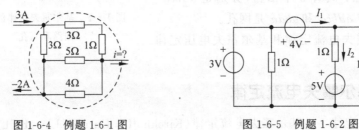

图 1-6-4 例题 1-6-1 图   图 1-6-5 例题 1-6-2 图

【解】

此电路中含有电压源的支路,可以首先利用电压源的电压,根据欧姆定律计算支路电流:

$$I_3 = \frac{3-4}{1} = -1(A)$$

$$I_2 = \frac{3-4-5}{1} = -6(A)$$

再由 KCL:

$$I_1 = I_2 + I_3 = -7(A)$$

【*2011-2】 在如图 1-6-6 所示的电路中,$U_{S1} = 10V$,$I = 10A$,求 I_1。

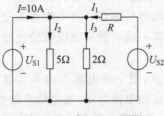

图 1-6-6 *2011-2 题图

【解】

由电路分析,可以首先计算出

$$I_2 = 10/5 = 2(A)$$
$$I_3 = 10/2 = 5(A)$$

由 KCL 得,$10 + I_1 = 2 + 5$。

因此,$I_1 = -3A$。

1.6.3　基尔霍夫电压定律

基尔霍夫第二定律——基尔霍夫电压定律(Kirchhoff's Voltage Law,KVL),又称回路电压定律。顾名思义,它主要描述的是电路中任一回路中各段电压之间关系的基本规律。在物理中,大家学过位移的概念,如果从某一点出发,虽经过很长的路途,但最终还是回到出发点,那么位移为零。与位移的概念类似,如图 1-6-7 所示的电路,若从 a 点出发,沿 a-d-c-a 的回路方向环行一周,又回到 a 点,在这个过程中,电位的变化为零。

这就是说,在任一瞬间,沿任一回路的循行方向(顺时针方向或逆时针方向),回路中各段电压的代数和恒等于零。即

$$\sum U = 0$$

通常将与回路循行方向一致的电压前面取正号,与回路循行方向相反的电压前面取负号。同样以 a-d-c-a 回路为例,回路循行方向选为顺时针,则其 KVL 方程为:

$$-I_4 R_4 - I_5 R_5 - E_3 + E_4 + I_3 R_3 = 0$$

这一结论适用于任何电路的任一回路,包括直流电路,也包括交流电路。对于交流电路的任一回路,在同一瞬间,电路中某一回路的各段瞬间电压的代数和为:

$$\sum U = 0$$

基尔霍夫电压定律不仅适用于电路中的任一闭合的回路,而且还可以推广到开口电路,只要在任一开口电路中,找到一个闭合的电压回路,即可应用基尔霍夫电压定律列出回路电压方程。

如图 1-6-8 所示是一开口电路,但是按照所选的回路方向,可以找到一个闭合的电压回路,因此可以根据 KVL 列出回路电压方程式:$U_{ab} + IR - U_S = 0$ 或 $U_{ab} = U_S - IR$。可以发现,此式与用欧姆定律所列的式子一致。

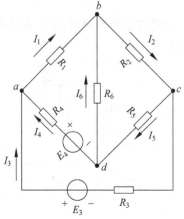

图 1-6-7　基尔霍夫电压定律

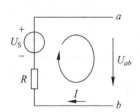

图 1-6-8　KVL 推广到开口电路

【**例题 1-6-3**】 求如图 1-6-9 所示电路中的电压 u。

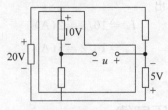

图 1-6-9 例题 1-6-3 图

【**解**】

对于如图 1-6-9 所示的逆时针方向的回路,根据 KVL 可列出:

$$u = 10 - 20 - 5 = -15(V)$$

【**例题 1-6-4**】 求如图 1-6-10 所示电路中的电流 i。

【**解**】

根据 KVL 可列出 $3i - 4 = 5$,得 $i = 3A$。

【**例题 1-6-5**】 求如图 1-6-11 所示电路中的电压 u。

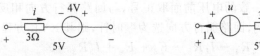

图 1-6-10 例题 1-6-4 图   图 1-6-11 · 例题 1-6-5 图

【**解**】

根据 KVL 可列出 $u = 5 + 7 = 12(V)$。

【*2016-2,2011-5】 在如图 1-6-12 所示电路中,电流 I 为( )。

A. 2A   B. 1A   C. -1A   D. -2A

【**解**】 B

由 KCL,$I + 6 = I_1$。

对于最外圈回路,由 KVL 得,$-12 + 2I + I_1 + 3I = 0$。

联立两个方程得:$I = 1A$。

在很多情况下,可由 KCL 与 KVL 一起进行电路的求解和分析,如下面的例题。

【**例题 1-6-6**】 求图 6-1-13 所示电路中的电流 I。

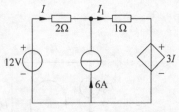

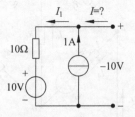

图 1-6-12 *2016-2,2011-5 题图   图 1-6-13 例题 1-6-6 图

【**解**】

首先,由 KVL 得

$$10I_1 + 10 - (-10) = 0$$

可得

$$I_1 = -2(\text{A})$$

$$I = I_1 - 1 = -2 - 1 = -3(\text{A})$$

【**例题 1-6-7**】　求如图 1-6-14 所示电路中的电压 U。

【**解**】

首先，由 KCL 得

$$I = 10 - 3 = 7(\text{A})$$

由 KVL 得

$$4 + U - 2I = 0$$

因此，

$$U = 2I - 4 = 14 - 4 = 10(\text{V})$$

【***2012-2**】　求如图 1-6-15 所示电路中的电压 u。

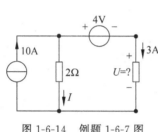

图 1-6-14　例题 1-6-7 图

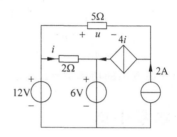

图 1-6-15　*2012-2 题图

【**解**】

电路中存在一个受控电流源 $4i$，受左侧支路的电流 i 控制。通过观察电路发现，电流 i 可以首先在回路中利用 KVL 方程计算得到。在左下角回路中，由 KVL 得

$$-12 + 2i + 6 = 0$$

所以，$i = 3\text{A}$。

对于右侧结点，由 KCL 得，$u/5 + 2 = 4 \times 3$。因此，$u = 50\text{V}$。

【***2012-6**】　求如图 1-6-16 所示电路中的 R。

【**解**】

由 KVL 得

$$8 = 4I_1 + 8I_3$$

$$8I_3 = 4I_2 + 2$$

由 KCL 得

$$I_1 = I_2 + I_3$$

联立以上 3 个方程可得 $I_2 = 0.5\text{A}$。

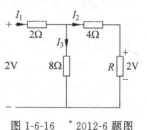

图 1-6-16　*2012-6 题图

因此，由欧姆定律，$R = 2/0.5 = 4\Omega$。

【***2017-2**】　如图 1-6-17 所示电路中独立电源发出的功率为（　　）。

A. 12W　　　　　　B. 3W　　　　　　　　C. 8W　　　　　　　　D. -8W

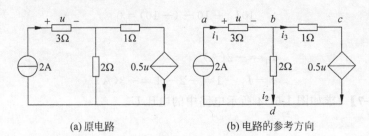

(a) 原电路   (b) 电路的参考方向

图 1-6-17 *2017-2 题图

【解】 C

由图 1-6-17(b)中所标的参考方向,已知:

$$i_1 = 2A$$
$$u = 3i_1 = 6V$$
$$i_3 = 0.5u = 3A$$

根据 KCL 得:$i_1 = i_2 + i_3 = 2A$。因此,$i_1 = -1A$。

根据 KVL 得:$u_{bd} = -u + u_{ad} = -6 + u_{ad} = 2i_2$。

因此,$u_{ad} = 2i_2 + 6 = 4V$。

则独立电流源发出的功率 $P = i_1 \times u_{ad} = 2 \times 4 = 8(W)$。

微课 7 基尔
霍夫定律

1.7 本章小结

(1) 电路中的电压、电流等物理量除了大小外,还应该关注其方向。电压和电流的方向分为实际方向和参考方向。实际方向指物理中对电量的固定,参考方向指对电量认为规定的方向。

"实际方向"是物理中规定的,而"参考方向"则是人们在进行电路分析计算时任意假设的。参考方向是可以任意假设的,但为了避免列方程时出错,习惯上把 I 与 U 的方向按相同方向假设。

在分析电路的过程中,注意一定要先假定物理量的参考方向,然后再列方程计算。

(2) 当电压和电流为关联参考方向时,电路消耗(吸收)的功率为 $P = UI$。

(3) 判定器件的性质是电源或是负载,有两种方法。

方法一:

根据电压和电流的实际方向判断器件的性质,或是电源,或是负载。

当元件上的 U、I 的实际方向一致,则此元件消耗电功率,为负载。

当元件上的 U、I 的实际方向相反,则此元件发出电功率,为电源。

实际方向根据参考方向和计算结果的正、负得到。

方法二:

根据 P 的"+"或"-"可以区分元件的性质,或是电源,或是负载。

在进行功率计算时,如果假设 U、I 正方向一致。

当 $P > 0$ 时,说明 U、I 实际方向一致,电路消耗电功率,为负载。

当 $P < 0$ 时,说明 U、I 实际方向相反,电路发出电功率,为电源。

一个完整的电路中所发出的总功率与所吸收的总功率是相等的,满足功率守恒。

(4) 电压和电流为关联参考方向时的欧姆定律写作 $U=IR$,当电压和电流为非关联参考方向时,写作 $U=-IR$。

(5) 基尔霍夫电流定律:对任何结点,在任一瞬间,流入结点的电流等于由结点流出的电流。或者说,在任一瞬间,一个结点上电流的代数和为 0,即 $\sum I=0$。

(6) 基尔霍夫电压定律:对电路中的任一回路,沿任意循行方向转一周,其电位升等于电位降,或电压的代数和为 0,即 $\sum U=0$。

(7) 基尔霍夫定律是电路中电压和电流所遵守的基本规律,它既可以用于直流电路的分析,也可以用于交流电路的分析,还可以用于含有电子元件的非线性电路的分析。KCL、KVL 方程是按电流参考方向列写的,与电流实际方向无关。

第 1 章　思 维 导 图

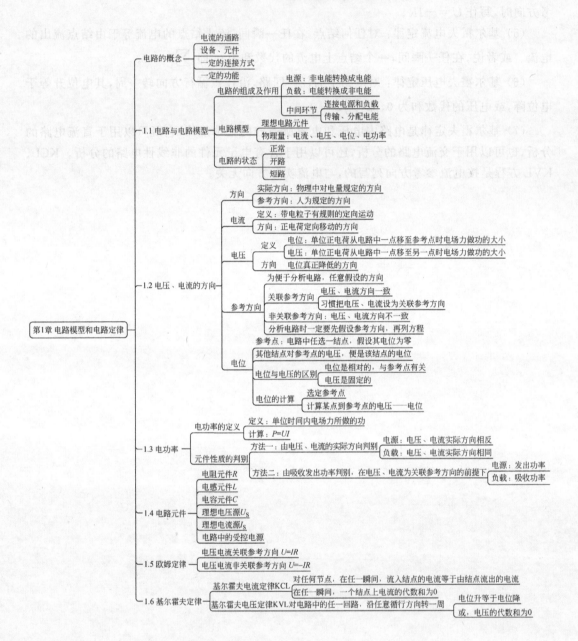

习 题

1-1　在如题 1-1 图所示的电路中，$U_S > 0$，标出电路中的电流和电阻 R_1、R_2 两端电压的实际方向，并判断 A、B、C 三点电位的高低。

1-2　列出题 1-2 图(a)、(b) 所示电路的 VCR 式(电压与电流关系表达式)。

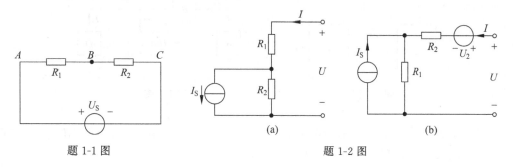

题 1-1 图　　　　　　　　　　　　题 1-2 图

1-3　确定如题 1-3 图所示电路中各元件：

(1) 电压、电流的实际方向；

(2) 电压电流是否为关联参考方向；

(3) 是吸收功率还是发出功率。

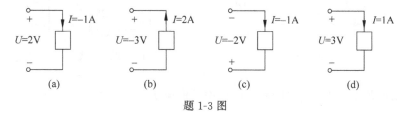

题 1-3 图

1-4　分别计算如题 1-4 图所示电路在开关 S 闭合前后两种情况下的 A 点电位。

1-5　分别计算如题 1-5 图所示电路中 S 打开与闭合时下图所示电路中 A、B 两点的电位。

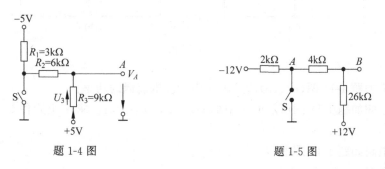

题 1-4 图　　　　　　　　　　　　题 1-5 图

1-6　根据如题 1-6 图所示电路中电流和电压的参考方向，分别计算下列各种情况下 A、B 两部分电路的功率，并说明功率的流向。

(1) $i=2\text{A},u=100\text{V}$; (2) $i=-5\text{A},u=120\text{V}$; (3) $i=3\text{A},u=-80\text{V}$; (4) $i=-10\text{A}$, $u=-60\text{V}$。

1-7 在如题 1-7 图所示电路中,已知:$U_A=30\text{V},U_B=-10\text{V},U_C=U_D=40\text{V},I_1=5\text{A},I_2=3\text{A},I_3=-2\text{A}$,求 A、B、C、D 元件的功率,并分析哪个元件为电源? 哪个元件为负载? 电路是否满足功率平衡条件?

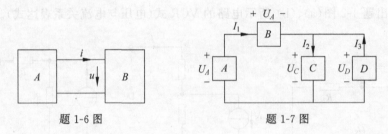

题 1-6 图　　　　　　　　　　　题 1-7 图

1-8 在如题 1-8 图所示的电路中,已知 $U_{S1}=20\text{V},U_{S2}=10\text{V},U_{ab}=4\text{V},U_{cd}=-6\text{V}$, $U_{ef}=5\text{V}$,试求 U_{ed} 和 U_{ad}。

1-9 求如题 1-9 图所示电路中电流源的端电压 U 及其产生的功率。

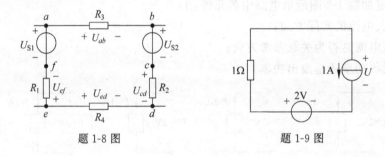

题 1-8 图　　　　　　　　　　　题 1-9 图

1-10 求如题 1-10 图(a)、(b)所示电路中的电流 I。

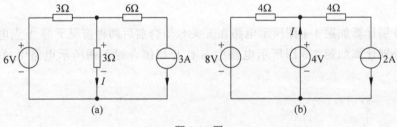

题 1-10 图

1-11 求如题 1-11 图(a)、(b)所示电路中,2A 电流源的功率。

1-12 已知如题 1-12 图所示电路中的 $U_S=2\text{V},I_S=2\text{A}$。求 4 个元件 U_S、I_S、R_1、R_2 的功率。

1-13 电路如题 1-13 图所示。

(1) 求电流 I_1、I_2、I_3;

(2) 求各个独立电源所发出的功率;

(3) 说明电路是否满足功率平衡条件。

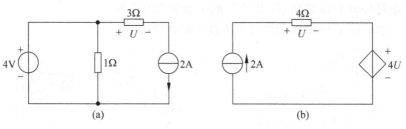

题 1-11 图

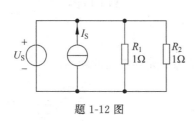

题 1-12 图

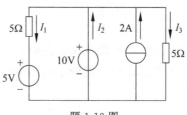

题 1-13 图

1-14 电路如题 1-14 图所示,证明:电路的 $\sum P = 0$。

1-15 求如题 1-15 图中各支路的电流 $I_1 \sim I_5$ 以及各电流源两端电压 U_2、U_6 和 U_7。

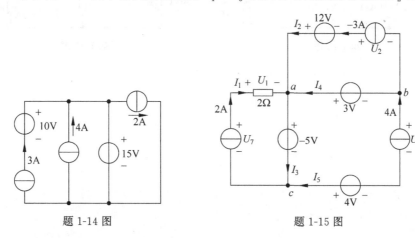

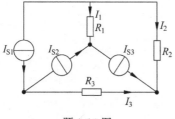

题 1-14 图

题 1-15 图

1-16 在如题 1-16 图所示电路中,已知:$I_{S1} = 3A$,$I_{S2} = 2A$,$I_{S3} = 1A$,$R_1 = 6\Omega$,$R_2 = 5\Omega$,$R_3 = 7\Omega$。求电流 I_1、I_2 和 I_3。

1-17 在如题 1-17 图所示电路中,已知 $U = 3V$,求 R。

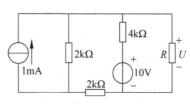

题 1-16 图

题 1-17 图

1-18　电路如题 1-18 图所示,求 10V 电压源发出的功率。

1-19　试求如题 1-19 图所示电路中负载所吸收的功率。

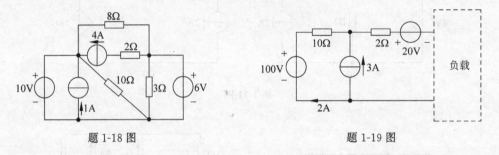

题 1-18 图　　　　　　　　　　　题 1-19 图

1-20　求如题 1-20 图所示电路的 U_0。

1-21　计算如题 1-21 图所示电路中的 V_0 以及每个元件吸收的功率。

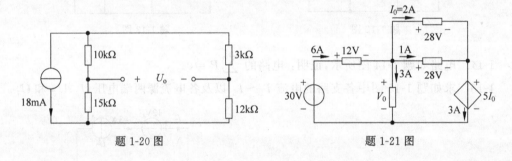

题 1-20 图　　　　　　　　　　　题 1-21 图

电阻电路和独立电源的等效变换

在电路分析时往往会遇到结构比较复杂的电路,将电路中与待求支路无关的其他电阻电路进行合并和化简,是分析电路的思路之一。

2.1 等效变换及其原则

2.1.1 二端电路(网络)

任何一个复杂的电路 A,向外引出两个端子,且从一个端子流入的电流等于从另一端子流出的电流,则称这一电路为二端电路(或一端口电路),如图 2-1-1 所示。

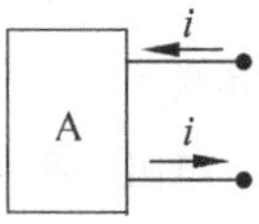

图 2-1-1　二端电路

2.1.2 二端电路等效的概念

对于两个二端电路 B 和 C,如果它们的端口具有相同的电压、电流关系,则称这两个二端电路是等效的,如图 2-1-2 所示。

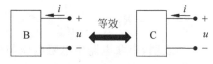

图 2-1-2　二端电路等效

如果 B 和 C 等效,那么对于外电路 A 中的电流、电压和功率而言,满足如图 2-1-3 所示的关系。

图 2-1-3　对外电路等效

对于电路等效,需要明确两点:

(1) 电路等效变换的条件是两电路具有相同的 VCR;外电路 A 中的电压、电流和功率未发生变化,即对外等效,对内不等效。

(2) 电路等效变换的目的是化简电路,进而方便计算。

2.2　电阻电路的等效变换

电路的串联和并联是最基本的电路连接方式,本节将对电路的总电阻与各电阻的关系进行等效,以利于电路的简化分析。

2.2.1　电路的串并联等效变换

1. 电阻串联

如图 2-2-1(a)所示,电路的特点有:

(1) 各电阻顺序连接,流过同一电流(KCL);

(2) 总电压等于各串联电阻的电压之和(KVL),即

$$u = u_1 + \cdots + u_k + \cdots + u_n$$

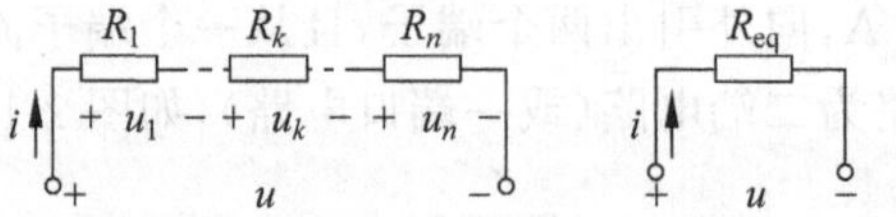

(a) 电路串联　　　　(b) 等效电阻

图 2-2-1　电阻串联及其等效

由欧姆定律可知,$u = R_1 i + \cdots + R_k i + \cdots + R_n i = (R_1 + \cdots + R_n)i = R_{eq} i$。

因此,电阻串联电路的等效电阻为

$$R_{eq} = R_1 + \cdots + R_k + \cdots + R_n = \sum_{k=1}^{n} R_k > R_k$$

即,串联电路的总电阻等于各分电阻之和。等效电阻如图 2-2-1(b)所示。

对于串联的电阻,每个电阻具有分压的功能。电路中第 k 个电阻两端的电压为

$$u_k = R_k i = R_k \frac{u}{R_{eq}} = \frac{R_k}{R_{eq}} u < u \tag{2-2-1}$$

式(2-2-1)表明,串联电路中电阻电压与电阻成正比,因此串联电阻电路可作分压电路。例如,对于如图 2-2-2 所示的两个电阻组成的电路,电阻的分压为

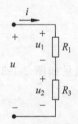

图 2-2-2　两电阻串联电路

$$u_1 = \frac{R_1}{R_1 + R_2} u, \quad u_2 = \frac{R_2}{R_1 + R_2} u$$

2. 电阻并联

如图 2-2-3(a)所示,并联电阻电路的特点有:

(1) 各电阻两端为同一电压(KVL);

(2) 总电流等于流过各并联电阻的电流之和(KCL)。

电路的总电流:$i = i_1 + i_2 + \cdots + i_k + \cdots + i_n$。

由 KCL 可得

$$i = i_1 + i_2 + \cdots + i_k + \cdots + i_n$$
$$= u/R_1 + u/R_2 + \cdots + u/R_n$$
$$= u(1/R_1 + 1/R_2 + \cdots + 1/R_n)$$
$$= u/R_{eq}$$
$$= uG_{eq}$$

这里,$G = 1/R$,称为电导,其单位为西门子,S。$G_{eq} = G_1 + G_2 + \cdots + G_n = \sum_{k=1}^{n} G_k > G_k$。等效电阻如图 2-2-3(b)所示。

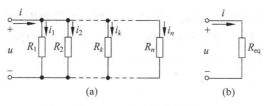

图 2-2-3 电阻并联电路

由此可以得出结论:并联电路的等效电导等于并联的各电导之和,即

$$\frac{1}{R_{eq}} = G_{eq} = \frac{1}{R_1} + \frac{1}{R_2} + \cdots + \frac{1}{R_n}$$

即 $R_{eq} < R_k$。并联的电阻具有分流的功能:

$$\frac{i_k}{i} = \frac{\dfrac{u}{R_k}}{\dfrac{u}{R_{eq}}} = \frac{G_k}{G_{eq}}$$

因此,$i_k = \dfrac{G_k}{G_{eq}} i$,即电流的分配与电导成正比。

3. 电阻的串并联

电路中有电阻的串联,又有电阻的并联,这种连接方式称电阻的串并联。实际电路中多是电阻的串并联连接方式,需根据电阻的串联或并联进行电路的简化分析。

【例题 2-2-1】 计算如图 2-2-4(a)所示电路中各支路的电压和电流。

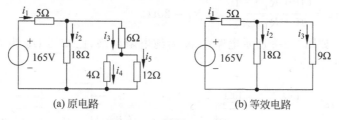

图 2-2-4 例题 2-2-1 图

【解】

根据电路中各电阻的连接关系,可以先将右侧的支路进行电阻并联及串联的合并与简化,最右侧支路总电阻为 $6 + 4//12 = 9\Omega$,这样原电路简化为图 2-2-4(b)所示。

同样,图(b)中两支路电阻并联后的电阻为6Ω,再与5Ω电阻串联后可以计算出总电阻,进而在电路中计算总电流:$i_1 = 165/11 = 15(\text{A})$。

与右侧并联电路的电压:$u_2 = 6i_1 = 6 \times 15 = 90(\text{V})$。

根据分流关系,可以计算得到:

$$i_2 = 90/18 = 5(\text{A}), i_3 = 15 - 5 = 10(\text{A}), u_3 = 6i_3 = 6 \times 10 = 60(\text{V}), u_4 = 3i_3 = 30(\text{V}),$$
$$i_4 = 30/4 = 7.5(\text{A}), i_5 = 10 - 7.5 = 2.5(\text{A})。$$

【*2018-8】 如图 2-2-5 所示电路,$R_1 = R_2 = R_3 = R_4 = R_5 = 3\Omega$,其 ab 端的等效电阻是( )。

A. 3Ω   B. 4Ω   C. 9Ω   D. 6Ω

【解】 B

电阻 R_4 直接接在导线两端,因此被短路。ab 端口的等效电阻为

$$R_{eq} = R_5 + R_1 // R_2 // R_3 = 3 + 1 = 4(\Omega)$$

【*2016-1】 如图 2-2-6 所示电路中,电流 I 为( )。

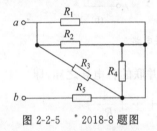

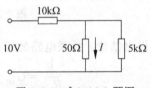

图 2-2-5 *2018-8 题图   图 2-2-6 *2016-1 题图

A. 985mA   B. 98.5mA   C. 9.85mA   D. 0.985mA

【解】 D

图 2-2-6 中总电流为:$10\text{V}/(10\text{k}\Omega + 50\Omega // 5\text{k}\Omega) = 1\text{mA}$。

由电阻分流可得:

$$I = 1 \times (5000/5050) = 0.985(\text{mA})$$

【*2013-14】 如图 2-2-7 所示电路中 a、b 间的等效电阻与电阻 R_L 相等,则 R_L 应为( )。

A. 20Ω   B. 15Ω   C. $2\sqrt{10}\ \Omega$ D. 10Ω

【解】 A

$R_{ab} = R_L = 10 + \dfrac{(10 + R_L) \times 15}{10 + R_L + 15}$,得 $R_L = 20\Omega$。

【*2017-6】 如图 2-2-8 所示电路中 N 为纯电阻网络,已知当 U_S 为 5V 时,U 为 2V;则 U_S 为 7.5V 时,U 为( )。

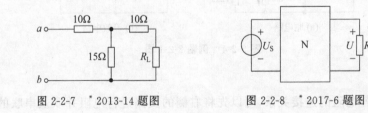

图 2-2-7 *2013-14 题图   图 2-2-8 *2017-6 题图

A. 2V   B. 3V   C. 4V   D. 5V

【解】 B

N 为纯电阻网络,因此设网络电阻为 R_N,则 $U_S=\dfrac{R_N}{R}U+U$。

根据题意可得,当 U_S 为 5V 时,U 为 2V:$5=\dfrac{R_N}{R} \cdot 2+2$,得 $\dfrac{R_N}{R}=\dfrac{3}{2}$。

则 $U_S=7.5V$ 时,$7.5=\dfrac{R_N}{R}U+U$,得到 $U=3V$。

2.2.2 电阻的 Y 形连接和△形连接的等效变换

当电路中出现较为复杂的连接方式时,例如图 2-2-9(a)所示的电路结构,无法直接判断电阻的串、并联关系,可从中抽离出两种连接方式的电路:图 2-2-9(b)所示的△形连接和图 2-2-9(c)所示的 Y 形连接,而且这两种连接方式可以相互等效,此时的等效已成为三端电阻网络的等效。

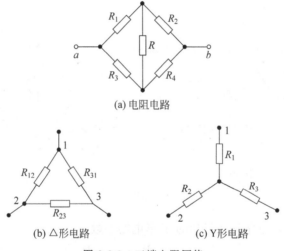

(a) 电阻电路

(b) △形电路   (c) Y形电路

图 2-2-9 三端电阻网络

当然,在实际电路中也有可能出现△、Y 网络的变形,如图 2-2-10 所示,当这两个电路的电阻满足一定的关系时,能够相互等效。

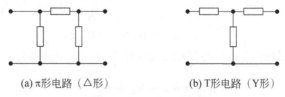

(a) π形电路（△形）   (b) T形电路（Y形）

图 2-2-10 三端网络变形

1. Y-△变换的等效条件

在含有 Y 形连接或△形连接的电路中,无法直接判断电阻的串、并联关系,此时,可通过电路分析,将电路进行 Y-△变换,以简化电路。Y 形网络和△形网络等效的充分必要条

件是这两个三端网络在接线端上的电压和电流分别对应相等,即

$$i_{1\triangle}=i_{1Y}, \quad i_{2\triangle}=i_{2Y}, \quad i_{3\triangle}=i_{3Y}$$

$$u_{12\triangle}=u_{12Y}, \quad u_{23\triangle}=u_{23Y}, \quad u_{31\triangle}=u_{31Y}$$

对于如图 2-2-11(a)所示的△形电路,用端点间的电压表示端点处的电流(电压、电流的参考方向如图 2-2-11(a)所示):

$$i_{1\triangle}=u_{12\triangle}/R_{12}-u_{31\triangle}/R_{31}$$
$$i_{2\triangle}=u_{23\triangle}/R_{23}-u_{12\triangle}/R_{12} \tag{2-2-2}$$
$$i_{3\triangle}=u_{31\triangle}/R_{31}-u_{23\triangle}/R_{23}$$

对于图 2-2-11(b)所示的 Y 形电路,用端点处的电流表示端点间的电压(电压、电流的参考方向如图 2-2-11(b)所示):

$$u_{12Y}=R_1 i_{1Y}-R_2 i_{2Y}$$
$$u_{23Y}=R_2 i_{2Y}-R_3 i_{3Y} \tag{2-2-3}$$
$$u_{31Y}=R_3 i_{3Y}-R_1 i_{1Y}$$
$$i_{1Y}+i_{2Y}+i_{3Y}=0$$

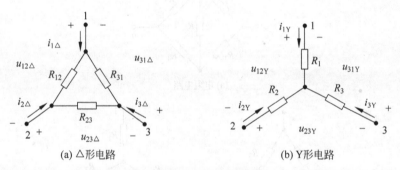

(a) △形电路   (b) Y形电路

图 2-2-11 △形、Y 形电路

由式(2-2-3)解得由△形电路等效得到的 Y 形电路参数:

$$i_{1Y}=\frac{u_{12Y}R_3-u_{31Y}R_2}{R_1 R_2+R_2 R_3+R_3 R_1}$$

$$i_{2Y}=\frac{u_{23Y}R_1-u_{12Y}R_3}{R_1 R_2+R_2 R_3+R_3 R_1} \tag{2-2-4}$$

$$i_{3Y}=\frac{u_{31Y}R_2-u_{23Y}R_1}{R_1 R_2+R_2 R_3+R_3 R_1}$$

根据等效条件,比较式(2-2-4)与式(2-2-2),得 Y→△的变换条件:

$$R_{12}=R_1+R_2+\frac{R_1 R_2}{R_3}$$

$$R_{23}=R_2+R_3+\frac{R_2 R_3}{R_1}$$

$$R_{31}=R_3+R_1+\frac{R_3 R_1}{R_2}$$

或

$$G_{12} = \frac{G_1 G_2}{G_1 + G_2 + G_3}$$

$$G_{23} = \frac{G_2 G_3}{G_1 + G_2 + G_3}$$

$$G_{31} = \frac{G_3 G_1}{G_1 + G_2 + G_3}$$

类似可得到由 △→Y 的变换条件:

$$G_1 = G_{12} + G_{31} + \frac{G_{12} G_{31}}{G_{23}}$$

$$G_2 = G_{23} + G_{12} + \frac{G_{23} G_{12}}{G_{31}}$$

$$G_3 = G_{31} + G_{23} + \frac{G_{31} G_{23}}{G_{12}}$$

或

$$R_1 = \frac{R_{12} R_{31}}{R_{12} + R_{23} + R_{31}}$$

$$R_2 = \frac{R_{23} R_{12}}{R_{12} + R_{23} + R_{31}}$$

$$R_3 = \frac{R_{31} R_{23}}{R_{12} + R_{23} + R_{31}}$$

读者可以用表 2-2-1 中的方法简记上述转换关系。

表 2-2-1　Y-△变换公式

转 换 关 系	公　式
△→Y	$R_Y = \dfrac{\text{△ 相邻电阻乘积}}{\sum R_\triangle}$
Y→△	$G_\triangle = \dfrac{\text{Y 相邻电导乘积}}{\sum G_Y}$

根据上述转换关系,若 3 个电阻相等(对称),则有: $R_\triangle = 3R_Y$,如图 2-2-12 所示,可利用"外大内小"简记。

电阻电路的 Y-△ 变换主要用于简化电路,在使用时应注意:等效对外部(端钮以外)有效,对内不成立,而且等效电路与外部电路无关。

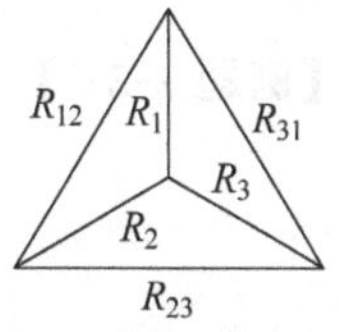

图 2-2-12　电阻相等的
Y-△ 变换

2. Y-△变换的应用

【例题 2-2-2】　计算如图 2-2-13 所示电路中 90Ω 电阻吸收的功率。

【解】

观察电路图可以发现,右侧电路中存在△形网络,可以考虑将其等效为 Y 形网络,进而

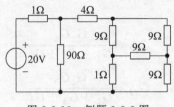

图 2-2-13 例题 2-2-2 图

实现电路的简化。但右侧存在两个△形网络,变换哪一个更合适呢?仔细分析可以知道,由于右上角的△形网络中 3 个电路均相等,计算更容易,因此可选择将右上角进行△→Y 的变换,如图 2-2-14 所示。

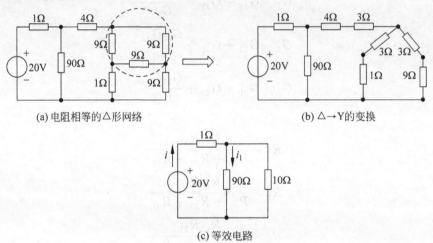

(a) 电阻相等的△形网络   (b) △→Y 的变换

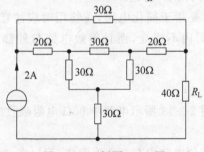

(c) 等效电路

图 2-2-14 例题 2-2-2 图的简化电路

将等效之后的电路再进一步进行电阻的串、并联简化合并,可以得出如图 2-2-14(c)所示的更简化的电路。在这个电路中计算得到:

$$R_{eq} = 1 + \frac{10 \times 90}{10 + 90} = 10(\Omega)$$

$$i = 20/10 = 2(A)$$

$$i_1 = \frac{10 \times 2}{10 + 90} = 0.2(A)$$

$$P = 90i_1^2 = 90 \times (0.2)^2 = 3.6(W)$$

【例题 2-2-3】 求如图 2-2-15 所示中负载电阻 R_L 消耗的功率。

图 2-2-15 例题 2-2-3 图

【解】

观察电路图 2-2-16(a)可以发现，该电路中心部位存在一个△形网络，导致电路的连接关系较为复杂，因此可以考虑将其等效为 Y 形网络，进而实现电路的简化，如图 2-2-16(b)所示。

图 2-2-16(b)中变换之后又出现了一个三电阻相等的△形网络，此电路仍不便于直接计算。更进一步，可将其再变换为 Y 形网络，如图 2-2-16(c)所示。

(a) 电阻相等的△形电路　(b) △→Y的变换　(c) 新的电阻相等的△形电路　(d) 等效电路

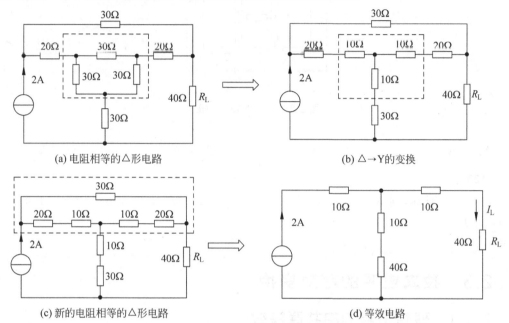

图 2-2-16　例题 2-2-3 图的简化电路

在等效变换后的等效电路中可以计算得到：$I_L=1\text{A}$，$P_L=R_L I_L^2=40\text{W}$。

【* 2017-4】　如图 2-2-17 所示二端电路的等效电阻为(　　)。

A. 2/3Ω　　B. $\frac{21}{13}\Omega$　　C. $\frac{18}{11}\Omega$　　D. $\frac{45}{28}\Omega$

【解】　B

将原电路图左上端的△形变换为 Y 形，可化为图 2-2-18 所示的电路，根据 Y 形电阻和△形电阻互换公式，可求出：

$$R_1=\frac{3\times1}{3+1+1}=\frac{3}{5}=0.6(\Omega)$$

$$R_2=\frac{1\times1}{3+1+1}=\frac{1}{5}=0.2(\Omega)$$

$$R_3=\frac{1\times3}{3+1+1}=\frac{3}{5}=0.6(\Omega)$$

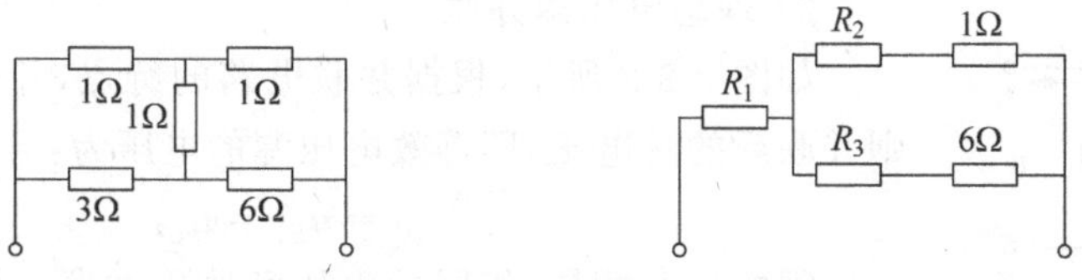

图 2-2-17　* 2017-4 题图　　图 2-2-18　* 2017-4 题简化电路

因此,等效电阻为 $R_{eq}=R_1+[(R_2+1)//(R_3+6)]=1.62\Omega$。

【*2013-2】 在如图 2-2-19 所示电路中,$U=10V$,电阻均为 100Ω,则电路中的电流 I 应为( )。

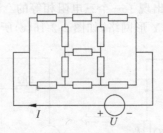

图 2-2-19 *2013-2 题图

微课 8 电阻
电路的 Y-△
变换

A. $\dfrac{1}{14}$A B. $\dfrac{1}{7}$A C. 14A D. 7A

【解】 A

由于电路对称,则 $R_{eq}=2(100//100)+[(100//100)//(50+100+50)]=140(\Omega)$,则 $\dfrac{U}{R_{eq}}=\dfrac{1}{14}$A。

2.3 独立电源的等效变换

2.3.1 理想电源的串并联等效

1. 理想电压源的串联和并联

1) 理想电压源串联

如图 2-3-1 所示,两个电源 u_{S1} 和 u_{S2} 串联时,其总电压 u,即等效后的电压源电压为

$$u=u_{S1}+u_{S2}+\cdots=\sum u_{Sk}$$

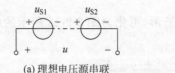

(a)理想电压源串联   (b)等效电路

图 2-3-1 电压源串联的等效电路

此时需要注意各电压源的参考方向,当某一电压源与总电压方向不一致时,该电压源对总电压的贡献为负。

2) 理想电压源并联

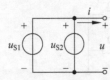

图 2-3-2 电压源并联

如图 2-3-2 所示,根据并联电路的特点,并联电压处处相等,则并联后的总电压,即等效电压源的电压为:

$$u=u_{S1}=u_{S2}$$

需要注意的是,相同的电压源才能并联。同时,电源中的电流不确定,由外电路决定。

3）电压源与支路的串联

对于此串联电路，可根据 KVL 方程列出其 VCR：

$$u = u_{S1} + R_1 i + u_{S2} + R_2 i = (u_{S1} + u_{S2}) + (R_1 + R_2)i = u_S + Ri$$

由上式，可将原电路(图 2-3-3(a))等效为图 2-3-3(b)，看作两个理想电源与两个电阻分别各自串联后再串联形成总电路。其中，$u_S = u_{S1} + u_{S2}$，$R = R_1 + R_2$。

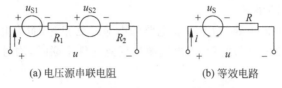

(a) 电压源串联电阻   (b) 等效电路

图 2-3-3 电压源串联电阻的等效电路

4）电压源与支路的并联

对于与电压源并联的电路，由于并联电路两端的电压处处相等，而该电压又由电压源的电压唯一确定，因此，如图 2-3-4(a)所示，当电压源与任意元件并联时，均等效为图 2-3-4(b)所示的电压源。

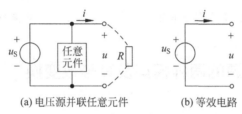

(a) 电压源并联任意元件   (b) 等效电路

图 2-3-4 电压源与任意元件并联的等效电路

需要说明的是，这里的等效是对于外电路的对外等效，对内并不等效。

2. 理想电流源的串联并联

1）理想电流源并联

如图 2-3-5 所示，并联电流源电路输出的总电流为

$$i = i_{S1} + i_{S2} + \cdots + i_{Sn} = \sum i_{Sk} \tag{2-3-1}$$

在式(2-3-1)中，同样需要注意各电流源电流的参考方向。

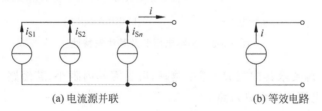

(a) 电流源并联   (b) 等效电路

图 2-3-5 电流源并联的等效电路

2）串联

如图 2-3-6 所示电路，在串联电路中：$i = i_{S1} = i_{S2}$。

需要注意的是，由于串联电路的电流处处相等，只有相同的理想电流源才能串联。同时，此时每个电流源的端电压不能确定，受外电路的电阻所决定。

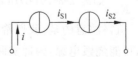

图 2-3-6 电流源串联电路

3) 电流源与支路的并联

如图 2-3-7(a)所示,总电流等于各支路电流的代数和:

$$i = i_{S1} - u/R_1 + i_{S2} - u/R_2 = i_{S1} + i_{S2} - (1/R_1 + 1/R_2)u = i_S - u/R$$

据此,电流源与电阻支路并联的等效电路如图 2-3-7(b)所示,其方法是将并联的电流源进行合并,将电阻支路进行合并,最后将两者按原电路的连接进行并联。

4) 电流源与支路的串联

对于与电流源串联的电路,由于串联电路的电流处处相等,而该电流又由电流源的电流唯一确定,因此,如图 2-3-8(a)所示,当电流源与任意元件串联时,均对外等效为图 2-3-8(b)所示的电流源。

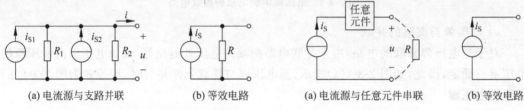

(a) 电流源与支路并联　　　　(b) 等效电路　　　　(a) 电流源与任意元件串联　　　(b) 等效电路

图 2-3-7　电流源与支路并联的等效电路　　　　图 2-3-8　电流源与任意元件串联的等效电路

2.3.2　实际电源的两种模型及其等效变换

1. 实际电压源

实际电路中的电源往往并非理想电源,而是存在内阻,如图 2-3-9(a)所示的实际电压源,包含了理想电压源与其内阻 R_S 的串联。根据开口电路的 KVL,实际电压源输出的电压与电流的关系及其伏安特性,如图 2-3-9(b)所示,$u = u_S - R_S i$。

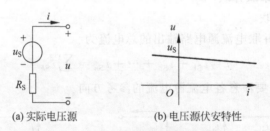

(a) 实际电压源　　　　(b) 电压源伏安特性

图 2-3-9　实际电压源及其伏安特性

一个好的电压源要求其内阻 R_S 越小越好,但是因其内阻小,若短路,电流很大,可能烧毁电源,因此实际电压源不允许短路。

2. 实际电流源

实际电路中的电流源是理想电流源与电阻的并联,如图 2-3-10(a)所示,其伏安特性 $i = i_S - \dfrac{u}{R_S}$,如图 2-3-10(b)所示。

值得注意的是,我们希望电流源的内阻 R_S 越大越好,但是因其内阻大,若开路,电压很高,可能烧毁电源,因此实际电流源不允许开路。

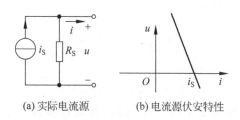

(a) 实际电流源   (b) 电流源伏安特性

图 2-3-10   实际电流源及其伏安特性

3. 电压源和电流源的等效变换

实际电压源、实际电流源两种模型可以进行等效变换,所谓等效,是指如图 2-3-9 和图 2-3-10 所示的端口电压、电流在转换过程中保持不变,即对外等效。

实际电流源端口特性:$i=i_S-u/R_S=i_S-G_Su$。

实际电压源端口特性:$u=u_S-R_Si$,即 $i=u_S/R_S-u/R_S$。

比较二者的端口特性可得实际电压源与电流源等效的条件。

(1) 如果已知电压源 u_S 及其内阻 R_S,转换成的电流源为

$$i_S=u_S/R_S$$

$$G_S=1/R_S$$

(2) 如果已知电流源 i_S 及其内阻 G_S,转换成的电压源为

$$u_S=i_SR_S$$

$$R_S=1/G_S$$

【例题 2-3-1】 对于如图 2-3-11 所示电路,请利用电源转换的方法简化电路计算。

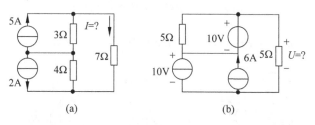

图 2-3-11   例题 2-3-1 图

【解】

根据电源的等效变换,图 2-3-11(a)的等效变换电路如图 2-3-12(a)所示;图 2-3-11(b)的等效变换电路如图 2-3-12(b)所示。

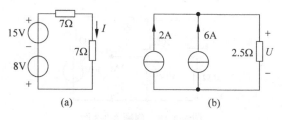

图 2-3-12   例题 2-3-1 的简化电路图

在图 2-3-12(a)中，

$$I = \frac{15-8}{7+7} = 0.5(A)$$

在图 2-3-12(b)中，

$$U = 8 \times 2.5 = 20(V)$$

【例题 2-3-2】 对于如图 2-3-13 所示电路，将其转换成一个电压源和一个电阻的串联电路。

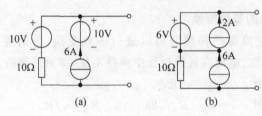

图 2-3-13 例题 2-3-2 图

【解】
对于图 2-3-13(a)所示电路，其转换过程依次如图 2-3-14(a)、(b)、(c)所示。

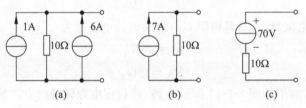

图 2-3-14 例题 2-3-2(a)化简过程

对于图 2-3-13(b)所示电路，其转换过程依次如图 2-3-15(a)、(b)、(c)所示。

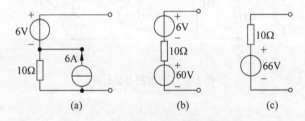

图 2-3-15 例题 2-3-2(b)化简过程

【例题 2-3-3】 求图 2-3-16 所示电路中的电流 I。

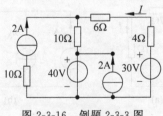

图 2-3-16 例题 2-3-3 图

【解】

根据电压源和电流源的等效变换,图 2-3-16 可经过等效变换为图 2-3-17 所示的电路。

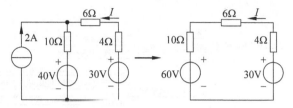

图 2-3-17　例题 2-3-3 化简过程

在等效变换后的电路中,计算电流:

$$I = \frac{30-60}{20} = -1.5(\text{A})$$

【*2014-1】　如图 2-3-18 所示电路中,电压 U 为(　　)。

A. 3V　　　　　　　　B. 6V　　　　　　　　C. 9V　　　　　　　　D. −3V

【解】　C

等效电路图如图 2-3-19 所示。

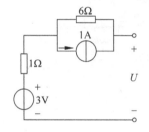
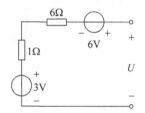

图 2-3-18　*2014-1 题图　　　　　　图 2-3-19　*2014-1 题等效电路图

由等效变换后的电路图可知:电压 $U = 3+6 = 9(\text{V})$。

2.4　本章小结

本章主要基于电阻电路进行了等效变换。串联电路的总电阻等于各分电阻之和,电阻电压与电阻成正比,可作分压电路。并联电路的等效电导等于并联的各电导之和,各并联支路电流的分配与电导成正比,即与电阻成反比。

当电阻接成复杂的连接关系时,可借助 Y-△ 变换的方法简化电路。

实际电压源、实际电流源两种模型可以进行等效变换,端口的电压、电流在转换过程中保持不变:由电压源等效为电流源时 $i_S = u_S/R_S$,由电流源等效为电压源时 $u_S = i_S R_S$,在变换过程中电阻保持不变。

第 2 章 思 维 导 图

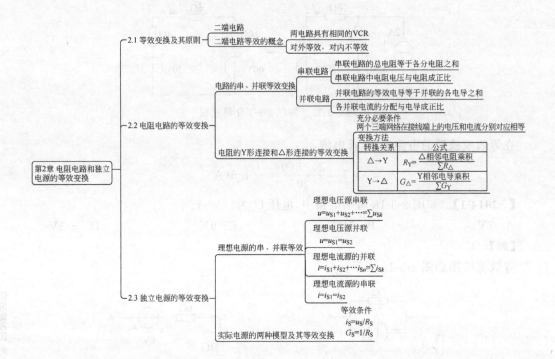

习 题

2-1 试求如题 2-1 图所示各电路的等效电阻 R_{ab}（电路中的电阻单位均为欧姆）。

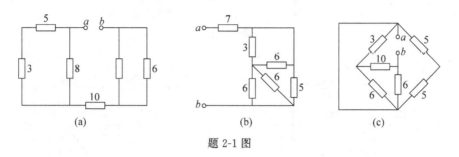

题 2-1 图

2-2 求如题 2-2 图所示各电路的等效电阻。

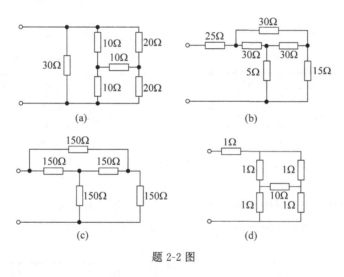

题 2-2 图

2-3 求如题 2-3 图所示电路中的等效电阻 R_{ab}。

2-4 在如题 2-4 图所示电路中,已知电压 $U=4.5\text{V}$,求电阻 R。

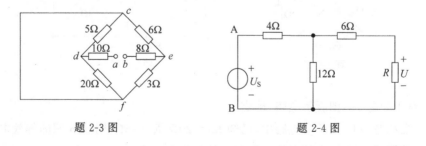

题 2-3 图   题 2-4 图

2-5 将如题 2-5 图所示的两个△形网络变换为 Y 形网络。

2-6 求题 2-6 图中每个电路的等效电阻 R_{ab}。

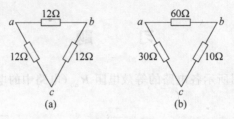

题 2-5 图

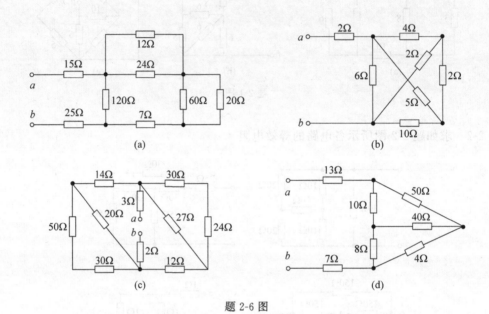

题 2-6 图

2-7　分别求出题 2-7 图中开关 S 闭合和打开时的等效电阻 R_{ab}。

2-8　在如题 2-8 图所示的电路中 $I_A = I_B = 5\text{A}$，求电压 U_{AB} 和 U_{BC}。

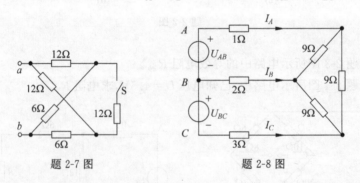

题 2-7 图　　　　　题 2-8 图

2-9　对于如题 2-9 图所示电路，确定 $i_1 \sim i_5$。

2-10　在如题 2-10 图所示电路中，已知 $R_1 = 20\Omega$，$R_2 = 5\Omega$，则 a、b 间的等效电阻 R_{ab}。

2-11　计算题 2-11 图中的电流 I 和电压源产生的功率。

2-12　在如题 2-12 图所示的电路中，16Ω 电阻上的电压是 80V，上端为正。

(1) 求每个电阻上消耗的功率。

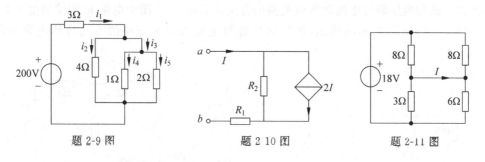

题 2-9 图   题 2 10 图   题 2-11 图

（2）求 125V 理想电压源提供的功率。

（3）校验提供的功率等于消耗的总功率。

2-13　若要使题 2-13 图中的 $I_X = \dfrac{1}{8}I$，试求 R_X。

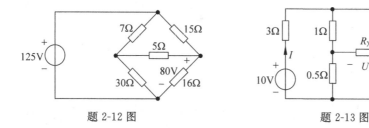

题 2-12 图   题 2-13 图

2-14　电路如题 2-14 图所示，求：

（1）开关 S 打开时，图（a）、（b）中的 U_{ab}；

（2）开关 S 闭合时，图（a）、（b）开关中的电流。

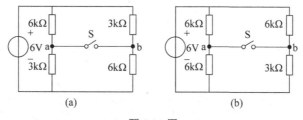

(a)   (b)

题 2-14 图

2-15　试用电压源与电流源等效变换的方法计算题 2-15 图中 2Ω 电阻的电流 I。

2-16　试求题 2-16 图中的 I_1、I_2、I 及 U_{ab}。

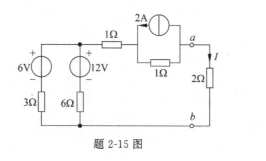 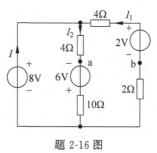

题 2-15 图   题 2-16 图

2-17 试用电压源与电流源等效变换的方法计算题 2-17 图中电阻 R 两端的电压 U。

2-18 电路如题 2-18 图所示,试用电压源与电流源等效变换的方法计算电路中的电流 I。

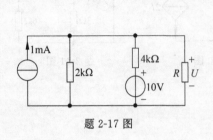

题 2-17 图

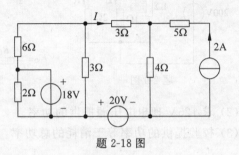

题 2-18 图

第3章
CHAPTER 3

电阻电路的一般分析

前两章介绍了用欧姆定律和基尔霍夫定律分析简单电路的方法,以及用电阻等效变换和电源等效变换简化、变换电路的思想。但是当电路较为复杂时,采用上述方法虽然可以分析电路,但计算过程往往较为烦琐,因此这些方法可能并不适用。本章将在前两章的基础上进一步介绍复杂电路的一般分析方法。

为便于讨论分析,在没有特殊说明的情况下,本书所讨论的电路均为线性电路。线性电路的一般分析方法,首先具有普遍性,即该方法对任何线性电路都适用;其次具有系统性,通过观察、比较、分析电路方程可以发现其计算方法是有规律可循的。复杂线性电路的一般分析法就是根据电路的连接关系——KCL、KVL 定律以及元件的电压、电流关系特性列出方程,并求方程的解以得到电路中的各物理量。根据所列方程中未知量的不同可分为支路电流法、回路电流法和结点电压法。它们是分析电路的基本方法,可为后续分析动态电路及正弦交流电路等奠定基础。

3.1 电路的基本概念

在第 1 章中已经定义了支路、结点、路径、回路、网孔等基本概念,在此基础上,将进一步讨论电路中能够列出的 KCL 和 KVL 独立方程的数量,以便于各种电路分析方法的应用。

3.1.1 KCL 的独立方程数

以如图 3-1-1 所示电路为例来分析 KCL 的独立方程数,各支路电流的参考方向如图中所示。分别对电路中的 4 个结点列 KCL 方程:

结点①:$i_1 - i_4 - i_6 = 0$;
结点②:$-i_1 - i_2 + i_3 = 0$;
结点③:$i_2 + i_5 + i_6 = 0$;
结点④:$-i_3 + i_4 - i_5 = 0$。
将以上 4 个方程求和得:①+②+③+④=0。

由此可以得出结论:对于含有 n 个结点的电路,由于第 n 个方程总可以根据前 $n-1$ 个方程推导得到,因此独立的 KCL 方程为 $n-1$ 个。

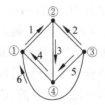

图 3-1-1　KCL 方程电路

3.1.2 KVL 的独立方程数

同样,对于图 3-1-1 所示电路,分析其 KVL 的独立方程数,各网孔电流的参考方向如图中所示。分别对电路中的 3 个网孔列 KVL 方程:

网孔①: $u_1+u_3+u_4=0$;

网孔②: $u_2+u_3-u_5=0$;

网孔③: $u_4+u_5-u_6=0$。

①-②得 $u_1-u_2+u_4+u_5=0$,这是回路①-②-③-④-①的 KVL 方程。说明,通过对以上 3 个网孔方程进行加、减运算可以得到其他回路的 KVL 方程。进一步说明,独立方程的数目等于网孔数,即 $b-(n-1)$,其中,n 为电路中的结点数,b 为支路数。

3.2 支路电流法

支路电流法是求解复杂电路最根本的方法,是以各支路电流为未知量列写电路方程分析电路的方法。

对于有 n 个结点、b 条支路的电路,要求解支路电流,共有 b 个未知量。因此,只要列出 b 个独立的电路方程,便可以求解这 b 个支路电流,这就是支路电流法的基本思路。

3.2.1 支路电流方程

列写支路电流方程组的依据就是 KCL 和 KVL 定律。现以如图 3-2-1 所示电路为例,介绍支路电流法解题的一般步骤。

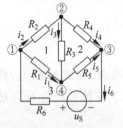

图 3-2-1 支路电流法
解题步骤举例

(1) 确定支路数,并标出各支路电流的参考方向。

图 3-2-1 所示电路中有 6 条支路、即有 6 个待求的支路电流,也就是说,需要列写 6 个独立的电流方程。在图中分别标出各支路电流 $i_1 \sim i_6$ 的参考方向。

(2) 确定结点数 n,从电路的 n 个结点中任意选择 $n-1$ 个结点列写 KCL 方程。

如图 3-2-1 所示电路中有 4 个结点,可以列出 3 个独立的 KCL 方程:

结点①: $i_1+i_2-i_6=0$;

结点②: $-i_2+i_3+i_4=0$;

结点③: $-i_4-i_5+i_6=0$。

(3) 根据 KVL 列出余下所需的方程式数为 $b-(n-1)$ 个独立的回路电压方程式。

如图 3-2-1 所示电路中共有 6 条支路、4 个结点,则余下的 3 个方程式可用 KVL 列出。图中共有 7 个回路,可以从中任选出 3 个来列写回路电压方程,但应注意,为使所列出的回路方程一定是独立的,应使每次所选的回路至少包含一条前面未曾用过的新支路。通常选用网孔所列的回路方程式必定是独立的。

在图 3-2-1 所示电路中,取 3 个网孔为独立回路,沿顺时针方向绕行列写 KVL 方程。

网孔 1: $R_2i_2+R_3i_3-R_1i_1=0$;

网孔 2：$R_4 i_4 - R_5 i_5 - R_3 i_3 = 0$；

网孔 3：$R_1 i_1 + R_5 i_5 + R_6 i_6 - u_S = 0$。

由此,可以总结出支路电流法的一般步骤为：

(1) 标定各支路电流(电压)的参考方向；

(2) 选定 $(n-1)$ 个结点,列写其 KCL 方程；

(3) 选定 $b-(n-1)$ 个独立回路,列写其 KVL 方程；

(4) 求解上述方程,得到 b 个支路电流；

(5) 进一步计算支路电压和进行其他分析。

根据支路电流法的步骤不难发现,支路电路方程组由两部分组成,即 KCL 方程联立 KVL 方程,所以列写的方程组方便、直观,但所列的方程数较多,人工求解较为烦琐,适用于在支路数不多的情况下使用。

3.2.2 支路电流法的应用

【例题 3-2-1】 求图 3-2-2 所示电路中各支路电流及各电压源发出的功率。

【解】

此电路中共有 2 个结点,需要列 $n-1=1$ 个 KCL 方程：

对于结点 a：

$$-I_1 - I_2 + I_3 = 0$$

共有 3 条支路和 3 个未知数,需要列 $b-(n-1)=2$ 个 KVL 方程。选取左右 2 个网孔：

$$-70 + 7I_1 - 11I_2 + 6 = 0$$
$$-6 + 11I_2 + 7I_3 = 0$$

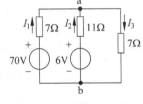

图 3-2-2 例题 3-2-1 图

联立 3 个方程,解得：

$$I_1 = 6\text{A}, \quad I_2 = -2\text{A}, \quad I_3 = 4\text{A}$$

两个电压源的吸收功率分别为：

$$P_{70\text{V}} = -6 \times 70 = -420(\text{W}), \quad P_{6\text{V}} = -(-2) \times 6 = 12(\text{W})$$

所以,70V 电压源发出的功率为 420W；6V 电压源发出的功率为 -12W。

3.2.3 支路电流法的特殊情况

在第 2 章中介绍过实际电压源的等效电路是理想电压源串联内阻,实际电流源电路是理想电流源并联内阻。在实际电路中出现电压源串联电阻或电流源并联电阻的情况均可视为其各自的内阻。但如果电路中含有理想电压源并联电阻或理想电流源串联电阻的情况,计算方法是否会有所不同呢？下面通过例题 3-2-2 进行分析。

【例题 3-2-2】 用支路电流求如图 3-2-3 所示电路中的各支路电流。

【解 1】

(1) 列 $n-1=1$ 个 KCL 方程：

对于结点 a：

$$-I_1 - I_2 + I_3 = 0$$

(2) 列 $b-(n-1)=2$ 个 KVL 方程,如图 3-2-4 所示,选择 2 个网孔为回路:

$$-70+7I_1-11I_2+U=0$$
$$-U+11I_2+7I_3=0$$

在上述 KVL 方程中,由于电流源的电压未知,因此假设了未知数 U。电路中 3 条支路,3 个未知数,再加上假设的未知数,共有 4 个待求的量。而此时只有 3 个方程,因此需要再增加一个含有未知电流的方程,称之为增补方程。增补方程的选择应充分地利用电流源电流已知的条件,并与待求的未知量建立起联系,于是有:

增补方程:$I_2=6A$;

通过以上方程的联立,可以求得支路电流:$I_1=2A,I_2=6A,I_3=8A$。

【解 2】

由于 I_2 已知,等于电流源的电流,故可以只列两个方程。

对于结点 a,由 KCL:$-I_1+I_3=6$。

在图 3-2-4 中,避开电流源支路取最大的回路。由 KVL 得:$-70+7I_1+7I_3=0$。

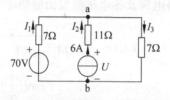

图 3-2-3　例题 3-2-2 图

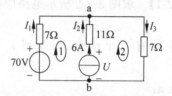

图 3-2-4　回路的合理选择

同样可得各支路电流:$I_1=2A,I_2=6A,I_3=8A$。

【例题 3-2-3】 应用支路电流法计算如图 3-2-5 所示电路中的电压 U。

【解】

观察图 3-2-5 可以发现,其中一条支路中含有 20A 的电流源,根据上题解 2 的思路,此支路的电流便是 20A,可以少计算一个支路电流。其他 5 个支路电流如图 3-2-5 中所标示。

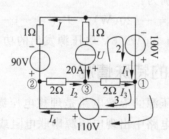

图 3-2-5　例题 3-2-3 图

该电路共有 4 个结点,先列 3 个 KCL 方程:

结点①:$I_1+I_3=I_4$;

结点②:$I_2+I_4=I_2$;

结点③:$I_2+20=I_3$。

另外 2 个方程由 KVL 方程列出(所选的回路及绕行方向如图 3-2-5 所示):

微课 10 支路电流法

结点④：$2I_2 + 2I_3 - 110 = 0$；

结点⑤：$90 - I - 100 - 110 = 0$。

联立 5 个方程,解得:

$$I = -120\text{A}, \quad I_1 = 100\text{A}, \quad I_2 = 17.5\text{A}, \quad I_3 = 37.5\text{A}, \quad I_4 = 137.5\text{A}$$

则电流源两端的电压 U 为: $U = 2I_3 + 100 + 1 \times 20 = 195\text{V}$。

3.3 网孔电流法

由 3.2 节的支路电路法分析电路不难发现,如果电路中的支路数比较多,那么将需要求解的方程数就比较多,势必增加求解的复杂性。这时,我们还注意到电路中的网孔数与支路数相比要少得多,因此,可以考虑以网孔为研究对象建立方程。以沿网孔连续流动的假想电流为未知量列写电路方程分析电路的方法称网孔电流法。它仅适用于平面电路。

该方法的基本思想为减少未知量(方程)的个数,假想每个回路中有一个回路电流。各支路电流可用回路电流的线性组合表示,来求得电路的解。网孔电流在网孔中是闭合的,对每个相关结点均流进一次,流出一次,所以 KCL 自动满足。因此网孔电流法是对网孔回路列写 KVL 方程,方程数为网孔数。

以如图 3-3-1 所示电路为例来列写网孔电流方程。

图 3-3-1 中的网孔数为 2,选图示的两个网孔,假设分别存在两个虚拟的电流 i_{l1} 和 i_{l2} 沿着回路流动,这时,支路电流与回路电流的关系为

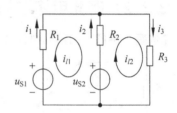

$$i_1 = i_{l1}$$
$$i_3 = i_{l2}$$
$$i_2 = i_{l2} - i_{l1}$$

图 3-3-1 网孔电流示意图

由此,3 个支路电流可以由 2 个网孔电流计算得到,在一定程度上可以简化计算过程。

3.3.1 网孔电流方程

同样以如图 3-3-1 所示电路为例来列写方程,网孔电流法列写的是 KVL 方程:

网孔 1: $R_1 i_{l1} + R_2(i_{l1} - i_{l2}) - u_{S1} + u_{S2} = 0$；

网孔 2: $R_2(i_{l2} - i_{l1}) + R_3 i_{l2} - u_{S2} = 0$。

整理得:

$$(R_1 + R_2)i_{l1} - R_2 i_{l2} - u_{S1} + u_{S2} = 0$$
$$-R_2 i_{l1} + (R_2 + R_3)i_{l2} - u_{S2} = 0$$

观察上述网孔电路方程,可以得出网孔电流法的如下规律:

(1) 自电阻。

$R_{11} = R_1 + R_2$,是网孔 1 中所有电阻之和,称为网孔 1 的自电阻。

$R_{22} = R_2 + R_3$,是网孔 2 中所有电阻之和,称为网孔 2 的自电阻。

(2) 互电阻。

$R_{12} = R_{21} = -R_2$,称为网孔 1、网孔 2 之间的互电阻。

这样,可以总结归纳出方程的标准形式:

$$R_{11}i_{l1} + R_{12}i_{l2} = u_{Sl1}$$

$$R_{21}i_{l1} + R_{22}i_{l2} = u_{Sl2}$$

再延伸一下,对于具有 l 个网孔的电路,有:

$$R_{11}i_{l1} + R_{12}i_{l2} + \cdots + R_{1l}i_{ll} = u_{Sl1}$$

$$R_{21}i_{l1} + R_{22}i_{l2} + \cdots + R_{2l}i_{ll} = u_{Sl2}$$

$$\cdots \tag{3-3-1}$$

$$R_{l1}i_{l1} + R_{l2}i_{l2} + \cdots + R_{ll}i_{ll} = u_{Sll}$$

式(3-3-1)中的 $u_{Sl1} = u_{S1} - u_{S2}$ 指网孔 1 中所有电压源电压的代数和; $u_{Sl2} = u_{S2}$ 指网孔 2 中所有电压源电压的代数和。

需要注意的是:

(1) 自电阻 R_{kk} 总为正值。

(2) 互电阻 R_{jk} 的符号由两个网孔电流同时经过该电阻时的方向是否一致决定:当两个网孔电流流过同一支路电阻的方向相同时,互电阻取正号;当两个网孔电流流过同一支路电阻的方向相反时,互电阻取负号;当两个网孔没有公共的电阻时,互电阻系数为 0。

(3) 当电压源电压方向与该网孔电流方向一致时,取负号;反之,则取正号。

3.3.2　网孔电路法的应用

【例题 3-3-1】　用网孔电流法计算如图 3-3-2 所示电路中的电流 i。

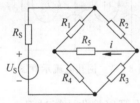

图 3-3-2　例题 3-3-1 图

【解】

利用网孔电流来计算支路电流。该电路中有 3 个网孔,因此需要列出 3 个网孔电流方程。选网孔为独立回路,网孔电流方向均为顺时针:

$$(R_S + R_1 + R_4)i_1 - R_1 i_2 - R_4 i_3 = U_S$$

$$-R_1 i_1 + (R_1 + R_2 + R_5)i_2 - R_5 i_3 = 0$$

$$-R_4 i_1 + R_5 i_2 - (R_3 + R_4 + R_5)i_3 = 0$$

在计算出各网孔电流后,可以写出: $i = i_2 - i_3$。

同时,上述方程组还表明:

(1) 在无受控源的线性网络中,互电阻 $R_{jk} = R_{kj}$,系数矩阵为对称阵。

(2) 当网孔电流均取顺(或逆)时针方向时,R_{jk} 均为负。

由此可以总结出网孔电流法的一般步骤:

(1) 选网孔为独立回路,并确定其绕行方向;

(2) 以网孔电流为未知量,列写其 KVL 方程;

(3) 求解上述方程,得到 l 个网孔电流;

(4) 求各支路电流;

(5) 进一步求其他元件的电压等参数。

微课 11　网孔电流法

3.4　回路电流法

回路电流法是以基本回路中沿回路连续流动的假想电流为未知量列写电路方程分析电

路的方法。它适用于平面和非平面电路。3.3节中的网孔也属于回路,因此回路电流法的列写方法与网孔电流法类似,只不过回路的范围要比网孔大得多。回路不一定是网孔。

回路电流法是对独立回路列写KVL方程,方程数为$b-(n-1)$。与支路电流法相比,方程数减少$n-1$个。

3.4.1 回路电流方程

很显然,对于具有$l=b-(n-1)$个回路的电路,方程的标准形式与网孔电流法一致,即

$$R_{11}i_{l1}+R_{12}i_{l2}+\cdots+R_{1l}i_{ll}=u_{Sl1}$$
$$R_{21}i_{l1}+R_{22}i_{l2}+\cdots+R_{2l}i_{ll}=u_{Sl2}$$
$$\cdots$$
$$R_{l1}i_{l1}+R_{l2}i_{l2}+\cdots+R_{ll}i_{ll}=u_{Sll}$$

这里再总结一下回路电流法的一般步骤:

(1) 选定$l=b-(n-1)$个独立回路,并确定其绕行方向;

(2) 对l个独立回路,以回路电流为未知量,列写其KVL方程;

(3) 求解上述方程,得到l个回路电流;

(4) 求各支路电流;

(5) 进一步求其他元件的电压等参数。

3.4.2 回路电流法的应用

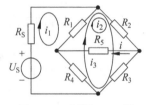

图3-4-1 例题3-4-1图

【例题3-4-1】 用回路电流法求解图3-4-1所示电路中的电流i。

【解】

所选择的回路及方向如图中所示,为了简化计算,在选择回路时,只让一个回路电流i_2经过R_5支路,于是便有$i=i_2$。对于3个回路列写3个回路电流方程为

$$(R_S+R_1+R_4)i_1+R_1i_2-(R_1+R_4)i_3=U_S$$
$$-R_1i_1+(R_1+R_2+R_5)i_2+(R_1+R_2)i_3=0$$
$$-(R_1+R_4)i_1+(R_1+R_2)i_2+(R_1+R_2+R_3+R_4)i_3=0$$

利用回路电流法分析电路可以通过灵活地选取回路减少计算量,但在计算过程中对于回路与回路之间的互电阻,其识别难度加大,易遗漏互有电阻,在计算时应格外注意。

3.4.3 回路电流法的特殊情况

1. 理想电流源支路的处理

根据回路电流法的标准方程格式,左侧是电阻乘以电流的代数形式,右侧是电压源的电压,而如果电路中含有理想电流源,则难以套用标准方程。这里以如图3-4-2所示电路为例,提供两种分析思路。

【解1】

引入电流源电压U作为未知量,先按照标准格式列写回路电流方程,如图3-4-3(a)所示:

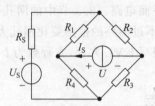

图 3-4-2　含理想电流源支路的回路电路法

$$(R_S + R_1 + R_4)i_1 - R_1 i_2 - R_4 i_3 = U_S$$

$$-R_4 i_1 + (R_3 + R_4)i_3 = -U$$

$$-R_1 i_1 + (R_1 + R_2)i_2 + (R_1 + R_2 + R_3 + R_4)i_3 = 0$$

增加了未知量 U,便需要再列一个增补方程,该方程应该是回路电流与电流源电流的关系方程。因此,增补方程:$I_S = i_2 - i_3$。

【解 2】

选取独立回路,使理想电流源支路仅仅属于一个回路,如图 3-4-3(b)所示,该回路电流即 I_S。

$$(R_S + R_1 + R_4)i_1 - R_1 i_2 - (R_1 + R_4)i_3 = U_S$$

$$i_2 = I_S$$

$$-(R_1 + R_4)i_1 + (R_1 + R_2)i_2 + (R_1 + R_2 + R_3 + R_4)i_3 = 0$$

以上由于电流源的电流 I_S 已知,实际减少了一个方程,使得计算大为简化。

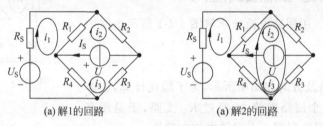

(a) 解1的回路　　　　　　　　(a) 解2的回路

图 3-4-3　回路的选择

【例题 3-4-2】　利用回路电流法求如图 3-4-4 所示电路中电压 U,电流 I 和电压源产生的功率。

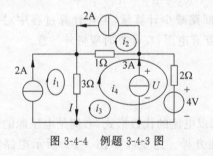

图 3-4-4　例题 3-4-3 图

【解】

该电路含有 4 个独立回路,需要列写 4 个方程。

观察电路发现,图中有 3 个电流源支路。根据上一题的第 2 种解法,分别使这 3 个理想电流源支路仅仅属于 i_1、i_2、i_3 三个回路,这样:

$$i_1 = 2A, \quad i_2 = 2A, \quad i_3 = 3A$$

需注意的是,所选取的回路电流的方向分别与 3 个电流源的方向相同。最后所选取的回路 4 均不通过这 3 个电流源,如图 3-4-4 所示,列写 KVL 方程:

$$6i_4 - 3i_1 + i_2 - 4i_3 = -4$$

由此,$i_4 = (6-2+12-4)/6 = 2(A)$。

所要求计算的:

$$I = 2 + 3 - 2 = 3(A)$$
$$U = 2i_4 + 4 = 8(V)$$
$$P = 4 \times i_4 = 8(W)(吸收)$$

【例题 3-4-3】 应用回路电流法计算图 3-4-5 所示电路中的电压 U 和电流 I。

【解】

选取仅回路 1 通过 20A 的电流源,于是,$i_1 = 20A$。

列写其他 2 个回路电路方程:

$$i_2 + i_1 = 120$$
$$-2i_1 + 4i_3 = 110$$

解得:

$$i_3 = 150/4 = 37.5(A)$$

可得:

$$I = -(i_2 + i_1) = -120(A)$$
$$U = 2i_3 + 100 + 1 \times 20 = 195(V)$$

【*2017-5】 用回路电流法求解如图 3-4-6 所示电路的电流 I,最少需要列( )KVL 方程。

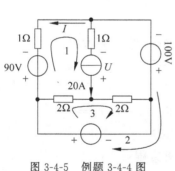

图 3-4-5 例题 3-4-4 图

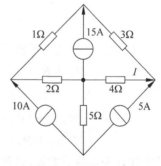

图 3-4-6 *2017-5 题图

A. 1 个   B. 2 个   C. 3 个   D. 4 个

【解】 A

观察电路发现,电路中有 4 个网孔,即 4 个独立回路。按标准的回路电流方程,需列 4 个回路电流方程。但进一步观察,电路中有 3 条支路中含有电流源,这时可充分地利用电流源的电流已知的条件,通过选取 3 个回路分别只经过这 3 个电流源,得到 3 个回路电流。

因此只需要选择第 4 个回路均不经过电流源即可,只需列 1 个 KVL 方程。

2. 受控电源支路的处理

对含有受控电源支路的电路,可先把受控源看作独立电源按上述方法列方程,再将控制量用回路电流表示。

【例题 3-4-4】 列写图 3-4-7 所示的回路电流方程。

【解】

电路中含有 3 个网孔,因此需要列写 3 个独立方程。其中,回路 2 和回路 3 中含有受控电压源,将受控源看作独立源列方程。

回路 1:$(R_S+R_1+R_4)i_1-R_1i_2-R_4i_3=U_S$;

回路 2:$R_1i_1+(R_1+R_2)i_2=5U$;

回路 3:$R_4i_1+(R_3+R_4)i_3=-5U$。

对于引入的未知量 U,需要建立其与回路电流的增补方程:

$$U=R_3i_3$$

通过以上 4 个方程可计算回路电流,进而计算各支路电流、电压等。

【例题 3-4-5】 列出如图 3-4-8 所示电路的回路电流方程。

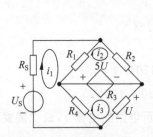

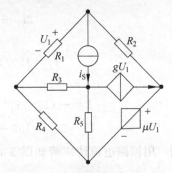

图 3-4-7 例题 3-4-5 图 　　　　图 3-4-8 例题 3-4-6 图

【解 1】

按常规的方法,选网孔为独立回路,如图 3-4-9(a)所示,列方程:

$$(R_1+R_3)i_1-R_3i_3=-U_2$$
$$R_2i_2=U_2+U_3$$
$$-R_3i_1+(R_3+R_4+R_5)i_3-R_5i_4=0$$
$$-R_5i_3+R_5i_4=U_3-\mu U_1$$

由于方程中含有未知的受控量,因此引入增补方程:

$$i_1-i_2=i_S$$
$$i_4-i_2=gU_1$$
$$U_1=-R_1i_1$$

【解 2】

结合理想电流源支路的处理方法,使只有回路 1 经过 i_S 电流源,只有回路 4 经过 gU_1 受控电流源,将回路 2 选为最外层的大回路,如图 3-4-9(b)所示,有:

$$i_1=i_S$$
$$R_1i_1+(R_1+R_2+R_4)i_2+R_4i_3=-\mu U_1$$
$$-R_3i_1+R_4i_2+(R_3+R_4+R_5)i_3-R_5i_4=0$$
$$i_4=gU_1$$

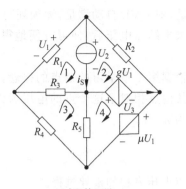

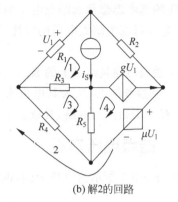

|(a) 解1的回路|(b) 解2的回路|

图 3-4-9 回路的选取

以上 4 个方程再联立表达回路电流与受控电压 U_1 关系的增补方程 $U_1 = -R_1(i_1 + i_2)$，可以得到电路的相关物理量。可见，通过合理地利用电流源或受控电流源的电流作为回路电流可有效地简化计算。

【*2013-4】 如图 3-4-10 所示电路中 $i_S = 1.2\text{A}$ 和 $g = 0.1\text{S}$，则电路中的电压 U 应为（   ）。

A. 3A   B. 6A   C. 9A   D. 12A

【解】 C

如图 3-4-11 所示，选择回路 1 唯一经过受控电流源 gU，回路 2 唯一经过电流源 i_S。

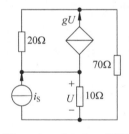

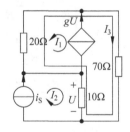

图 3-4-10 *2013-4 题图   图 3-4-11 回路的选择

回路 1：$I_1 = gU = 0.1U$；

回路 2：$I_2 = i_S = 1.2\text{A}$；

回路 3：$-20I_1 - 10I_2 + (20 + 10 + 70)I_3 = 0$；

增补方程：$U = 10(I_2 - I_3)$。

联立求解以上方程，得到

$$I_1 = 0.9\text{A}, \quad I_2 = 1.2\text{A}, \quad I_3 = 0.3\text{A}$$

因此，$U = 10(I_2 - I_3) = 9\text{V}$。

微课 12 回路电流法

3.5 结点电压法

以结点电压为未知量列写电路方程分析电路的方法称为结点电压法。该方法适用于结点较少的电路。

结点电压的基本思想是选结点电压为未知量,则 KVL 自动满足,无须列写 KVL 方程。各支路电流、电压可视为结点电压的线性组合,求出结点电压后,便可方便地得到各支路电压、电流。

结点电压法列写的是结点上的 KCL 方程,根据第 1 章学习的结点的概念,对于结点来说首先要有一个参考结点,认为其电位为 0V,其他点相对于这个点的电压为该点的电位。因此,对于具有 n 个结点的电路,其独立方程数为 $n-1$。

3.5.1　结点电压方程

下面以如图 3-5-1 所示的电路为例,说明结点电压方程的推导过程。

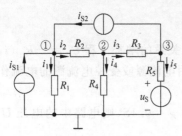

图 3-5-1　结点电压方程的推导

(1) 在该电路的 4 个结点中选定参考结点,如图 3-5-1 所示,其余 3 个独立结点的电压即为待求量;

(2) 针对 3 个结点分别列 KCL 方程:

$$\sum i_{R出} = \sum i_{S入}$$

即

$$i_1 + i_2 = i_{S1} + i_{S2}$$
$$-i_2 + i_4 + i_3 = 0$$
$$-i_3 + i_5 = -i_{S2}$$

(3) 将上述方程中的支路电流用未知量结点电压表示:

$$\begin{cases} \dfrac{u_{n1}}{R_1} + \dfrac{u_{n1} - u_{n2}}{R_2} = i_{S1} + i_{S2} \\[2mm] -\dfrac{u_{n1} - u_{n2}}{R_2} + \dfrac{u_{n2} - u_{n3}}{R_3} + \dfrac{u_{n2}}{R_4} = 0 \\[2mm] -\dfrac{u_{n2} - u_{n3}}{R_3} + \dfrac{u_{n3} - u_S}{R_5} = -i_{S2} \end{cases}$$

整理得:

$$\begin{cases} \left(\dfrac{1}{R_1} + \dfrac{1}{R_2}\right) u_{n1} - \left(\dfrac{1}{R_2}\right) u_{n2} = i_{S1} + i_{S2} \\[2mm] -\dfrac{1}{R_2} u_{n1} + \left(\dfrac{1}{R_2} + \dfrac{1}{R_3} + \dfrac{1}{R_4}\right) u_{n2} - \dfrac{1}{R_3} u_{n3} = 0 \\[2mm] -\dfrac{1}{R_3} u_{n2} + \left(\dfrac{1}{R_3} + \dfrac{1}{R_5}\right) u_{n3} = -i_{S2} + \dfrac{u_S}{R_5} \end{cases}$$

令电导 $G_k = 1/R_k$,$k = 1, 2, 3, 4, 5$,上式简记为

$$G_{11} u_{n1} + G_{12} u_{n2} + G_{13} u_{n3} = i_{Sn1}$$
$$G_{21} u_{n1} + G_{22} u_{n2} + G_{23} u_{n3} = i_{Sn2}$$
$$G_{31} u_{n1} + G_{32} u_{n2} + G_{33} u_{n3} = i_{Sn3}$$

其中,$G_{11} = G_1 + G_2$ 为结点 1 的自电导;$G_{22} = G_2 + G_3 + G_4$ 为结点 2 的自电导;$G_{33} = G_3 + G_5$ 为结点 3 的自电导。结点的自电导等于接在该结点上所有支路的电导之和。

$G_{12} = G_{21} = -G_2$ 为结点 1 与结点 2 之间的互电导;$G_{23} = G_{32} = -G_3$ 为结点 2 与结点 3

之间的互电导。互电导为接在结点与结点之间所有支路的电导之和,总为负值。

$i_{Sn1} = i_{S1} + i_{S2}$ 为流入结点 1 的电流源电流的代数和。

$i_{Sn3} = -i_{S2} + \dfrac{u_S}{R_5}$ 为流入结点 3 的电流源电流的代数和。

基于以上推导过程,可以总结出,在含电压源的电路中结点电压法标准形式的方程为:

$$G_{11}u_{n1} + G_{12}u_{n2} + \cdots + G_{1(n-1)}u_{n(n-1)} = i_{Sn1}$$
$$G_{21}u_{n1} + G_{22}u_{n2} + \cdots + G_{2(n-1)}u_{n(n-1)} = i_{Sn2}$$
$$\cdots$$
$$G_{(n-1)1}u_{n1} + G_{(n-1)2}u_{n2} + \cdots + G_{(n-1)n}u_{n(n-1)} = i_{Sni}$$

其中,G_{ii} 为自电导,总为正;$G_{ij} = G_{ji}$ 为互电导,是结点 i 与结点 j 之间所有支路电导之和,总为负;i_{Sni} 为流入结点 i 的所有电流源电流的代数和。流入结点取正号,流出取负号。

特别需要注意的是,电路不含受控源时,系数矩阵为对称阵。当由结点电压方程求得各结点电压后,可进一步用结点电压表示各支路电流:

$$i_1 = \frac{u_{n1}}{R_1}, \quad i_2 = \frac{u_{n1} - u_{n2}}{R_2}, \quad i_3 = \frac{u_{n2} - u_{n3}}{R_3}, \quad i_4 = \frac{u_{n2}}{R_4}, \quad i_5 = \frac{u_{n3} - u_S}{R_5}$$

因此,可以将结点电压法的一般步骤总结为:

(1) 选定参考结点,标定 $n-1$ 个独立结点;

(2) 对 $n-1$ 个独立结点,以结点电压为未知量,列写其 KCL 方程;

(3) 求解上述方程,得到 $n-1$ 个结点电压;

(4) 通过结点电压求各支路电流;

(5) 进一步求电路中的其他物理量。

3.5.2 结点电压法的应用

根据 3.5.1 节总结的结点电压法的标准形式,首先写出如图 3-5-2 所示的只含有两个结点的电路的结点电压方程。图 3-5-2 中共有 A、B 两个结点,取 B 点为参考电位点(即 $\varphi_B = 0\text{V}$)。各支路电流的假设正方向如图 3-5-2 所示。

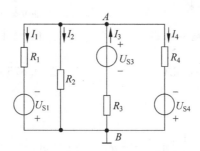

图 3-5-2 结点电压法应用

根据方程的标准形式,只需列 A 点的电位方程:

$$\left(\frac{1}{R_1} + \frac{1}{R_2} + \frac{1}{R_3} + \frac{1}{R_4}\right)U_A = -\frac{U_{S1}}{R_1} + \frac{U_{S3}}{R_3} - \frac{U_{S4}}{R_4} \tag{3-5-1}$$

整理得 A 点上结点的电位方程为

$$U_A = \frac{-\dfrac{U_{S1}}{R_1} + \dfrac{U_{S3}}{R_3} - \dfrac{U_{S4}}{R_4}}{\dfrac{1}{R_1} + \dfrac{1}{R_2} + \dfrac{1}{R_3} + \dfrac{1}{R_4}} \tag{3-5-2}$$

观察式(3-5-1)和式(3-5-2)，可总结出其一般规律：方程的分母是各支路电阻的倒数和，分母各项均为正值；分子是各支路电动势与支路电阻的比值，分子各项有正有负，当电压源的电压方向与结点电位方向相同时，取正号；反之，取负号。

上式适用于当电路中只有两个结点时的特殊情况，该式又称为弥尔曼定理(Millman)，利用该定理解题十分方便。

【引申思考】

请读者思考：上式中利用弥尔曼定理计算得到结点 A 的电位后，如何计算各支路电流 $I_1 \sim I_4$ 呢？

【例题 3-5-1】 试列写如图 3-5-3 所示电路的结点电压方程。

【解】

根据结点电压法的标准形式，列出方程：

$$(G_1 + G_2 + G_S)U_1 - G_1 U_2 - G_S U_3 = G_S U_S$$
$$-G_1 U_1 + (G_1 + G_3 + G_4)U_2 - G_4 U_3 = 0$$
$$-G_S U_1 - G_4 U_2 + (G_4 + G_5 + G_S)U_3 = -G_S U_S$$

【*2013-3】 若如图 3-5-4 所示电路中的电压值为该点的结点电压，则电路中的电流 I 应为（　　）。

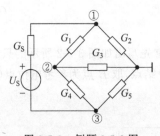
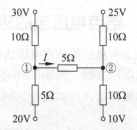

图 3-5-3　例题 3-5-1 图　　　图 3-5-4　*2013-2 题图

A. -2A　　　　　　B. 2A　　　　　　C. 0.8750A　　　　　　D. 0.4375A

【解】 D

由结点电位法可知

$$\begin{cases} \left(\dfrac{1}{5} + \dfrac{1}{5} + \dfrac{1}{10}\right)u_{n1} - \dfrac{1}{5}u_{n2} - \dfrac{1}{10} \times 30 - \dfrac{1}{5} \times 20 = 0 \\ -\dfrac{1}{5}u_{n1} + \left(\dfrac{1}{5} + \dfrac{1}{5} + \dfrac{1}{10}\right)u_{n2} - \dfrac{1}{10} \times 25 - \dfrac{1}{10} \times 10 = 0 \end{cases}$$

得：

$$\begin{cases} u_{n1} = 21.875\text{V} \\ u_{n2} = 19.6875\text{V} \end{cases}$$

所以

$$I = \frac{u_{n1} - u_{n2}}{5} = 0.4375\text{A}$$

3.5.3 结点电压法的特殊情况

1. 电路中含恒流源的情况

【**例题 3-5-2**】 计算图 3-5-5 所示电路中的支路电流 I_1、I_2。

【**解**】

本题中电路包含 2 个结点,可以直接利用弥尔曼定理分析。

设:$V_B = 0\text{V}$。电路中最左侧支路含有理想电流源,并串联电阻 R_S。此时,应格外注意,在列写 KCL 方程时,与恒流源串联的电阻并不参与计算,因此在 A 点的电位方程中不应包含 R_S。

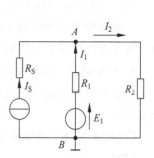

图 3-5-5 例题 3-5-2 图

则:

$$V_A = \frac{\dfrac{E_1}{R_1} + I_S}{\dfrac{1}{R_1} + \dfrac{1}{R_2}}$$

2. 无伴电压源支路的处理

【**例题 3-5-3**】 列写如图 3-5-6 所示电路的结点电压方程。

【**解 1**】

按照标准方程的格式,引入电压源的电流 I 为变量,列写方程:

$$(G_1 + G_2)U_1 - G_1 U_2 = I$$
$$-G_1 U_1 + (G_1 + G_3 + G_4)U_2 - G_4 U_3 = 0$$
$$-G_4 U_2 + (G_4 + G_5)U_3 = -I$$

引入未知量 I,需要增补结点电压与电压源间的关系。增补方程:

$$U_1 - U_3 = U_S$$

利用以上 3 个结点的电位方程以及增补方程可得出各结点的电位,进而可计算支路电流及元件电压等物理量。

【**解 2**】

可考虑选择合适的参考点。由于图中有一条支路仅含有电压源,因此以电压源的负极为参考点,如图 3-5-7 所示,则电压源的正极对应的①点电位便是确定的。

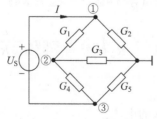

图 3-5-6 例题 3-5-3 图

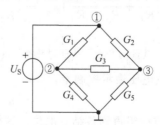

图 3-5-7 以电压源负极为参考点

对于结点①：$U_1 = U_S$；

对于结点②：$-G_1 U_1 + (G_1 + G_3 + G_4)U_2 - G_3 U_3 = 0$；

对于结点③：$-G_2 U_1 - G_3 U_2 + (G_2 + G_3 + G_5)U_3 = 0$。

上面这组方程相较解1的方程要简化得多。在分析电路时可以首先观察电路是否可以通过参考点的选择，将计算过程简化。

3. 受控电源支路的处理

对含有受控电源支路的电路，先把受控电源看作独立电源列方程，再将控制量用结点电压表示。

【例题 3-5-4】 列写如图 3-5-8 所示电路的结点电压方程。

【解】

(1) 先把受控电源当作独立电源列方程：

$$\begin{cases} \left(\dfrac{1}{R_1} + \dfrac{1}{R_2}\right) u_{n1} - \left(\dfrac{1}{R_1}\right) u_{n2} = i_{S1} \\[3mm] -\dfrac{1}{R_1} u_{n1} + \left(\dfrac{1}{R_1} + \dfrac{1}{R_3}\right) u_{n2} = -g_m u_{R_2} - i_{S1} \end{cases}$$

(2) 用结点电压表示控制量，列出增补方程：

$$u_{n1} = u_{R_2}$$

【例题 3-5-5】 列写电路的结点电压方程，求图 3-5-9 所示电路中的电流 i。

【解】

(1) 设参考点，如图 3-5-9 所示，这里选择受控电压源的负极为参考点，以简化计算。

(2) 把受控电源视为独立电源列方程。

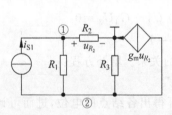

图 3-5-8 例题 3-5-4 题图

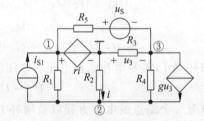

图 3-5-9 例题 3-5-5 题图

$$\begin{cases} u_{n1} = ri \\[2mm] \left(\dfrac{1}{R_1} + \dfrac{1}{R_2} + \dfrac{1}{R_4}\right) u_{n2} - \left(\dfrac{1}{R_1}\right) u_{n1} - \left(\dfrac{1}{R_4}\right) u_{n3} = -i_{S1} + g u_3 \\[2mm] -\left(\dfrac{1}{R_5}\right) u_{n1} - \left(\dfrac{1}{R_4}\right) u_{n2} + \left(\dfrac{1}{R_4} + \dfrac{1}{R_3} + \dfrac{1}{R_5}\right) u_{n3} = -g u_3 - \dfrac{u_S}{R_5} \end{cases}$$

(3) 用结点电压表示控制量：

$$u_3 = -u_{n3}$$

通过联立方程组得到各结点电位。这样，所求的电流：

$$i = -u_{n2}/R_2$$

【例题 3-5-6】　列写图 3-5-10 所示电路的结点电压方程。

【解】

所选参考结点如图 3-5-10 所示。针对结点①、②、③列结点电压方程：

$$\left(1+0.5+\frac{1}{3+2}\right)u_{n1}-0.5u_{n2}-u_{n3}=-1+\frac{4U}{5}$$

$$-0.5u_{n1}+(0.5+0.2)u_{n2}=3$$

$$u_{n3}=4$$

增补方程：

$$U=U_{n2}$$

注意：在列结点电压方程时，电路中与电流源串接的电阻不参与列方程。

【例题 3-5-7】　用结点电压法求如图 3-5-11 所示电路中的电压 U 和电流 I。

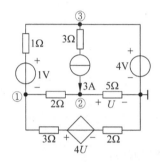

图 3-5-10　例题 3-5-6 题图

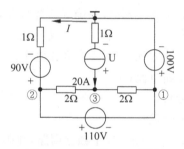

图 3-5-11　例题 3-5-7 题图

【解】

直接利用前面所介绍的方法，选择图中 100V 电压源的负极为参考点，针对结点①、②、③列结点电压方程：

$$U_{n1}=100\text{V}$$

$$u_{n2}=100+110=210(\text{V})$$

$$-0.5u_{n1}-0.5u_{n2}+\left(\frac{1}{2}+\frac{1}{2}\right)u_{n3}=20$$

解得：

$$U_{n3}=20+50+105=175(\text{V})$$

$$U=u_{n3}+1\times20=195(\text{V})$$

$$I=-\frac{u_{n2}-90}{1}=-120(\text{A})$$

微课 13　结点
电位法

3.6　本章小结

本章介绍了 4 种电路的分析方法：支路电流法、网孔电流法、回路电流法和结点电压法。在此将各种方法的解题步骤和注意事项进行总结：

（1）支路电流法。

序号	解 题 步 骤	结论与引申
1	对每一支路假设一未知电流	1. 假设未知数时,正方向可任意选择。 2. 原则上,有 b 个支路就设 b 个未知数（恒流源支路除外）
2	列电流方程:对每个结点有 $\sum I=0$	若电路有 n 个结点,则可以列出 $(n-1)$ 个独立方程。
3	列电压方程:对每个回路有 $\sum E=\sum U$	1. 未知数$=b$,已有 $(n-1)$ 个结点方程,需补足 $b-(n-1)$ 个方程。 2. 独立回路的选择:一般按网孔选择
4	解联立方程	根据未知数的正负决定电流的实际方向

（2）网孔电流法。

① 选网孔为独立回路,并确定其绕行方向;

② 以网孔电流为未知量,列写其 KVL 方程;

③ 求解上述方程,得到 l 个网孔电流;

④ 求各支路电流;

⑤ 其他分析。

（3）回路电流法。

① 选定 $l=b-(n-1)$ 个独立回路,并确定其绕行方向;

② 对 l 个独立回路,以回路电流为未知量,列写其 KVL 方程;

③ 求解上述方程,得到 l 个回路电流;

④ 求各支路电流;

⑤ 其他分析。

（4）结点电压法的一般步骤:

① 选定参考结点,标定 $n-1$ 个独立结点;

② 对 $n-1$ 个独立结点,以结点电压为未知量,列写其 KCL 方程;

③ 求解上述方程,得到 $n-1$ 个结点电压;

④ 通过结点电压求各支路电流;

⑤ 其他分析。

在利用上述方法分析问题的过程中,要注意各种方法的特点,合理地选择解题方法,用最便捷的方法解决问题。

第 3 章　思 维 导 图

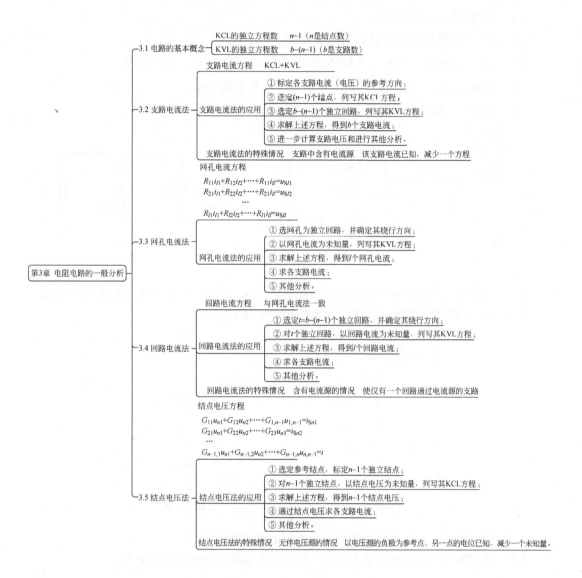

习　题

3-1　电路如题 3-1 图所示。

(1) 说明电路的独立结点数和独立回路数；

(2) 选出一组独立结点和独立回路，列出 $\sum I = 0$ 和 $\sum U = 0$ 的方程。

3-2　电路如题 3-2 图所示，试用支路电流法求各支路电流。

3-3　如题 3-3 图所示的电路，试用支路电流法求电流 I。

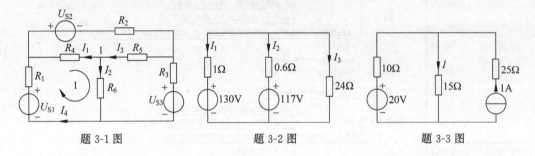

题 3-1 图　　　　　　　　题 3-2 图　　　　　　　　题 3-3 图

3-4　列出题 3-4 图所示平面电路的网孔电流方程(网孔电流流向规定为顺时针流向)。

3-5　用网孔电流法求题 3-5 图所示电路中的电压 U。

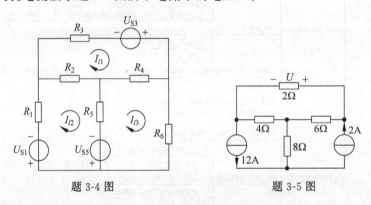

题 3-4 图　　　　　　　　　　题 3-5 图

3-6　利用网孔分析法计算如题 3-6 图所示电路中的电流 i。

3-7　利用网孔分析法确定流过题 3-7 图所示电路中 $10\text{k}\Omega$ 电阻的电流。

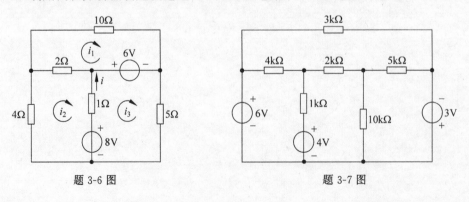

题 3-6 图　　　　　　　　　　题 3-7 图

3-8 用回路电流法求如题 3-8 图所示电路中结点 1、2 和 3 的电位。

3-9 用回路电流法(且列最少的方程)求如题 3-9 图所示电路中的 I_X。

3-10 用回路电流法确定如题 3-10 图所示电路中的 I_0。

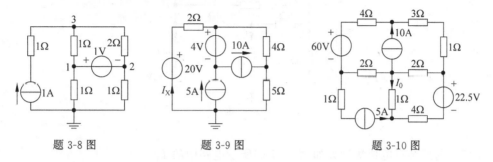

题 3-8 图　　　　题 3-9 图　　　　题 3-10 图

3-11 用结点电位法计算题 3-10 图中的电流 I_0。

3-12 用结点电位法求解题 3-12 图中各支路的电流 I、I_1、I_2。

3-13 利用结点电位法确定如题 3-13 图所示电路中的 V_0。

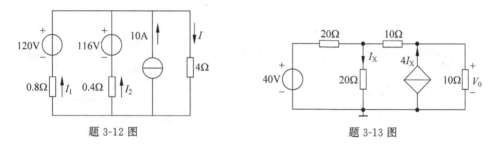

题 3-12 图　　　　　　　　题 3-13 图

3-14 试用结点电位法求题 3-14 图所示电路中的电流 I。

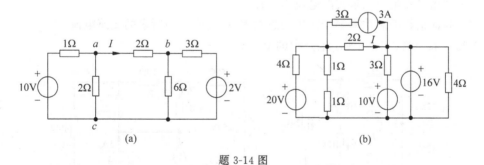

(a)　　　　　　　　(b)

题 3-14 图

3-15 利用结点电位法计算如题 3-15 图所示电路中的电流 I。

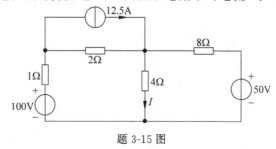

题 3-15 图

3-16 利用结点电位法计算如题 3-16 图所示电路中的 I_1、I_2 和 I_3。

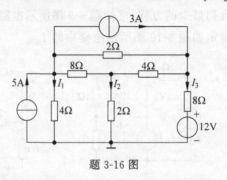

题 3-16 图

3-17 利用结点电位法计算如题 3-17 图所示电路中的 I_1。

3-18 求如题 3-18 图所示电路中的电压 U。

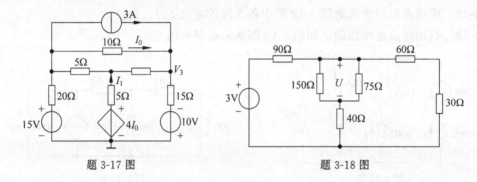

题 3-17 图　　　　　　　　题 3-18 图

3-19 如题 3-19 图所示电路是一个住宅功率分布电路的直流模型。

（1）利用结点电位法求支路电流 $i_1 \sim i_6$。

（2）验证消耗的总功率等于产生的总功率，以此来检验所求的支路电流。

3-20 求如题 3-20 图所示电路中的 V_0 与 i_0。

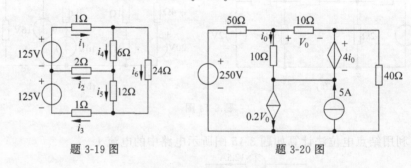

题 3-19 图　　　　　　　　题 3-20 图

第 4 章

电 路 定 理

第 3 章讨论了分析电路的一般分析方法,利用这些方法列写相应的 KCL 或 KVL 方程进而分析电路。此外,前面还讨论了如何用串、并联简化法和 Y-△变换法简化电路,以及电源等效变换的方法,本章将继续介绍叠加定理、替代定理、戴维南与诺顿等效电路等简化电路的方法以及最大功率传输定理和特勒根定理等其他分析电路的定理和方法。

4.1 叠加定理

叠加定理是线性电路的重要性质之一,在线性电路分析中起着非常重要的作用,它是分析线性电路的基础。所谓线性电路,是指由线性元件和独立电源组成的电路,电路参数不随电压、电流的变化而改变。当电路中含有多个激励作用时,应用叠加定理可以简化电路分析。

4.1.1 叠加定理的内容

在多个电源同时作用的线性电路中,任何支路的电流或任意两点间的电压,都是各个独立电源单独作用时所得结果的代数和。这就是叠加定理。

以如图 4-1-1 所示电路为例,来理解叠加定理的内容。左侧是原电路,在 E_1 和 E_2 两个电源的作用下,在每一条支路中分别产生电流 I_1、I_2 和 I_3。根据叠加定理,可以把原电路等效为电压源 E_1 单独作用,而电压源 E_2 不起作用,产生的支路电流以及第 2 个电路中电源 E_2 单独作用,电源 E_1 不起作用时,在每条支路中所产生的电流。

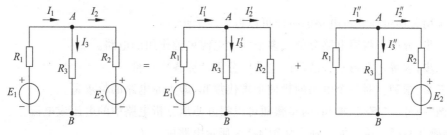

图 4-1-1 叠加定理的内容

这时,原电路中的支路电流便可表示为:$I_1 = I_1' + I_1''$,$I_2 = I_2' + I_2''$,$I_3 = I_3' + I_3''$。

4.1.2　应用叠加定理的注意事项

应用叠加定理时，需注意以下问题：

(1) 叠加定理只适用于线性电路(电路参数不随电压、电流的变化而改变)。

(2) 叠加时只将电源分别考虑，电路的结构和参数不变。

暂时不予考虑的恒压源应予以短路，即令 $E=0$；

暂时不予考虑的恒流源应予以开路，即令 $I_S=0$。

(3) 解题时要标明各支路电流、电压的正方向。原电路中各电压、电流的最后结果是各分电压、分电流的代数和。

(4) 叠加定理只能用于电压或电流的计算，不能用来求功率。

在如图 4-1-1 所示电路中，以 R_3 支路的电流 I_3 为例，由于 $I_3=I_3'+I_3''$，所以

$$P_3=I_3^2 R_3=(I_3'+I_3'')^2 R_3 \neq (I_3')^2 R_3 + (I_3'')^2 R_3$$

很显然，由于功率是电压和电流的乘积，满足独立电源的二次函数关系而非线性关系，因此不能用叠加定理计算。

(5) 运用叠加定理时也可以把电源分组求解，每个分电路的电源个数可以不止一个。如图 4-1-2 所示，可根据需要，将原电路分解成两个电压源同时作用与一个电流源单独作用的叠加。

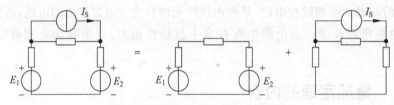

图 4-1-2　叠加定理的其他分解方式

(6) 含有受控源的线性电路也可以采用叠加定理，但是叠加定理只适用于独立电源的作用，而由于受控源不是独立源，受控电压源的电压和受控电流源的电流受电路的结构和各元件参数的约束，不能单独作用。因此，应把受控源作为一般元件，始终保留在每一个电路中。

4.1.3　叠加定理的应用

在应用叠加定理分析电路的时候可以遵循 3 个步骤：

第一步，分解。将原电路分解成多个独立电源单独作用的电路。

第二步，求解。在每个分解后的电路中分别计算各物理量。

第三步，求和。对各个电路的物理量求代数和，即为原电路的待求量。

遵循"一分、二解、三求和"的步骤便可以很方便地分析电路中的电压或电流。

【例题 4-1-1】　用叠加定理求如图 4-1-3 所示电路中的 I。

【解】

(1) 根据叠加定理，将原电路分解为如图 4-1-4 所示的两部分电路。

（2）分别求解上述两个电路中的支路电流：
$$I'=2A, \quad I''=-1A$$
（3）求代数和：
$$I=I'+I''=2-1=1(A)$$

这就是叠加定理的典型应用。可以发现,利用叠加定理把原电路分解后,每一个分解后的电路将变得相对简单,有利于简化复杂电路的分析。

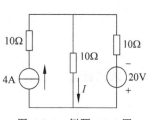

图 4-1-3　例题 4-1-1 图

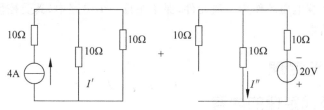

图 4-1-4　原电路分解

【例题 4-1-2】　求如图 4-1-5 所示电路中的电压 U 和电流 I。

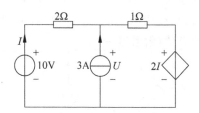

图 4-1-5　例题 4-1-2 题图

【解】

（1）画出分电路图如图 4-1-6 所示。

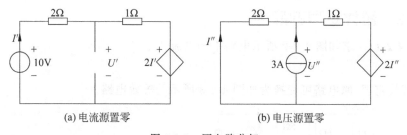

(a)电流源置零　　　　　　　(b)电压源置零

图 4-1-6　原电路分解

（2）对各分电路进行求解。

在分解电路图 4-1-6(a)中：
$$I'=\frac{10-2I'}{2+1}$$
$$I'=2A$$
$$U'=10-2I'=6V$$

在分解电路图 4-1-6(b)中：
$$2I''+1\times(I''+3)+2I''=0$$

$$2I'' + 1 \times (I'' + 3) + 2I'' = 0$$

$$I'' = -0.6\text{A}$$

$$U'' = -2I'' = 1.2\text{V}$$

微课 14　叠加
定理

（3）求代数和：

$$I = I' + I'' = 1.4\text{A}$$

$$U = U' + U'' = 7.2\text{V}$$

该电路中含有受控源，如前所述，由于受控源不是独立源，不能单独作用，因此，在本题的分析过程中将受控电压源作为一般元件，保留在每一个电路中，其受控量分别对应于各个分电路中计算的结果。

4.2　替代定理

4.2.1　替代定理的内容

对于给定的任意一个电路，如图 4-2-1(a)所示，若某一支路电压为 u_k，电流为 i_k，那么，这条支路就可以用一个电压等于 u_k 的独立电压源（见图 4-2-1(b)），或者用一个电流等于 i_k 的独立电流源（见图 4-2-1(c)），或用 $R = u_k / i_k$ 的电阻（见图 4-2-1(c)）来替代，替代后电路中全部电压和电流均保持原有值（解答唯一）。

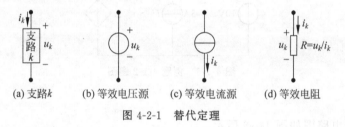

(a) 支路k　　(b) 等效电压源　　(c) 等效电流源　　(d) 等效电阻

图 4-2-1　替代定理

4.2.2　替代定理的应用

【例题 4-2-1】　求如图 4-2-2 所示电路中的电流 I_1。

【解】

根据替代定理，原电路可变换为如图 4-2-3 所示的等效电路。

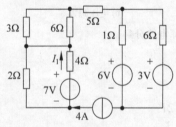

图 4-2-2　例题 4-2-1 图

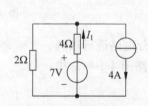

图 4-2-3　等效电路

在该电路中求解：

$$I_1 = \frac{7}{6} + \frac{2 \times 4}{2 + 4} = \frac{15}{6} = 2.5(\text{A})$$

4.3 电源等效定理

在工程实际中,常常碰到只需研究某一支路的电压、电流或功率的问题。对所研究的支路来说,电路的其余部分就成为一个有源二端网络,可等效变换为较简单的含源支路(电压源与电阻串联或电流源与电阻并联支路),使分析和计算简化。

戴维南定理和诺顿定理正是给出了等效含源支路及其计算方法。

4.3.1 戴维南定理

任何一个线性含源二端网络,对外电路来说,总可以用一个电压源和电阻的串联组合来等效置换。如图 4-3-1 所示,此电压源的电压等于外电路断开时端口处的开路电压 U_{oc},而电阻等于二端的输入电阻(或等效电阻 R_{eq})。

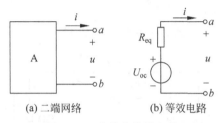

(a) 二端网络   (b) 等效电路

图 4-3-1 戴维南等效电路

(1)开路电压 U_{oc} 的计算。

戴维南等效电路中电压源电压等于将外电路断开时的开路电压 U_{oc},电压源方向与所求开路电压方向有关。计算 U_{oc} 的方法视电路形式选择前面学过的任意方法,使之易于计算。

(2)等效电阻的计算。

等效电阻为将二端网络内部独立电源全部置零(电压源短路,电流源开路)后,所得无源二端网络的输入电阻。

注意:

(1)外电路可以是任意的线性或非线性电路,外电路发生改变时,含源二端网络的等效电路不变(伏安特性等效)。

(2)当二端网络内部含有受控源时,控制电路与受控源必须包含在被化简的同一部分电路中。

【例题 4-3-1】 计算如图 4-3-2 所示电路中,当 R_X 分别为 1.2Ω、5.2Ω 时的电流。

【解】

断开 R_X 支路,将剩余二端网络化为戴维南等效电路。

① 求开路电压 U_{oc}。

$$U_{oc} = -10 \times \frac{4}{4+6} + 10 \times \frac{6}{4+6} = 6 - 4 = 2(\text{V})$$

② 求等效电阻 R_{eq}。

$$R_{eq} = \frac{4 \times 6}{4+6} + \frac{6 \times 4}{6+4} = 4.8(\Omega)$$

③ 画出如图 4-3-3 所示的戴维南等效电路。

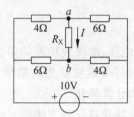
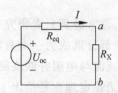

图 4-3-2　例题 4-3-1 图　　图 4-3-3　原电路的戴维南等效电路

在戴维南等效电路中，

$R_X = 1.2\Omega$ 时，$I = \dfrac{U_{oc}}{R_{eq} + R_X} = 0.333\text{A}$。

$R_X = 5.2\Omega$ 时，$I = \dfrac{U_{oc}}{R_{eq} + R_X} = 0.2\text{A}$。

【例题 4-3-2】　求如图 4-3-4 所示电路中的电压 U。

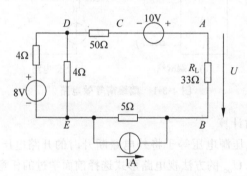

图 4-3-4　例题 4-3-2 图

【解】

第一步，断开 A、B 之间的 R_L 支路，求开端电压 U_{oc}。

$$U_{oc} = U_{AC} + U_{CD} + U_{DE} + U_{EB} = 10 + 0 + 4 - 5 = 9(\text{V})$$

第二步，在如图 4-3-5 所示的无源二端口网络中求等效电阻 R_{eq}。

$$R_{eq} = 50 + \frac{4 \times 4}{4 + 4} + 5 = 57(\Omega)$$

第三步，画出如图 4-3-6 所示的戴维南等效电路，计算未知电压 U。

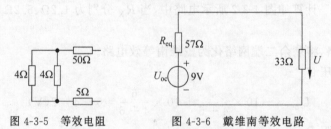

图 4-3-5　等效电阻　　　　图 4-3-6　戴维南等效电路

$$U = \frac{9}{57 + 33} \times 33 = 3.3(\text{V})$$

【*2014-3】 如图 4-3-7 所示电路中,通过 1Ω 电阻的电流为(   )。

A. $-\dfrac{5}{29}$A   B. $\dfrac{2}{29}$A   C. $-\dfrac{2}{29}$A   D. $\dfrac{5}{29}$A

【解】 D

应用戴维南定理进行分析,首先去掉待求的 1Ω 电阻支路,计算开路电压,等效电路图如图 4-3-8(a)所示。

二端的开路电压:

$$U_{oc} = 5 \times \left(\frac{5}{5+2} - \frac{4}{3+4} \right) = \frac{5}{7}(V)$$

无源二端的等效电阻:

$$R_0 = 2//5 + 3//4 = \frac{22}{7}(\Omega)$$

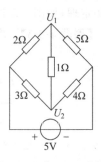

图 4-3-7 *2014-3 题图

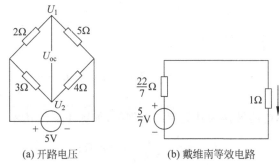

(a) 开路电压   (b) 戴维南等效电路

图 4-3-8 戴维南定理的应用

画出戴维南等效电路如图 4-3-8(b)所示,在电路中计算电流:

$$I = \frac{\dfrac{5}{7}}{\dfrac{22}{7}+1} = \frac{5}{29}(A)$$

【*2013-13】 如图 4-3-9 所示电路的戴维南定理等效电路参数 u_S 应为(   )。

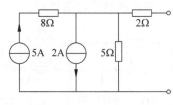

图 4-3-9 *2013-13 题图

A. 35V   B. 15V   C. 3V   D. 9V

【解】 B

戴维南等效电路中的电压源为原电路的开路电压,因此,$u_S = 5 \times (5-2) = 15V$。

微课 15 戴维南定理

4.3.2 诺顿定理

任何一个含源线性二端电路,对外电路来说,可以用一个电流源和电阻的并联组合来等效置换;电流源的电流等于该二端的短路电流,电阻等于该二端电路的输入电阻。这就是诺顿定理,如图 4-3-10 所示。

【例题 4-3-3】 求图 4-3-11 所示电路中的电流 I。

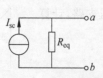

图 4-3-10 诺顿等效电路

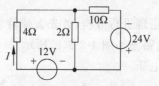

图 4-3-11 例题 4-3-3 图

【解】

(1)求短路电流 I_{sc}。

$$I_1 = \frac{12}{2} = 6(A)$$

$$I_2 = \frac{24+12}{10} = 3.6(A)$$

$$I_{sc} = -I_1 - I_2 = -3.6 - 6 = -9.6(A)$$

(2)求等效电阻 R_{eq}。

将如图 4-3-11 所示电路转换为其无源二端网络,如图 4-3-12 所示,计算得到等效电阻:

$$R_{eq} = \frac{10 \times 2}{10+2} = 1.67(\Omega)$$

(3)画出诺顿等效电路,如图 4-3-13 所示,应用分流公式得 $I = 2.83A$。

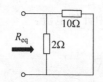

图 4-3-12 等效电阻

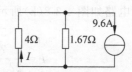

图 4-3-13 诺顿等效电路

【例题 4-3-4】 求如图 4-3-14 所示电路中的电压 U。

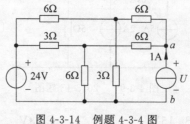

图 4-3-14 例题 4-3-4 图

【解】

观察电路发现 a、b 处的短路电流比开路电压容易求,因此本题用诺顿定理求比较方便。

(1)求短路电流 I_{sc}。

$$I_{sc} = \frac{24}{\frac{6 \times 6}{6+6}+3} \times \frac{1}{2} + \frac{24}{\frac{3 \times 6}{3+6}+6} \times \frac{3}{3+6} = 3(A)$$

（2）画出原电路的无源二端网络，如图 4-3-15 所示，求等效电阻 R_{eq}。

$$R_{eq} = \left[\frac{6 \times 3}{6+3}+6\right] // \left[\frac{3 \times 6}{3+6}+6\right] = 4(\Omega)$$

（3）画出诺顿等效电路，如图 4-3-16 所示，计算未知电压 U。

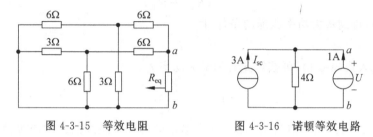

图 4-3-15　等效电阻　　　　　图 4-3-16　诺顿等效电路

$$U = (3+1) \times 4 = 16(V)$$

在应用电源等效定理的时候需要注意的是：

（1）如图 4-3-17(a)，若二端电路的等效电阻 $R_{eq}=0$，该二端电路只有戴维南等效电路，无诺顿等效电路。

（2）如图 4-3-17(b)，若二端电路的等效电阻 $R_{eq}=\infty$，该二端电路只有诺顿等效电路，无戴维南等效电路。

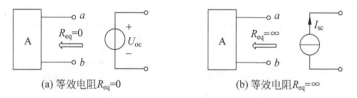

(a) 等效电阻 $R_{eq}=0$　　　　　　(b) 等效电阻 $R_{eq}=\infty$

图 4-3-17　电源等效定理的特殊情况

4.4　最大功率传输定理

一个含源线性二端电路，当所接负载不同时，二端电路传输给负载的功率就不同，讨论负载为何值时能从电路获取最大功率，及最大功率的值是多少的问题具有很现实的工程意义。

如图 4-4-1(a)所示，二端电路 A 为负载提供功率，欲分析负载上所获得的最大功率，可根据戴维南定理，将 A 部分电路用其戴维南等效电路代替，如图 4-4-1(b)所示。

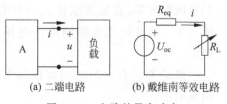

(a) 二端电路　　　　(b) 戴维南等效电路

图 4-4-1　电路的最大功率

在如图 4-4-1(b)所示的戴维南等效电路中,负载 R_L 上所获得的功率 P 为:

$$P = R_L \left(\frac{U_{oc}}{R_{eq} + R_L} \right)^2 \tag{4-4-1}$$

可以发现,功率 P 可看作负载电阻 R_L 的函数,对于功率最大值的情况,可令 P 对 R_L 求导,其导数为 0,从而获得极值:

$$P' = U_{oc}^2 \frac{(R_{eq} + R_L)^2 - 2R_L(R_{eq} + R_L)}{(R_{eq} + R_L)^4} = 0 \tag{4-4-2}$$

求解式(4-4-2),得到最大功率匹配的条件,即

$$R_L = R_{eq} \tag{4-4-3}$$

将式(4-4-3)代入式(4-4-1),可获得此时的最大功率为:

$$P_{max} = \frac{U_{oc}^2}{4R_{eq}}$$

通过以上计算过程,可以得出结论:当负载电阻等于负载端的戴维南等效电阻 R_{eq} 时,传输给负载端的功率最大,该最大功率是 $U_{oc}^2 / 4R_{eq}$。这就是最大功率传输定理。

【**例题 4-4-1**】 计算如图 4-4-2 所示电路中当负载电阻 R_L 为多大时其获得的功率最大?并计算该最大功率。

【**解**】

(1) 求开路电压 U_{oc}。

令 R_L 负载开路,求如图 4-4-3 所示电路的开路电压。根据 $I_1 = I_2 = U_R/20$,且 $I_1 + I_2 = 2A$,可求得 $I_1 = I_2 = 1A$。

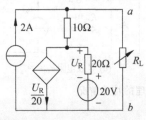

图 4-4-2 例题 4-4-1 图

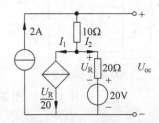

图 4-4-3 负载开路

列写 KVL 方程,可求得开路电压:

$$U_{oc} = 2 \times 10 + 20I_2 + 20 = 60V$$

(2) 求等效电阻 R_{eq}。

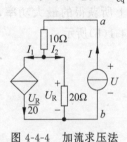

图 4-4-4 加流求压法

由于电路中含有受控源,不能直接计算电路的等效电阻,因此采用加流求压的方法,如图 4-4-4 所示,首先将独立电流源和电压源置零,在负载端接上一个电流源,假设该电流源的电流为 I。通过计算电路两端的电压 U,进而计算电路的等效电阻。

由于 $I_1 = I_2 = I/2$,因此根据 KVL,可以计算外加电流源两端电压:

$$U = 10I + 20(I/2) = 20I$$

等效电阻为

$$R_{eq} = \frac{U}{I} = 20\Omega$$

（3）根据最大功率传输定理，$R_L = R_{eq} = 20\Omega$ 时其上可获得最大功率：

$$P_{max} = \frac{U_{oc}^2}{4R_{eq}} = \frac{60^2}{4 \times 20} = 45(W)$$

【* 2016-3】　如图 4-4-5 所示电路中的电阻 R 值可变，当它获得最大功率时，R 的值为（　　）。

A. 2Ω　　　　B. 4Ω　　　　C. 6Ω　　　　D. 8Ω

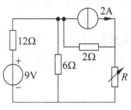

图 4-4-5　* 2016-3 题图

【解】　C

首先化简电路，将电压源转换成电流源，如图 4-4-6（a）所示。继续简化电路，将电阻合并，如图 4-4-6（b）所示。然后再将两个电流源都转换成电压源，如图 4-4-6（c）所示。最后化简的电路如图 4-4-6（d）所示，这实际上也是原电路的戴维南等效电路。

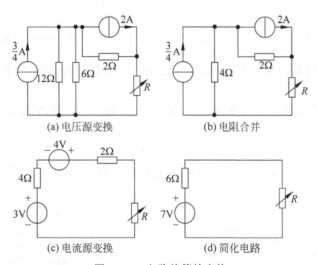

(a) 电压源变换　　　　　　　　(b) 电阻合并

(c) 电流源变换　　　　　　　　(d) 简化电路

图 4-4-6　电路的等效变换

由图 4-4-6(d)的化简电路和最大功率传输条件可知，当 $R = 6\Omega$ 时，它获得的功率最大。

【* 2016-5】　在如图 4-4-7 所示的电路中，线性有源二端网络接有电阻 R，当 $R = 3\Omega$ 时，$I = 2A$；当 $R = 1\Omega$ 时，$I = 3A$；当电阻 R 从有源二端网络获得最大功率时，R 阻值为（　　）。

A. 2Ω　　　　　　B. 3Ω　　　　　　C. 4Ω　　　　　　D. 6Ω

【解】　B

如图 4-4-8 所示，原线性有源二端网络可用其戴维南等效电路替代，电压源的电压为 U_{oc}，等效电阻 R_{eq}。根据题目中的信息，当 $R = 3\Omega$ 时，$I = 2A$；当 $R = 1\Omega$ 时，$I = 3A$，则：

$$\frac{U_{oc}}{R_{eq} + 3} = 2, \qquad \frac{U_{oc}}{R_{eq} + 1} = 3$$

可得 $R_{eq}=3\Omega$。

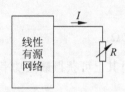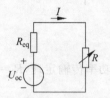

图 4-4-7　*2016-5 题图　　　　图 4-4-8　原电路的戴维南等效电路

根据最大功率传输定理,当电阻 $R=R_{eq}=3\Omega$ 时,获得的功率最大。

【*2014-2】　如图 4-4-9 所示,当负载电阻 R 为(　　)时,R 获得的功率最大。

A. 12Ω　　　　　　B. 2Ω　　　　　　C. 3Ω　　　　　　D. 6Ω

【解】　B

电源的等效电阻如图 4-4-10 所示。

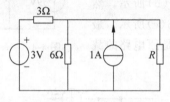

图 4-4-9　*2014-2 题图　　　　　图 4-4-10　等效电阻

根据最大功率传输定理,当负载电阻与电源的等效电阻相等时,负载可获得最大功率,故 $R=6//3=2\Omega$。

【*2013-5】　在如图 4-4-11 所示的电路中,当 R 为(　　)时,它能获得最大功率。

A. 7.5Ω　　　　　　B. 4.5Ω　　　　　　C. 5.2Ω　　　　　　D. 5.5Ω

【解】　D

根据最大功率传输定理,当 $R=R_{eq}$ 时,它能获得最大功率,R_{eq} 等效电路如图 4-4-12 所示,采用加压求流法:

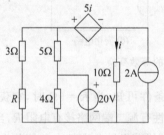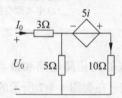

图 4-4-11　*2013-5 题图　　　　图 4-4-12　戴维南等效电路

$$\begin{cases} U_0=3I_0-5i+10i \\ 5(I_0-i)+5i=10i \end{cases}$$

得到:

$$\begin{cases} U_0=11i \\ I_0=2i \end{cases}$$

因此，$R_{eq} = \dfrac{U_0}{I_0} = 5.5\Omega$。

在应用最大功率传输定理时，需要注意的是：

（1）最大功率传输定理用于二端电路给定，负载电阻可调的情况；

（2）二端电路等效电阻消耗的功率一般并不等于端口内部消耗的功率，因此当负载获取最大功率时，电路的传输效率并不一定是 50%；

（3）计算最大功率问题结合应用戴维南定理或诺顿定理更方便。

微课 16　最大功率传输定理

4.5　特勒根定理

特勒根定理是电路理论中对集总电路普遍适用的基本定理，其基本形式可由电路的 KCL 和 KVL 方程推导得出，与电路元件的性质无关。特勒根定理有两种形式。

4.5.1　特勒根定理 1

任何时刻，一个具有 n 个结点和 b 条支路的集总电路，在支路电流和电压取关联参考方向下，满足：

$$\sum_{k=1}^{b} u_k i_k = 0 \qquad (4\text{-}5\text{-}1)$$

即任何一个电路的全部支路吸收的功率之和恒等于 0。式（4-5-1）体现了功率守恒，因此特勒根定理 1 也称为特勒根功率定理。

下面以如图 4-5-1 所示的电路为例，对特勒根定理 1 进行证明。对图中的结点①②③分别应用 KCL：

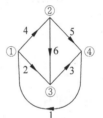

图 4-5-1　特勒根定理 1
证明电路

$$\begin{cases} -i_1 + i_2 + i_4 = 0 \\ -i_4 + i_5 + i_6 = 0 \\ -i_2 + i_3 - i_6 = 0 \end{cases}$$

那么，

$$\begin{aligned} \sum_{k=1}^{b} u_k i_k &= u_1 i_1 + u_2 i_2 + \cdots + u_6 i_6 \\ &= -u_{n1} i_1 + (u_{n1} - u_{n3}) i_2 + u_{n3} i_3 + (u_{n1} - u_{n3}) i_4 + u_{n2} i_5 + (u_{n2} - u_{n3}) i_6 \\ &= u_{n1}(-i_1 + i_2 + i_4) + u_{n2}(-i_4 + i_5 + i_6) + u_{n3}(-i_2 + i_3 - i_6) \\ &= 0 \end{aligned}$$

4.5.2　特勒根定理 2

任何时刻，对于两个具有 n 个结点和 b 条支路的集总电路，当它们具有相同的图，但由内容不同的支路构成，在支路电流和电压取关联参考方向下，设相对应支路的编号相同，第 k 条支路的电压分别为 u_k 和 $\hat{u}_k$，支路电流分别为 i_k 和 $\hat{i}_k$，满足：

$$\sum_{k=1}^{b} u_k \hat{i}_k = 0 \qquad (4\text{-}5\text{-}2)$$

$$\sum_{k=1}^{b} \hat{u}_k i_k = 0 \qquad\qquad (4\text{-}5\text{-}3)$$

式(4-5-2)和式(4-5-3)中的各项都是一个电路第 k 条支路的电压与另一个电路中第 k 条支路电流的乘积,或者是同一电路中不同时刻相应支路的电压与电流必须遵守的数学关系。虽然具有功率的量纲,但并不表示支路的功率,也不能用功率守恒来解释,因此也称作拟功率定理。

下面利用如图 4-5-2 所示的两个具有相同的图的电路对特勒根定理 2 进行证明。电路 1 中的电压电流为 (u_k, i_k),电路 2 中的电压电流为 $(\hat{u}_k, \hat{i}_k)$。

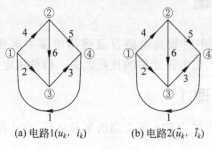

(a) 电路1(u_k, i_k) (b) 电路2$(\hat{u}_k, \hat{i}_k)$

图 4-5-2 具有相同的图的两个电路

对电路 2 中的结点①②③分别应用 KCL:

$$\begin{cases} -\hat{i}_1 + \hat{i}_2 + \hat{i}_4 = 0 \\ -\hat{i}_4 + \hat{i}_5 + \hat{i}_6 = 0 \\ -\hat{i}_2 + \hat{i}_3 - \hat{i}_6 = 0 \end{cases}$$

这样便有:

$$\sum_{k=1}^{b} u_k \hat{i}_k = u_1 \hat{i}_1 + u_2 \hat{i}_2 + \cdots + u_6 \hat{i}_6 = -u_{n1}\hat{i}_1 + (u_{n1} - u_{n3})\hat{i}_2 + u_{n3}\hat{i}_3 +$$

$$(u_{n1} - u_{n3})\hat{i}_4 + u_{n2}\hat{i}_5 + (u_{n2} - u_{n3})\hat{i}_6$$

$$= u_{n1}(-\hat{i}_1 + \hat{i}_2 + \hat{i}_4) + u_{n2}(-\hat{i}_4 + \hat{i}_5 + \hat{i}_6) + u_{n3}(-\hat{i}_2 + \hat{i}_3 - \hat{i}_6)$$

$$= 0$$

4.5.3 特勒根定理的应用

【例题 4-5-1】 如图 4-5-3 所示的电路具有下述两种情况:

(1) $R_1 = R_2 = 2\Omega, U_S = 8\text{V}$ 时,$I_1 = 2\text{A}, U_2 = 2\text{V}$。

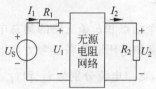

图 4-5-3 例题 4-5-1 图

（2）$R_1 = 1.4\Omega, R_2 = 0.8\Omega, U_S = 9\mathrm{V}$ 时，$I_1 = 3\mathrm{A}$；求此时的 U_2。

【解】

把两种情况看成是结构相同、参数不同的两个电路，如图 4-5-4 所示，利用 $\hat{U}_2$ 特勒根定理 2。

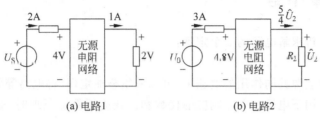

图 4-5-4　特勒根等效电路

由电路 1 得：$U_1 = 4\mathrm{V}, I_1 = 2\mathrm{A}, U_2 = 2\mathrm{V}, I_2 = \dfrac{U_2}{R_2} = 1\mathrm{A}$；

由电路 2 得：$\hat{U}_1 = 9 - 3 \times 1.4 = 4.8\mathrm{V}, \hat{I}_1 = 3\mathrm{A}, \hat{I}_2 = \dfrac{\hat{U}_2}{R_2} = \left(\dfrac{5}{4}\right)\hat{U}_2$。

由特勒根定理 2 得：

$$U_1(-\hat{I}_1) + U_2\hat{I}_2 + \sum_{k=3}^{b} R_k I_k \hat{I}_k = \hat{U}_1(-I_1) + \hat{U}_2 I_1 + \sum_{k=3}^{b} R_k I_k \hat{I}_k$$

负号是因为 U_1、I_1 的方向不同。代入上述电压和电流：

$$-4 \times 3 + 2 \times 1.25\hat{U}_2 = -4.8 \times 2 + \hat{U}_2 \times 1$$

得：$\hat{U}_2 = \dfrac{2.4}{1.5} = 1.6(\mathrm{V})$。

【例题 4-5-2】　在如图 4-5-5 所示的电路中，已知：$U_1 = 10\mathrm{V}, I_1 = 5\mathrm{A}, U_2 = 0\mathrm{V}, I_2 = 1\mathrm{A}, \hat{U}_2 = 10\mathrm{V}$，求 $\hat{U}_1$。

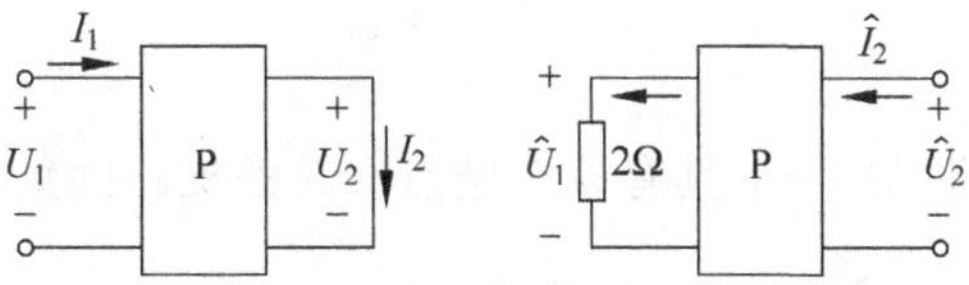

图 4-5-5　例题 4-5-2 图

【解】

根据特勒根定理 2：

$$\begin{cases} U_1\hat{I}_1 + U_2(-\hat{I}_2) = U_1(-\hat{I}_1) + \hat{U}_2 I_2 \\ \hat{U}_1 = 2\hat{I}_1 \end{cases}$$

解之得：$\hat{U}_1 = 1\mathrm{V}$。

在应用特勒根定理时需要注意的是：

（1）电路中的支路电压必须满足 KVL；

(2) 电路中的支路电流必须满足 KCL；

(3) 电路中的支路电压和支路电流必须满足关联参考方向(否则公式中加负号)；

(4) 定理的正确性与元件的特征无关。

4.6 本章小结

本章讨论了分析求解电路的 5 个定理：

· 叠加定理。

在具有多个独立源共同作用的电路中，可以采用叠加定理，将电路等效为单个电源或几个电源分别单独作用下电压和电流响应的代数和。在应用叠加原理时，非独立源不能单独作用。

· 替代定理。

· 电源等效定理。

包括戴维南等效定理和诺顿等效定理。可以将一个由电源和电阻组成的电路简化为一个等效电路，可以是一个电压源和一个电阻的串联(戴维南)，或者是一个电流源和一个电阻的并联(诺顿)的形式。对于端电压和端电流来说，简化的电路与原电路是等效的。

(1) 戴维南等效电路中的电压是原电路所求支路两端的开路电压 U_{oc}；

(2) 诺顿等效电路中的电流是原电路所求支路两端的短路电流 I_{sc}；

(3) 戴维南等效电路和诺顿等效电路中的等效电阻 R_{eq} 是原电路转换为无源网络的等效电阻，也等于 U_{oc}/I_{sc}；

(4) 将戴维南等效电路进行电源变换就得到诺顿等效电路。

· 最大功率传输定理。

最大功率传输是一种方法，用来计算电路能够提供给负载 R_L 的最大功率值 P_{max}。当 $R_L = R_{eq}$ 时，发生最大功率传输。所传输的最大功率是：

$$P_{max} = \frac{U_{oc}^2}{4R_{eq}}$$

· 特勒根定理。

特勒根定理 1：任何时刻，一个具有 n 个结点和 b 条支路的集总电路，在支路电流和电压取关联参考方向下，满足：$\sum_{k=1}^{b} u_k i_k = 0$，即任何一个电路的全部支路吸收的功率之和恒等于零。

特勒根定理 2：任何时刻，对于两个具有 n 个结点和 b 条支路的集总电路，当它们具有相同的图，但由内容不同的支路构成，在支路电流和电压取关联参考方向下，满足：

$$\sum_{k=1}^{b} u_k \hat{i}_k = 0 \qquad \sum_{k=1}^{b} \hat{u}_k i_k = 0$$

第 4 章 思 维 导 图

第4章 电路定理

4.1 叠加定理

- 叠加定理的内容：在多个电源同时作用的线性电路中，任何支路的电流或任意两点间的电压，都是各个独立电源单独作用时所得结果的代数和。
- 应用叠加定理的注意事项
  - 线性电路
  - 电源置零
    - 电压源置零——短路
    - 电压源置零——开路
  - 标明各支路电流、电压的正方向
  - 叠加定理不能用来求功率
  - 分组叠加
  - 受控源作为一般元件，始终保留在每一个电路中
- 叠加定理的应用 三步走 一分二解三求和
  - 第一步：分解 将原电路分解成多个独立电源单独作用的电路。
  - 第二步：求解 在每个分解后的电路中分别计算各物理量。
  - 第三步：求和 对各个电路的物理量求代数和，即为原电路的待求量。

4.2 替代定理

对于给定的任意一个电路，若某一支路电压为 u_k、电流为 i_k，那么，这条支路就可以
- 用一个电压等于 u_k 的独立电压源，
- 或者用一个电流等于 i_k 的独立电流源，
- 或用 $R=u_k/i_k$ 的电阻来替代，
替代后电路中全部电压和电流均保持原有值（解答唯一）

4.3 电源等效定理

- 戴维南定理的内容：任何一个线性含源二端网络，对外电路来说，总可以用一个电压源和电阻的串联组合来等效置换。
  - 电压源的电压等于外电路断开时端口处的开路电压 U_{oc}
  - 电阻等于二端的输入电阻（或等效电阻 R_{eq}）
- 戴维南定理的应用
  - 开路电压 U_{oc} 将外电路断开时的开路电压 U_{oc}，电压源方向与所求开路电压方向有关
  - 将二端网络内部独立电源全部置零（电压源短路，电流源开路）后，所得无源二端网络的输入电阻 等效电阻 R_{eq}
- 诺顿定理的内容：任何一个含源线性二端网络，对外电路来说，可以用一个电流源和电阻的并联组合来等效置换
- 诺顿定理的应用
  - 电流源的电流等于该二端的短路电流
  - 电阻等于该二端的输入电阻

4.4 最大功率传输定理

- 最大功率传输定理的内容
  - $R_L=R_{eq}$ 时获得最大功率
  - 最大功率 $P_{max}=\dfrac{U_{oc}^2}{4R_{eq}}$
- 最大功率传输定理用于二端电路给定负载电阻可调的情况
- 最大功率传输定理的应用
  - 当负载获取最大功率时，电路的传输效率并不一定是50%
  - 计算最大功率问题结合应用戴维南定理或诺欧定理最方便

4.5 特勒根定理

- 特勒根定理1：任何时刻，一个具有 n 个结点和 b 条支路的集总电路，在支路电流和电压的关联参考方向下，满足：$\sum_{k=1}^{b}u_k i_k=0$ 即任何一个电路的全部支路吸收的功率之和恒等于零。
- 特勒根定理2：任何时刻，对于两个具有 n 个结点和 b 条支路的集总电路，当它们具有相同的图，但由内容不同的支路构成，在支路电流和电压取关联参考方向下，满足：$\sum_{k=1}^{b}u_k\hat{i}_k=0$ $\sum_{k=1}^{b}\hat{u}_k i_k=0$
- 特勒根定理的应用
  - ① 电路中的支路电压必须满足KVL；
  - ② 电路中的支路电流必须满足KCL；
  - ③ 电路中的支路电压和支路电流必须满足关联参考方向，否则公式中加负号；
  - ④ 定理的正确性与元件的特征全然无关。

习 题

4-1 应用叠加定理计算如题 4-1 图所示电路中的电压 U。

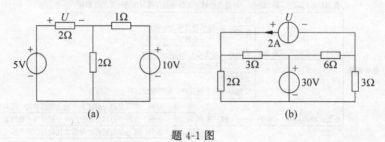

题 4-1 图

4-2 电路如题 4-2 图所示,欲使 $I=0$,试用叠加定理确定电流源 I_S 的值。

4-3 用叠加原理求如题 4-3 图所示电路的 I_1。

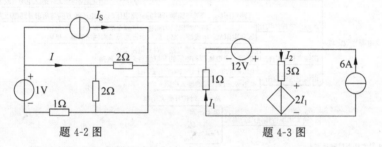

题 4-2 图　　　　　　　题 4-3 图

4-4 电路如题 4-4 图所示,用叠加定理求 U_3。

4-5 应用叠加定理求题 4-5 图中的电压 U_X。

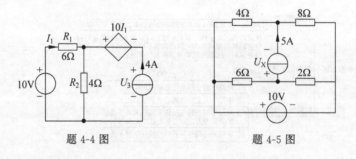

题 4-4 图　　　　　　　题 4-5 图

4-6 应用叠加定理求题 4-6 图中的电流 I_1 和 U_2。

4-7 电路如题 4-7 图所示,应用叠加定理求出:

(1) 当 $U_S=4V$,$I_S=1mA$ 时,电流 $I=$?

(2) 当 $U_S=8V$,$I_S=0.5mA$ 时,电流 $I=$?

4-8 试用叠加定理求题 4-8 图中的 I。

4-9 用叠加定理求题 4-9 图中 AB 间的开路电压和短路电流。

4-10 画出如题 4-10 图所示电路的戴维南等效电路。

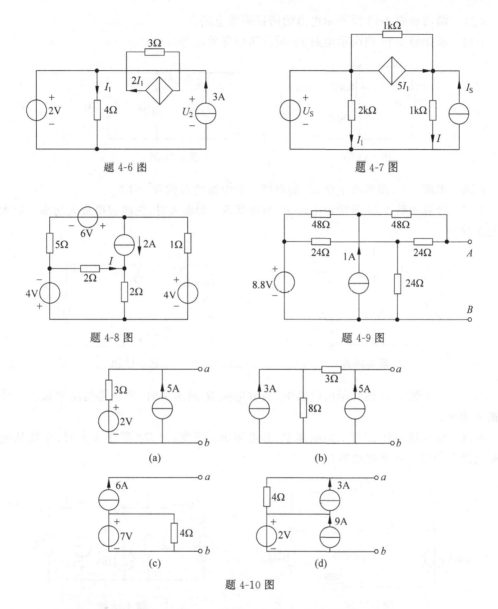

题 4-6 图

题 4-7 图

题 4-8 图

题 4-9 图

题 4-10 图

4-11 应用戴维南定理计算题 4-11 图所示电路中的电流 I。

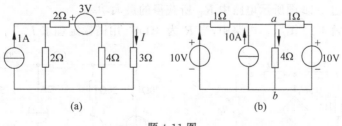

(a)

(b)

题 4-11 图

4-12 测得一个有源二端网络的开路电压为 10V、短路电流为 0.5A。现将 $R=30\Omega$ 的电阻接到该网络上,试求 R 的电压、电流。

4-13　画出如题 4-13 图所示电路的诺顿等效电路。

4-14　求如题 4-14 图所示电路 ab 端的诺顿等效电路参数。

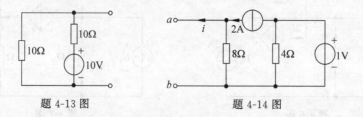

题 4-13 图　　　　　　　　　题 4-14 图

4-15　求题 4-15 图所示电路 ab 端诺顿等效电路的参数 R_0 和 I_{sc}。

4-16　计算如题 4-16 图所示电路中,当负载 R_L 为多大时,它能获得最大功率? 最大功率是多少?

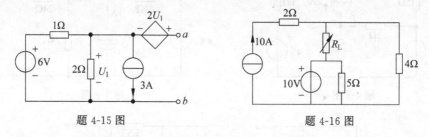

题 4-15 图　　　　　　　　　题 4-16 图

4-17　在如题 4-17 图所示的电路中,调节电阻 R 到多大时,所获得的功率最大? 计算此最大功率。

4-18　在如题 4-18 图所示的电路中,若电阻 R_L 可变,问 R_L 等于多大时,它能从电路中吸收最大功率? 并求此功率。

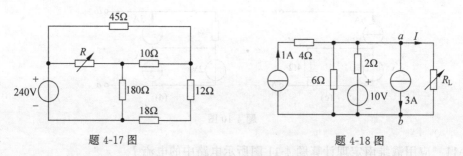

题 4-17 图　　　　　　　　　题 4-18 图

4-19　求如题 4-19 图所示电路中 R_L 所获得的最大功率。

4-20　在如题 4-20 图所示电路中,当 R 为 3Ω 时,用诺顿定理求 I。

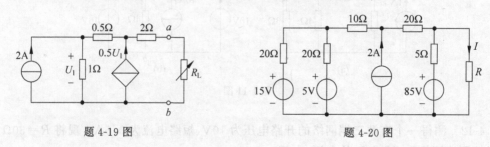

题 4-19 图　　　　　　　　　题 4-20 图

4-21 已知如题 4-21 图所示电路中 N_R 为无源线性网络，当 $u_S=2V,i_S=1A$ 时，$u=15V$；$u_S=4V,i_S=-2A$ 时，$u=24V$。求当 $u_S=6V,i_S=2A$ 时的电压 u。

4-22 电路图如题 4-22 图所示，其中 N_0 为无源网络。已知当 $U_S=10V,I_S=0$ 时，测得 $U=10V$；$U_S=0,I_S=1A$ 时，测得 $U=20V$。试求当 $U_S=20V$、$I_S=3A$ 时，U 为多少？

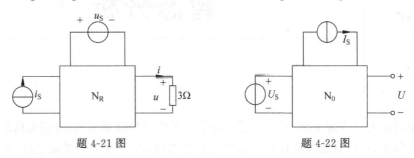

题 4-21 图 　　　　　　　　题 4-22 图

4-23 在如题 4-23 图所示的电路中，N 为线性无源电阻电路，当 $R_2=4\Omega$，外加电压 $U_1=10V$ 时，测量得 $I_1=2A,I_2=1A$。现将 R_2 改为 $1\Omega,U_1=24V$，且测得 $I_1=6A$，试求此时 I_2 为多少？

4-24 在如题 4-24 图所示电路中，N_0 为无源电阻网络，已知：当 $u_{S1}=5V,u_{S2}=0$ 时，$i_1=1A,i_2=0.5A$；当 $u_{S1}=0,u_{S2}=20V$ 时，$i_2=-2A$。试求 u_{S1} 和 u_{S2} 共同作用时各电源供出的功率。

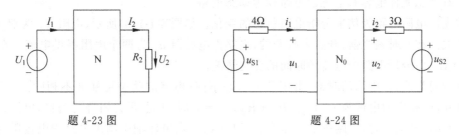

题 4-23 图 　　　　　　　　题 4-24 图

一阶和二阶电路的暂态分析

前4章讨论的是直流电路,基于直流电路学习了电路的基本概念、分析电路的方法和定理等。但实际上,这些方法和定理是最基本的分析思路,不仅适用于直流电路,也适用于动态电路和交流电路,这样的电路在实际应用中更为常见。本章将介绍动态电路的分析和计算,学习低阶动态电路的零输入响应、零状态响应及全响应的产生原因、过程和计算方法。

5.1 动态电路的概念及其初始条件

5.1.1 动态电路

含有动态元件电容和电感的电路称为动态电路。

首先以电阻电路为例来分析电路状态的变化。如图 5-1-1(a)所示,电阻 R_1 两端并联着一个开关。在 0 时刻之前,开关是打开的,电路由电压源 u_s 为两个电阻提供电流。在 $t=0$ 时,开关闭合,分析电路中电流随时间的变化情况。

以时间为线,在不同的时刻,由于开关状态不同,电路的状态可能并不相同。$t<0$ 时,开关打开,电路中的电流为 $i=U_S/(R_1+R_2)$;$t=0$ 时,发生开关闭合的动作,电路结构改变;$t>0$ 时,开关闭合,电路中的电流为 $i=U_S/R_2$。在坐标轴中画出电路中电流随时间变化的值,如图 5-1-1(b)所示,可以发现,对于电阻电路,当开关状态变化时,电路中的电流能立刻从一个状态切换到另一个状态,即电阻电路的过渡期为零。

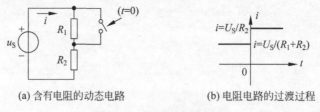

(a) 含有电阻的动态电路　　　　(b) 电阻电路的过渡过程

图 5-1-1　电阻的暂态过程

对于如图 5-1-2(a)所示的 RC 电路,开关动作前电路达到稳定状态,电路如图 5-1-2(b)所示,此时电容的电量全部放完,电容电压 $u_C=0$,电流 $i=0$;$t=0$ 时刻,开关由下方打到上方,接通电源 U_S 给电容充电,经过一段时间后,在 t_1 时刻充电完成,电路再次达到稳定,此时电容两端电压为 $u_C=U_S$,电流 $i=0$,如图 5-1-2(c)所示。那么,电容两端电压从 0 到 U_S 之间存在一段变化的时间,在这段时间中电容两端电压非线性增加,称为电容电路的过渡期。在此过渡期内,电容电流非线性减小,直至为 0。

当动态电路状态发生改变(换路)时,需要经历一个变化过程才能达到新的稳定状态。这个变化过程称为电路的过渡过程。

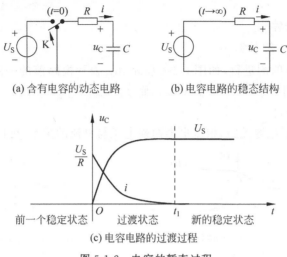

(a) 含有电容的动态电路　　　　　(b) 电容电路的稳态结构

(c) 电容电路的过渡过程

图 5-1-2　电容的暂态过程

同样地,对于如图 5-1-3(a)所示的 RL 电路,开关动作前电路处于稳定状态,如图 5-1-3(b),电感电流为 0;$t=0$ 时刻,开关由下方打到上方,接通电源,电感电流非线性增加,直至 t_1 时刻达到新的稳定状态,如图 5-1-3(c)所示,此时电路中的电流为 $i=U_S/R$。$0 \sim t_1$ 时刻为电感电路的过渡过程。

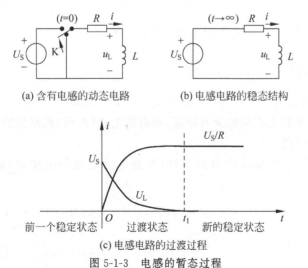

(a) 含有电感的动态电路　　　　　(b) 电感电路的稳态结构

(c) 电感电路的过渡过程

图 5-1-3　电感的暂态过程

微课 17　动态
电路的初始
条件

5.1.2　换路

1. 换路的概念

换路指电路结构、状态发生变化,电路发生换路可能有两种情况:

(1)电路中有电路支路接入或断开,如开关的打开或闭合;

（2）电路中某些参数变化。

通过上面介绍的各电路过渡过程的分析,可以找到过渡过程产生的原因是电路内部含有储能元件 L、C,电路在换路时能量将发生变化,而能量的存储和释放都需要一定的时间来完成。

2. 电路的初始条件

1）$t=0_+$ 与 $t=0_-$ 的概念

假设换路在 $t=0$ 时刻进行,如图 5-1-4 所示,0_- 表示换路前的一瞬间,0_+ 表示换路后的一瞬间。显然,在图中 $f_1(0_+)=f_1(0_-)$,而 $f_2(0_+)\neq f_2(0_-)$。

2）电容的初始条件

如图 5-1-5 所示的电容支路,根据电容两端电压与电流的关系,可以列出:

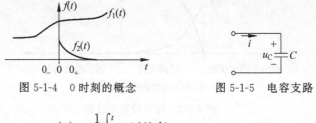

图 5-1-4　0 时刻的概念　　　图 5-1-5　电容支路

$$u_C(t) = \frac{1}{C}\int_{-\infty}^{t} i(\xi)\mathrm{d}\xi$$

$$= \frac{1}{C}\int_{-\infty}^{0_-} i(\xi)\mathrm{d}\xi + \frac{1}{C}\int_{0_-}^{t} i(\xi)\mathrm{d}\xi$$

$$= u_C(0_-) + \frac{1}{C}\int_{0_-}^{t} i(\xi)\mathrm{d}\xi$$

上式中,在 $t=0_+$ 时刻,当 $i(\xi)$ 为有限值时,对于 $u_C(0_+)=u_C(0_-)+\frac{1}{C}\int_{0_-}^{0_+} i(\xi)\mathrm{d}\xi$,其中的 $\frac{1}{C}\int_{0_-}^{0_+} i(\xi)\mathrm{d}\xi \to 0$,因此,$u_C(0_+)=u_C(0_-)$。

根据 $q=Cu_C$ 可得,$q(0_+)=q(0_-)$,即电荷守恒。因此对于电容电路,可以得出如下结论:换路瞬间,若电容电流保持为有限值,则电容电压(电荷)换路前后保持不变。

3）电感的初始条件

同理,对于如图 5-1-6 所示的电感支路,根据电感电流与电感两端电压的关系,可以列出:

图 5-1-6　电感支路

$$i_L(t) = \frac{1}{L}\int_{-t}^{t} u(\xi)\mathrm{d}\xi$$

$$= \frac{1}{L}\int_{-t}^{0_-} u(\xi)\mathrm{d}\xi + \frac{1}{L}\int_{0_-}^{t} u(\xi)\mathrm{d}\xi$$

$$= i_L(0_-) + \frac{1}{L}\int_{0_-}^{t} u(\xi)\mathrm{d}\xi$$

在 $t=0_+$ 时刻,当 u 为有限值时,对于 $i_L(0_+)=i_L(0_-)+\frac{1}{L}\int_{0_-}^{0_+} u(\xi)\mathrm{d}\xi$,其中的 $\frac{1}{L}\int_{0_-}^{0_+} u(\xi)\mathrm{d}\xi \to 0$,因此,$i_L(0_+)=i_L(0_-)$。

根据 $\psi = Li_L$ 可得，$\psi_L(0_+) = \psi_L(0_-)$，即磁链守恒。因此对于电感电路，可以得出如下结论：换路瞬间，若电感电压保持为有限值，则电感电流（磁链）换路前后保持不变。

3. 换路定律

根据以上推导过程，可得动态电路的换路定律：

$$q_C(0_+) = q_C(0_-)$$

$$u_C(0_+) = u_C(0_-)$$

即换路瞬间，若电容电流保持为有限值，则电容电压（电荷）换路前后保持不变。

$$\psi_L(0_+) = \psi_L(0_-)$$

$$i_L(0_+) = i_L(0_-)$$

即换路瞬间，若电感电压保持为有限值，则电感电流（磁链）换路前后保持不变。

需要注意的是：

(1) 电容电流和电感电压为有限值是换路定律成立的条件。

(2) 换路定律反映了能量不能跃变。

(3) 电路初始值的确定。

5.1.3　初始值的应用

对于动态电路，求解其初始值，可按以下步骤进行：

(1) 由换路前电路（稳定状态）求 $u_C(0_-)$ 和 $i_L(0_-)$。

(2) 由换路定律得 $u_C(0_+)$ 和 $i_L(0_+)$。

(3) 画 0_+ 等效电路。0_+ 等效电路是：

① 换路后的电路；

② 电容（电感）用电压源（电流源）替代（取 0_+ 时刻值，方向与原假定的电容电压、电感电流方向相同）。

(4) 由 0_+ 电路求所需各变量的 0_+ 值。

【例题 5-1-1】　如图 5-1-7 所示，$t = 0$ 时打开开关 S，求 $i_C(0_+)$。

【解】

按照动态电路初始值的计算步骤进行计算，计算过程如下：

(1) 由如图 5-1-8 所示的 0_- 等效电路求 $u_C(0_-)$。

在 0_- 等效电路中电容开路，可得

$$u_C(0_-) = 8V$$

(2) 由换路定律，可得

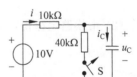

图 5-1-7　例题 5-1-1 电路

$$u_C(0_+) = u_C(0_-) = 8V$$

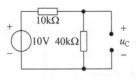

图 5-1-8　0_- 等效电路

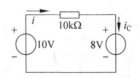

图 5-1-9　0_+ 等效电路

(3) 由如图 5-1-9 所示的 0_+ 等效电路求 $i_C(0_+)$：

$$i_C(0_+) = \frac{10-8}{10} = 0.2\text{mA}$$

通过以上计算结果可以观察到：在此电路中 $i_C(0_-)=0$，并不等于 $i_C(0_+)$。

【例题 5-1-2】 如图 5-1-10 所示，$t=0$ 时闭合开关 S，求 $u_L(0_+)$。

【解】

(1) 由如图 5-1-11 所示的 0_- 等效电路求 $i_L(0_-)$：

在 0_- 等效电路中，电感相当于短路，则

$$i_L(0_-) = \frac{10}{1+4} = 2(\text{A})$$

(2) 应用换路定律：

$$i_L(0_+) = i_L(0_-) = 2\text{A}$$

(3) 由如图 5-1-12 所示的 0_+ 等效电路求 $u_L(0_+)$：

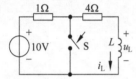 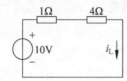 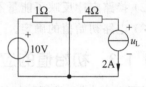

图 5-1-10 例题 5-1-2 电路　　　图 5-1-11　0_- 等效电路　　　图 5-1-12　0_+ 等效电路

在 0_+ 等效电路中电感用电流源替代，可以发现：

$$u_L(0_+) = -2 \times 4 = -8(\text{V})$$

$$u_L(0_+) \neq u_L(0_-)$$

【例题 5-1-3】 求如图 5-1-13 所示电路的 $i_C(0_+)$，$u_L(0_+)$。

【解】

(1) 由如图 5-1-14 所示的 0_- 等效电路得：

$$i_L(0_-) = i_S$$

$$u_C(0_-) = Ri_S$$

(2) 由换路定律得：

$$i_L(0_+) = i_L(0_-) = i_S$$

$$u_C(0_+) = u_C(0_-) = Ri_S$$

(3) 由如图 5-1-15 所示的 0_+ 等效电路得：

$$i_C(0_+) = i_S - \frac{Ri_S}{R} = 0$$

$$u_L(0_+) = -u_C(0_+) = -Ri_S$$

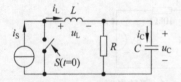 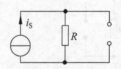 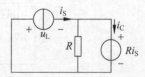

图 5-1-13　例题 5-1-3 图　　　图 5-1-14　0_- 等效电路　　　图 5-1-15　0_+ 等效电路

5.2　一阶电路的零输入响应

5.2.1　零输入响应

1. 零输入响应的概念

零输入响应指换路后外加激励为零，仅由动态元件初始储能产生的电压和电流。如图 5-2-1 所示，已知 $u_C(0_-)=U_0$。

根据电路方程：$-u_R+u_C=0$。

在图 5-2-1 中，由于电容电压与电流呈非关联参考方向，所以

$$i=-C\frac{\mathrm{d}u_C}{\mathrm{d}t}$$

$$u_R=Ri$$

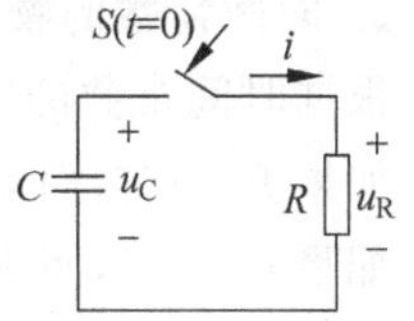

图 5-2-1　RC 一阶电路

代入电路方程，得到

$$RC\frac{\mathrm{d}u_C}{\mathrm{d}t}+u_C=0$$

$$u_C(0_+)=U_0$$

一阶齐次微分方程的特征方程为 $RCp+1=0$，则 $p=-\dfrac{1}{RC}$。

方程的特征根为：

$$u_C=A\mathrm{e}^{pt}=A\mathrm{e}^{-\frac{1}{RC}t}$$

对于系数 A_0，代入初始值 $u_C(0_+)=u_C(0_-)=U_0$ 得

$$A=U_0$$

因此，电容两端电压为

$$u_C=U_0\mathrm{e}^{-\frac{1}{RC}t},\quad t\geqslant 0$$

那么，电容电流为

$$i_C=\frac{U_0}{R}\mathrm{e}^{-\frac{1}{RC}t},\quad t\geqslant 0$$

以上结果表明：

(1) 电压、电流是随时间按同一指数规律衰减的函数，如图 5-2-2 所示，但电压是对时间的连续函数，而电流函数发生了跃变；

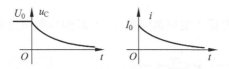

图 5-2-2　RC 一阶电路中电压、电流的变化规律

(2) 响应与初始状态成线性关系，其衰减快慢与 RC 有关；

令 $\tau=RC$，称 τ 为一阶电路的时间常数。时间常数的大小反映了电路过渡过程时间的长短，在如图 5-2-3 所示的电路中，τ_1 比较大，电路的过渡过程时间较长，而 τ_2 较小，电路的

过渡过程时间相对较短。

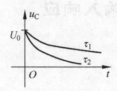

图 5-2-3　RC 一阶电路的时间常数

2. 时间常数的物理意义

根据时间常数的定义：$\tau=RC$，当电压初值一定时：

如果 R 一定，而 C 比较大，根据 $W=Cu^2/2$，则电容的储能较大，因此放电时间较长；

如果 C 一定，而 R 比较大，根据 $i=u/R$，则电容的放电电流较小，因此放电时间也比较长。

在不同时间常数下，电容电压的过渡过程如表 5-2-1 所示。

表 5-2-1　电容电压的衰减

t	0	τ	2τ	3τ	5τ
$u_C=U_0\mathrm{e}^{-\frac{t}{\tau}}$	U_0	$U_0\mathrm{e}^{-1}$	$U_0\mathrm{e}^{-2}$	$U_0\mathrm{e}^{-3}$	$U_0\mathrm{e}^{-5}$
	U_0	$0.368U_0$	$0.135U_0$	$0.05U_0$	$0.007U_0$

这里需要注意的是 τ 指电容电压衰减到原来电压 36.8% 所需的时间。工程上认为，一般经过 $3\tau \sim 5\tau$，过渡过程便已结束。

【*2017-15】　若一阶电路的时间常数为 3s，则零输入响应换路经过 3s 后衰减为初始值的(　　)

A. 50%　　　　　　B. 25%　　　　　　C. 13.5%　　　　　　D. 36.8%

【解】　D

零输入响应的一阶电路中电压表达式为 $u_C=U_0\mathrm{e}^{-\frac{t}{\tau}}$。

则经过一个时间常数 τ 后，当 $t=\tau$ 时，电压变为 $u_C(\tau)=0.368U_0$。

5.2.2　零输入响应的应用

【例题 5-2-1】　　如图 5-2-4 所示电路中的电容原充有 24V 电压，求 S 闭合后，电容电压和各支路电流随时间变化的规律。

【解】

这是一个求一阶 RC 零输入响应的问题，$t>0$ 时的等效电路如图 5-2-5 所示。

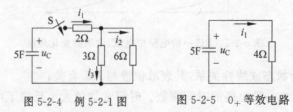

图 5-2-4　例 5-2-1 图　　　　　　图 5-2-5　0_+ 等效电路

则电容电压：

$$u_C = U_0 e^{-\frac{1}{RC}t}, \quad t \geqslant 0$$

电容电压的初始值 $U_0 = 24\text{V}$；时间常数 $\tau = RC = 5 \times 4 = 20\text{s}$。

因此，

$$u_C = 24 e^{-\frac{t}{20}}\text{V}, \quad t \geqslant 0$$

$$i_1 = \frac{u_C}{4} = 6 e^{-\frac{t}{20}}\text{A}$$

分流得：

$$i_2 = \frac{1}{3} i_1 = 2 e^{-\frac{t}{20}}\text{A}$$

$$i_3 = \frac{2}{3} i_1 = 4 e^{-\frac{t}{20}}\text{A}$$

微课 18　一阶 RC 电路的零输入响应

5.3　一阶电路的零状态响应

5.3.1　零状态响应

1. 零状态响应的概念

零状态响应指动态元件的初始能量为零，由 $t > 0$ 电路中外加激励作用所产生的响应。

2. 一阶电路的零状态响应

对于如图 5-3-1 所示电路，列出其非齐次线性常微分方程：

$$RC \frac{du_C}{dt} + u_C = U_S$$

方程解的形式为：$u_C = u'_C + u''_C$。其中，u'_C 为非齐次线性方程的特解（强制分量），为电路的稳态解的特解，$u'_C = U_S$。
u''_C 为齐次线性方程 $RC \dfrac{du_C}{dt} + u_C = 0$ 的通解 $u''_C = A e^{-\frac{t}{RC}}$，称为自由分量或暂态分量。

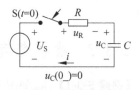

图 5-3-1　外加激励的 RC 一阶电路

因此，方程的全解：$u_C(t) = u'_C + u''_C = U_S + A e^{\frac{-t}{RC}}$。

由初始条件 $U_C(0_+) = 0$ 可以计算得到定积分常数 A：根据 $u_C(0_+) = A + U_S = 0$ 可得 $A = -U_S$。

因此，

$$u_C = U_S - U_S e^{\frac{-t}{RC}} = U_S(1 - e^{\frac{-t}{RC}}), \quad t \geqslant 0$$

从以上式子可以得出电容电流：$i = C \dfrac{du_C}{dt} = \dfrac{U_S}{R} e^{\frac{-t}{RC}}$。

电容的电压及电流的波形如图 5-3-2 所示。

以上结果表明：

（1）电压、电流是随时间按同一指数规律变化的函数，其中电容的电压为连续函数，而

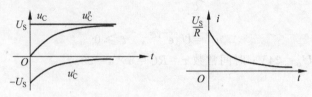

图 5-3-2　RC 一阶电路中电容电压和电流的波形

电容的电流发生了跃变。

（2）电容电压由两部分构成：一部分是稳态分量（也称为强制分量）；另一部分是暂态分量（也称为自由分量）。

（3）响应变化的快慢，由时间常数 $\tau=RC$ 决定；τ 越大充电越慢，τ 越小充电越快。

（4）响应与外加激励成线性关系。

5.3.2　能量关系

对于一阶 RC 电路，电路中各元件的能量关系为：

电源提供能量为：

$$\int_0^\infty U_\mathrm{S} i\,\mathrm{d}t = U_\mathrm{S} q = C U_\mathrm{S}^2$$

电阻消耗能量为：

$$\int_0^\infty i^2 R\,\mathrm{d}t = \int_0^\infty \left(\frac{U_\mathrm{S}}{R}\mathrm{e}^{\frac{-t}{RC}}\right)^2 R\,\mathrm{d}t = \frac{1}{2}C U_\mathrm{S}^2$$

则电容储存能量为 $\dfrac{1}{2}C U_\mathrm{S}^2$。

以上结果表明，电源提供的能量一半消耗在电阻上，一半转换成电场能量存储在电容中。

5.3.3　零状态响应的应用

【例题 5-3-1】 在如图 5-3-3 所示电路中，$t=0$ 时，开关 S 闭合，已知 $u_\mathrm{C}(0_-)=0$，求：

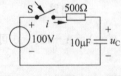

图 5-3-3　例题 5-3-1 题图

（1）电容电压和电流。

（2）$u_\mathrm{C}=80\mathrm{V}$ 时的充电时间 t。

【解】

（1）这是一个 RC 电路零状态响应问题，有：

$$\tau = RC = 500 \times 10^{-5} = 5 \times 10^{-3}\,\mathrm{s}$$

$$U_\mathrm{C} = U_\mathrm{S}(1-\mathrm{e}^{\frac{-t}{RC}}) = 100(1-\mathrm{e}^{-200t})\mathrm{V}, \quad t \geqslant 0$$

$$i = C\frac{\mathrm{d}U_\mathrm{C}}{\mathrm{d}t} = \frac{U_\mathrm{S}}{R}\mathrm{e}^{\frac{-t}{RC}} = 0.2\mathrm{e}^{-200t}\,\mathrm{A}$$

（2）设经过 t_1 秒，$u_\mathrm{C}=80\mathrm{V}$。

由 $80=100(1-\mathrm{e}^{-200t})$ 得 $t_1=8.045\mathrm{ms}$。

5.4　一阶电路的全响应

5.4.1　全响应

电路的初始状态不为零,同时又有外加激励源作用时电路中产生的响应,称为全响应。

以图 5-4-1 所示的 RC 电路为例,电路微分方程:

$$RC\frac{\mathrm{d}u_C}{\mathrm{d}t}+u_C=U_S$$

方程的解的形式为

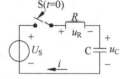

图 5-4-1　一阶 RC 电路的全响应

$$u_C(t)=u_C'+u_C''$$

方程的特解为

$$u_C'=U_S$$

方程的通解为

$$u_C''=A\mathrm{e}^{-\frac{t}{\tau}}$$

其中,$\tau=RC$。系数 A 可由初始值确定:

由 $u_C(0_-)=U_0$,$u_C(0_+)=A+U_S=U_0$,可得 $A=U_0-U_S$。

因此,微分方程的解,即电容两端电压:

$$u_C=U_S+A\mathrm{e}^{-\frac{t}{\tau}}=U_S+(U_0-U_S)\mathrm{e}^{-\frac{t}{\tau}},\quad t\geqslant 0$$

5.4.2　全响应的两种分解方式

(1) 着眼于电路的两种工作状态:

$$u_C=U_S+A\mathrm{e}^{-\frac{t}{\tau}}=U_S+(U_0-U_S)\mathrm{e}^{-\frac{t}{\tau}}$$

即全响应＝强制分量(稳态解)＋自由分量(暂态解)。

如图 5-4-2 所示,电容电压的强制分量与外加激励有关,当时间无限长,它不随时间的变化而变化,因此,是电容电压的稳态解。电容电压的暂态解按指数规律变化,而且由电路自身的特性所决定,是电容电压变化的自由分量,若时间无限长,则这一分量将会衰减到 0。

(2) 着眼因果关系:

$$u_C=U_S(1-\mathrm{e}^{-\frac{t}{\tau}})+U_0\mathrm{e}^{-\frac{t}{\tau}},\quad t\geqslant 0$$

即全响应＝零状态响应＋零输入响应。

如图 5-4-3所示,一阶电路的全响应等于零状态响应与零状态响应的叠加。在动态电

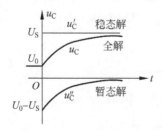

图 5-4-2　全响应的分解

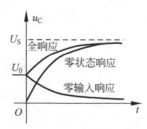

图 5-4-3　全响应的叠加意义

路中,如果把动态元件的初始储能看作电路的内部激励,那么根据叠加定理,如图 5-4-4 所示,电路的全响应可以认为是电路的外部激励和内部激励分别单独作用时,在电路中所产生响应的叠加。外部激励单独作用时所产生的响应是零状态响应,而内部激励单独作用时所产生的响应是零输入响应。

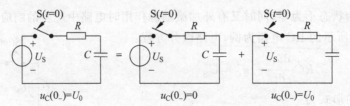

图 5-4-4　全响应的叠加电路

5.4.3　全状态响应的应用

【例题 5-4-1】　在如图 5-4-5 所示电路中,$t=0$ 时,开关 K 闭合,求 $t>0$ 后的 i_C、u_C 及电流源两端的电压。($u_C(0_-)=1\text{V}$,$C=1\text{F}$)

【解】

这是 RC 电路全响应问题,有:

$$u_C = U_S + A e^{-\frac{t}{\tau}} = U_S + (U_0 - U_S) e^{-\frac{t}{\tau}}, \quad t \geqslant 0$$

稳态分量:

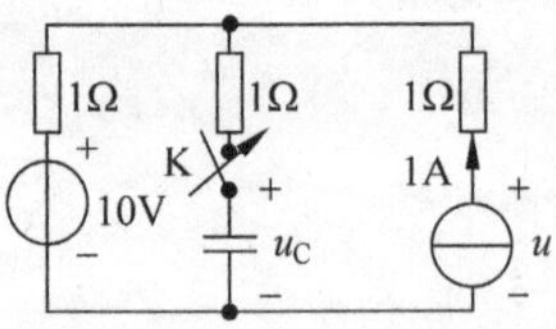

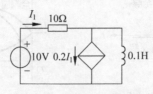

图 5-4-5　例题 5-4-1 图

$$u_C(\infty) = 10 + 1 = 11(\text{V})$$

$$\tau = RC = (1+1) \times 1 = 2(\text{s})$$

全响应:

$$u_C = U_S + A e^{-\frac{t}{\tau}} = U_S + (U_0 - U_S) e^{-\frac{t}{\tau}}, \quad t \geqslant 0$$

$$u_C(t) = 11 + (1-11) e^{-0.5t} \text{V}$$

所以:

$$u_C(t) = 11 - 10 e^{-0.5t} \,(\text{V})$$

$$i_C(t) = \frac{\mathrm{d}u_C}{\mathrm{d}t} = 5 e^{-0.5t} \,(\text{A})$$

$$u(t) = 1 \times 1 + 1 \times i_C + u_C = 12 - 5 e^{-0.5t} \,(\text{V})$$

【*2013-19】　如图 5-4-6 所示电路的时间常数 τ 应为(　　)。

A. 16ms　　　　　　　B. 4ms　　　　　　　C. 2ms　　　　　　　D. 8ms

【解】　D

图 5-4-6　*2013-19 题图

如图 5-4-7 所示,采用加流求压法计算等效电阻。设在等效电阻两端接上电流源 I,则由 KCL:

$$I + 0.2I_1 = I_1$$

因此,$I = 0.8I_1$。

从电感端看进去无源网络的等效电阻 $R_{eq} = \dfrac{10I_1}{0.8I_1} =$

12.5Ω,则 $\tau = \dfrac{L}{R_{eq}} = 8\text{ms}$。

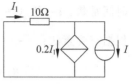

图 5-4-7　加流求压法

5.5　一阶电路暂态分析的三要素法

5.5.1　三要素的概念

一阶电路的数学模型是一阶线性微分方程:

$$a\frac{\mathrm{d}f}{\mathrm{d}t} + bf = c$$

其解答一般形式为

$$f(t) = f'(t) + Ae^{-\frac{t}{\tau}}$$

令 $t = 0_+$,

$$f(0_+) = f'(t)\,|_{0+} + A$$

得到系数 A:

$$A = f(0_+) - f'(t)\,|_{0+}$$

那么方程的解为

$$f(t) = f'(t) + [\,f(0_+) - f'(0_+)\,]e^{-\frac{t}{\tau}}$$

当直流激励作用在电路中时:

$$f'(t) = f'(0_+) = f(\infty)$$

因此电路的响应为

$$f(t) = f(\infty) + [\,f(0_+) - f(\infty)\,]e^{-\frac{t}{\tau}} \tag{5-5-1}$$

式(5-5-1)表明,一阶电路的响应由 3 个要素构成。

(1) $f(\infty)$:稳态解,指开关动作后稳态电路的响应。

(2) $f(0_+)$:初始值,指开关动作后电路的初始响应。

(3) τ:时间常数。对于一阶 RC 电路,$\tau = R_{eq}C$;对于一阶 RL 电路,$\tau = L/R_{eq}$。R_{eq} 为换路后从动态元件 C 或者 L 两端看进去的无源网络的等效电阻。

因此,分析一阶电路响应的问题便转为求解电路的 3 个要素的问题。

5.5.2　三要素法的应用

【例题 5-5-1】　如图 5-5-1 所示,已知:$t = 0$ 时合开关,求换路后的 $u_C(t)$。

【解】

电容电压的初始值:$u_C(0_+) = u_C(0_-) = 2\text{V}$;

电容电压的稳态值：$u_C(\infty)=(2//1)\times 1=0.667(\mathrm{V})$；

时间常数：$\tau=R_{\mathrm{eq}}C=\dfrac{2}{3}\times 3=2(\mathrm{s})$。

根据三要素法：

$$u_C(t)=u_C(\infty)=[\,u_C(0_+)-u_C(\infty)\,]\mathrm{e}^{-\frac{t}{\tau}}$$

得电容电压：

$$u_C=0.667+(2-0.667)\mathrm{e}^{-0.5t}=0.667+1.33\mathrm{e}^{-0.5t},\quad t\geqslant 0$$

画出 $u_C(t)$ 的波形如图 5-5-2 所示。

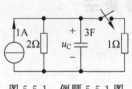

图 5-5-1　例题 5-5-1 图

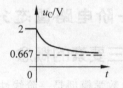

图 5-5-2　$u_C(t)$ 的波形

【例题 5-5-2】　如图 5-5-3 所示，$t=0$ 时，开关 S 打开，求 $t>0$ 后的 i_L、u_L。

【解 1】　三要素法。

这是 RL 电路全响应问题，有：

$$i_L(0_+)=i_L(0_-)=24/4=6(\mathrm{A})$$
$$i_L(\infty)=24/(8+4)=2(\mathrm{A})$$
$$\tau=L/R=0.6/12=1/20(\mathrm{s})$$

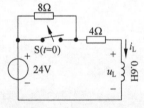

图 5-5-3　例题 5-5-2 图

根据三要素法：

$$
\begin{aligned}
i_L(t)&=i_L(\infty)+[\,i_L(0_+)-i_L(\infty)\,]\mathrm{e}^{-\frac{t}{\tau}}\\
&=2+[6-2]\mathrm{e}^{-20t}\\
&=2+4\mathrm{e}^{-20t}(\mathrm{A})
\end{aligned}
$$

根据电感电压与电流的关系，得到电感两端电压：

$$u_L(t)=-80\mathrm{e}^{-20t}\,\mathrm{V}$$

【解 2】

全响应＝零输入响应＋零状态响应，即

$$i_L=I_S(1-\mathrm{e}^{-\frac{t}{\tau}})+I_0\mathrm{e}^{-\frac{t}{\tau}},\quad t\geqslant 0$$

其中，零输入响应：

$$i'_L(t)=6\mathrm{e}^{-20t}\,\mathrm{A}$$

零状态响应：

$$i''_L(t)=\frac{24}{12}(1-\mathrm{e}^{-20t})\,\mathrm{A}$$

则全响应：

$$i_L(t)=6\mathrm{e}^{-20t}+2(1-\mathrm{e}^{-20t})=2+4\mathrm{e}^{-20t}(\mathrm{A})$$

根据电感电压与电流的关系，得到电感两端电压：

$$u_L(t) = -80e^{-20t}\ \text{V}$$

【例题 5-5-3】 在如图 5-5-4 所示电路中,$t=0$ 时,开关闭合,求 $t>0$ 后的 i_L、i_1、i_2。

【解 1】

利用三要素法求解 i_L,再根据 i_L 求解 i_1、i_2。

三要素为

$$i_L(0_+) = i_L(0_-) = 10/5 = 2(\text{A})$$

$$i_L(\infty) = 10/5 + 20/5 = 6(\text{A})$$

$$\tau = L/R = 0.5/(5//5) = 1/5(\text{s})$$

三要素公式:$i_L(t) = i_L(\infty) + [i_L(0_+) - i_L(\infty)]e^{-\frac{t}{\tau}}$。

电感电流:$i_L(t) = 6 + (2-6)e^{-5t} = 6 - 4e^{-5t}$;电感电压:$u_L(t) = L\dfrac{\text{d}i_L}{\text{d}t} = 0.5 \times (-4e^{-5t}) \times$

$(-5) = 10e^{-5t}\ \text{V}$。

支路电流:

$$i_1(t) = (10 - u_L)/5 = 2 - 2e^{-5t}\ \text{A}$$

$$i_2(t) = (20 - u_L)/5 = 4 - 2e^{-5t}\ \text{A}$$

【解 2】

分别利用三要素法求解 i_L、i_1、i_2。

画出 0_+ 等效电路如图 5-5-5 所示。

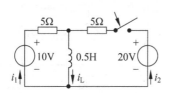

图 5-5-4 例题 5-5-3 图

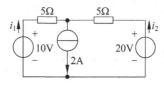

图 5-5-5 0_+ 等效电路

各电流的三要素为

$$i_L(0_+) = i_L(0_-) = 10/5 = 2(\text{A}), \quad i_L(\infty) = 10/5 + 20/5 = 6(\text{A})$$

$$i_1(0_+) = \frac{(10-20)}{10} + 1 = 0(\text{A}), \quad i_1(\infty) = 10/5 = 2(\text{A})$$

$$i_2(0_+) = \frac{(20-10)}{10} + 1 = 2(\text{A}), \quad i_2(\infty) = 20/5 = 4(\text{A})$$

$$\tau = L/R = 0.6/(5//5) = \frac{6}{25}(\text{s})$$

则根据三要素法写出各电流:

$$i_L(t) = 6 + (2-6)e^{-5t} = 6 - 4e^{-5t}\ (\text{A}), \quad t \geqslant 0$$

$$i_1(t) = 2 + (0-2)e^{-5t} = 2 - 2e^{-5t}\ (\text{A})$$

$$i_2(t) = 4 + (2-4)e^{-5t} = 4 - 2e^{-5t}\ (\text{A})$$

【例题 5-5-4】 如图 5-5-6 所示,已知:$t=0$ 时开关闭合,求换路后的 $u_C(t)$、$i_L(t)$、$i(t)$。

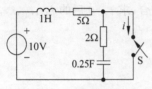

图 5-5-6   例题 5-5-4 图

【解】

电容电压的三要素为

$$u_C(0_+)=u_C(0_-)=10\text{V}$$

$$u_C(\infty)=0$$

$$\tau_1=R_{eq}C=2\times0.25=0.5(\text{s})$$

电感电流的三要素为

$$i_L(0_+)=i_L(0_-)=0(\text{A})$$

$$i_L(\infty)=10/5=2(\text{A})$$

$$\tau_2=L/R_{eq}=1/5=0.2(\text{s})$$

则根据三要素法:

$$u_C(t)=u_C(\infty)+[u_C(0^+)-u_C(\infty)]e^{-\frac{t}{\tau}}=10e^{-2t}\text{V}$$

$$i_L(t)=i_L(\infty)+[i_L(0^+)-i_L(\infty)]e^{-\frac{t}{\tau}}=2(1-e^{-5t})\text{A}$$

根据 KCL,开关支路的电流:

$$i(t)=i_L(t)-C\frac{\mathrm{d}u_C(t)}{\mathrm{d}t}=(2(1-e^{-5t})+5e^{-2t})\text{A}$$

【*2016-20】 如图 5-5-7 所示,已知 $U_C(0_-)=6\text{V}$,在 $t=0$ 时刻将开关 S 闭合,$t\geqslant0$ 时电流 $i(t)$ 为(   )。

A. $-6e^{-4\times10^3t}\text{A}$ B. $-6\times10^{-3}e^{-4\times10^3t}\text{A}$

C. $6e^{-4\times10^3t}\text{A}$ D. $6\times10^{-3}e^{-4\times10^3t}\text{A}$

【解】 B

由 KVL 方程得:

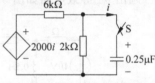

图 5-5-7   *2016-20 题图

$$2000i(0_+)-6000\times\left[i(0_+)+\frac{6}{2000}\right]=U_C(0_+)=U_C(0_-)=6\text{V}$$

得电流初始值:$i(0_+)=-6\times10^{-3}\text{A}$。

开关 S 闭合后的稳态值:$i(\infty)=0$。

左侧含受控源的等效电阻:$R=\left|\dfrac{U_C(0_+)}{i(0_+)}\right|=\left|\dfrac{6}{-6\times10^{-3}}\right|=1\text{k}\Omega$。

时间常数:$\tau=RC=1000\times0.25\times10^{-6}=0.25\times10^{-3}\text{s}$。

根据三要素法:

$$i(t)=i(\infty)+[i(0_+)-i(\infty)]e^{-\frac{t}{\tau}}=-6\times10^{-3}e^{-4\times10^3t}\text{A}$$

【*2013-20】 如图 5-5-8 所示电路在换路前已稳定,$t=0$ 时闭合开关 S 后,$i(t)$ 应为(   )。

A. $(4-3e^{-10t})\text{A}$ B. 0   C. $(4+3e^{-t})\text{A}$ D. $(4-3e^{-t})\text{A}$

【解】 A

当 $t=0_-$ 时,$i=1\text{A}$,$i(0_+)=i(0_-)=1\text{A}$。

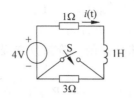

微课21　三要素法分析一阶电路

图5-5-8　*2013-20题图

当$t \to +\infty$时，$i = 4$A。

$\tau = 1$s，则由三要素法：$i(t) = 4 + (1-4)e^{-t} = (4-3e^{-t})$A。

5.6　二阶电路的暂态分析

本章前述各节介绍了一阶电路的各暂态响应，本节将在此基础上进一步分析二阶电路的暂态响应。

用二阶微分方程表示的电路称为二阶电路。二阶电路中包含两个储能元件，它们可能属于不同的类型或同一种类型（相同类型的元件不能用一个等效元件替代）。对二阶电路的分析类似于一阶电路，首先建立电路中元件响应与激励关系的二阶微分方程，然后计算满足初始条件的方程的解。二阶微分方程有两个初始值，它们由储能元件的初始值和输入共同决定。

5.6.1　二阶电路的零输入响应

以如图5-6-1所示的电路为例，图中含有电容C和电感L两个动态元件，该电路为二阶电路。根据5.3.1节的介绍，电路中没有外加激励的作用，紧靠动态元件的初始储能提供电路的能量，电路中的响应为零输入响应。本节将分析二阶电路零输入响应的特性。

在$t = 0$时刻，开关闭合。已知：$u_C(0_+) = U_0$，$i(0_+) = 0$。

对于该电路列写其KVL方程：

$$Ri + u_L - u_C = 0 \qquad (5\text{-}6\text{-}1)$$

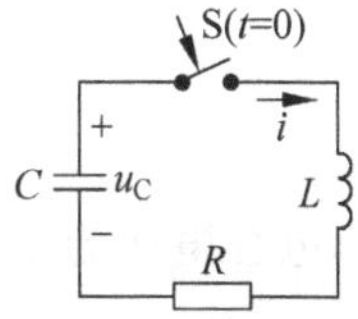

其中，$i = -C\dfrac{\mathrm{d}u_C}{\mathrm{d}t}$，$u_L = L\dfrac{\mathrm{d}i}{\mathrm{d}t}$。

图5-6-1　RLC二阶电路

以电容电压为变量，代入式(5-6-1)得：

$$LC\frac{\mathrm{d}^2 u_C}{\mathrm{d}t} + RC\frac{\mathrm{d}u_C}{\mathrm{d}t} + u_C = 0 \qquad (5\text{-}6\text{-}2)$$

以电感电流为变量，代入式(5-6-1)得：

$$LC\frac{\mathrm{d}^2 i}{\mathrm{d}t} + RC\frac{\mathrm{d}i}{\mathrm{d}t} + i = 0$$

以电容电压为变量时的初始条件：由$u_C(0_+) = U_0$，$i(0_+) = 0$得

$$\left.\frac{\mathrm{d}u_C}{\mathrm{d}t}\right|_{t=0_+} = 0$$

以电感电流为变量时的初始条件：由$u_C(0_+) = u_L(0_+) = L\left.\dfrac{\mathrm{d}i}{\mathrm{d}t}\right|_{t=0_+} = U_0$得

$$\frac{\mathrm{d}i}{\mathrm{d}t}\bigg|_{t=0_+}=\frac{U_0}{L}$$

以式(5-6-2)中的电容电压为未知量的二阶微分方程来分析电容电压的响应。方程的特征方程为

$$LCP^2+RCP+1=0$$

该方程具有两个特征根：

$$P=\frac{-R\pm\sqrt{R^2-4L/C}}{2L}=-\frac{R}{2L}\pm\sqrt{\left(\frac{R}{2L}\right)^2-\frac{1}{LC}} \tag{5-6-3}$$

式(5-6-3)中，如果令 $\frac{R}{2L}=\delta$，$\sqrt{\frac{1}{LC}}=\omega$，那么 $P=-\delta\pm\sqrt{\delta^2-\omega^2}$。可以发现，方程的特征根取决于该二阶电路的 R、L、C 参数。

5.6.2 零状态响应的三种情况

下面来分析 5.6.1 节式(5-6-3)中方程的特征根在 $P>0$、$P=0$ 以及 $P<0$ 时的 3 种情况。在如图 5-6-1 所示的 RLC 二阶电路中：

(1) 当 $R>2\sqrt{\frac{L}{C}}$ 时，微分方程有两个不等的负实根，此时电路处于过阻尼工作状态。电容电压的表达式为

$$u_C=A_1\mathrm{e}^{P_1t}+A_2\mathrm{e}^{P_2t}$$

代入初始值 $u_C(0_+)=U_0$，$\dfrac{\mathrm{d}u_C}{\mathrm{d}t}\bigg|_{(0_+)}=0$，计算方程的系数：$A_1+A_2=U_0$，$P_1A_1+P_2A_2=0$。

因此，

$$\begin{cases}A_1=\dfrac{P_2}{P_2-P_1}U_0\\[3mm]A_2=\dfrac{-P_1}{P_2-P_1}U_0\end{cases}$$

那么，电容电压为

$$u_C=\frac{U_0}{P_2-P_1}(P_2\mathrm{e}^{P_1t}-P_1\mathrm{e}^{P_2t}) \tag{5-6-4}$$

电容电压的波形图如图 5-6-2 所示。电容电压从初始值 U_0 开始，以指数规律不断衰减至零。

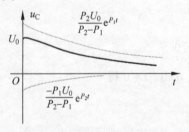

图 5-6-2 电容电压的变化

根据式(5-6-4)，可得电容的电流为

$$i_C=-C\frac{\mathrm{d}u_C}{\mathrm{d}t}=\frac{-CU_0}{P_2-P_1}(P_1P_2\mathrm{e}^{P_1t}-P_1P_2\mathrm{e}^{P_2t})$$

由于 $P_1P_2=\dfrac{1}{LC}$，可进一步计算电流为

$$i_C=\frac{-U_0}{L(P_2-P_1)}(\mathrm{e}^{P_1t}-\mathrm{e}^{P_2t})$$
$$=i$$

同时,电感两端电压为

$$u_L = L\frac{\mathrm{d}i}{\mathrm{d}t} = \frac{-U_0}{P_2 - P_1}(P_1\mathrm{e}^{P_1 t} - P_2\mathrm{e}^{P_2 t})$$

如图 5-6-3 所示为电容电流和电感电压波形曲线,以观察分析二阶动态电路中电压电流的变化趋势。由图 5-6-3 可以看出,电容电流始终满足 $i_C \geqslant 0$,且在 $t=0_+$ 时刻, $i_C = 0$,开始增加;当 $t = t_m$ 时, i_C 达到最大值,之后开始减小;当 $t = \infty$ 时, $i_C = 0$。

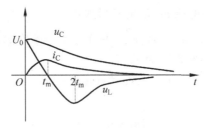

图 5-6-3　电容电流和电感电压的变化

显然,在 $t = t_m$ 时刻,电容电流出现最大值时满足极值的条件: $\dfrac{\mathrm{d}i_C}{\mathrm{d}t} = 0$,此时 $u_L(t_m) = 0$,且:

$$P_1\mathrm{e}^{P_1 t} - P_2\mathrm{e}^{P_2 t} = 0$$

那么,电容电流最大值对应的时刻:

$$t_m = \frac{\ln\dfrac{P_2}{P_1}}{P_1 - P_2}$$

而对于电感电压,当 $t = 0$ 时, $u_L = U_0$;当 $0 < t < t_m$ 时,随着电路中电流的增加, u_L 开始减小,但 $u_L > 0$;当 $t > t_m$ 时, i 开始减小, $u_L < 0$,达到负的最小值。根据 $\mathrm{d}u_L/\mathrm{d}t$ 可确定 u_L 为极小时的 t,由 $P_1^2\mathrm{e}^{P_1 t} - P_2^2\mathrm{e}^{P_2 t} = 0$ 得,在 $t = 2t_m$ 时刻, u_L 达到极小值。当 $t = \infty$ 时, u_L 衰减至 0。

在电路中电压电流变化的过程中,电容电压始终满足 $u_C \geqslant 0$,且处于单调下降的趋势,同时,电容电流 $i_C \geqslant 0$,说明电容始终处于放电状态(按图 5-6-3 中的参考方向,电容电压与电流呈非关联参考方向),为电路提供能量。 $0 < t < t_m$ 时,电感电压和电流为关联参考方向,表明电感吸收并存储能量,即电容为电感和电阻提供能量。 $t = t_m$ 时,电感储能达到最大。 $t > t_m$ 之后,电感电压 $u_L < 0$,此时电感电压和电流呈非关联参考方向,此时电感向电路中释放能量。此时,电感和电容共同提供电阻所消耗的能量,直至能量释放完。由于电阻 $R > 2\sqrt{\dfrac{L}{C}}$,比较大,使得能量消耗比较快,进而产生非振荡放电过程。这个过程称为过阻尼工作过程。

(2) $R < 2\sqrt{\dfrac{L}{C}}$ 时,微分方程有两个共轭复根,此时电路处于欠阻尼工作状态。

在这种情况下,方程的特征根 $P_{1,2} = -\dfrac{R}{2L} \pm \sqrt{\left(\dfrac{R}{2L}\right)^2 - \dfrac{1}{LC}}$,是一对共轭复根,令 $P =$

$-\delta \pm j\omega$。则

$$P_1 = -\delta + j\omega$$
$$P_2 = -\delta - j\omega$$

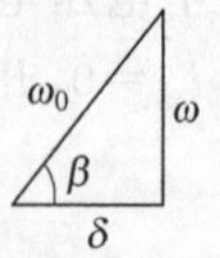

其中,$j = \sqrt{-1}$,$\delta = \dfrac{R}{2L}$,$\omega_0 = \dfrac{1}{\sqrt{LC}}$,$\omega = \sqrt{\left(\dfrac{R}{2L}\right)^2 - \dfrac{1}{LC}} = \sqrt{\omega_0^2 - \delta^2}$。$\omega$、$\omega_0$、$\delta$ 及 β 的关系如图 5-6-4 所示。

图 5-6-4　ω、ω_0、δ 及 β 的关系

电容电压 u_C 的解答形式:

$$u_C = A_1 e^{P_1 t} + A_2 e^{P_2 t} = e^{-\delta t}(A_1 e^{j\omega t} + A_2 e^{-j\omega t}) \tag{5-6-5}$$

式(5-6-5)经常写为

$$u_C = A e^{-\delta t} \sin(\omega t + \beta) \tag{5-6-6}$$

将初始条件

$$\begin{cases} u_C(0_+) = U_0 \\ \dfrac{du_C}{dt}(0_+) = 0 \end{cases}$$

代入表达式:

$$\begin{cases} A\sin\beta = U_0 \\ A(-\delta)\sin\beta + A\omega\cos\beta = 0 \end{cases}$$

得到 u_C 表达式的系数:

$$A = \frac{\omega_0}{\omega} U_0, \quad \beta = \arctan\frac{\omega}{\delta}$$

将系数 A 和 β 代入式(5-6-6)得电容电压

$$u_C = \frac{\omega_0}{\omega} U_0 e^{-\delta t} \sin(\omega t + \beta) \tag{5-6-7}$$

进一步计算得到电容电流

$$i_C = -C\frac{du_C}{dt} = \frac{U_0}{\omega L} e^{-\delta t} \sin\omega t \tag{5-6-8}$$

它们的波形曲线如图 5-6-5 所示。可以看出,当 $t = 0$ 时,$u_C = U_0$,u_C 整体曲线是振幅以 $\pm\dfrac{\omega_0}{\omega}U_0$ 为包络线,按指数规律衰减的正弦函数。在 $\omega t = \pi - \beta$,$2\pi - \beta$,$\cdots$,$n\pi - \beta$ 等位置处 $u_C = 0$。i_C 仍然是按指数规律衰减的正弦函数,在 $\omega t = 0$,π,2π,$\cdots$,$n\pi$ 等位置时,$i_C = 0$,i_C 的零点是 u_C 的极值点。电压电流的这种放电过程叫作振荡放电。振荡衰减的快慢由特征根的实部 δ 决定。δ 越小,衰减越慢,因此 δ 称为衰减系数。振荡波形按正弦规律变化的角频率为 ω。ω 越大,振荡速度越快,因此被称为振荡角频率。由于 $R < 2\sqrt{\dfrac{L}{C}}$,比较小,电阻耗能较慢,造成电路中的能量在电感和电容之间进行往复交换,进而产生了衰减振荡的过程。这个过程称为欠阻尼工作过程。

欠阻尼工作状态有一个特例,即 $R = 0$ 时,$\delta = 0$,$\omega = \omega_0 = \dfrac{1}{\sqrt{LC}}$,$\beta = \dfrac{\pi}{2}$。将这些参数代

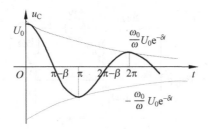

图 5-6-5 电容电压、电流波形曲线

入式(5-6-7)和式(5-6-8),得到此时的电容电压、电流:

$$u_C = U_0 \sin(\omega t + 90°)$$

$$i = \frac{U_0}{\omega L} \sin\omega t$$

从电容电压、电流的表达式可以看出,它们都不包含衰减的成分,仅含有正弦变化的函数,因此这是一种等幅振荡放电过程,其原因就在于电路中电阻为 0,没有能量消耗,只有电容和电感之间能量的反复交换。这个过程为无阻尼工作过程。

(3) 当 $R = 2\sqrt{\dfrac{L}{C}}$ 时,微分方程有两个相等的实根,此时电路处于临界阻尼工作状态。

方程的特征根:$P_1 = P_2 = -\dfrac{R}{2L} = -\delta$,则电容电压的表达式为

$$u_C = A_1 e^{-\delta t} + A_2 t e^{-\delta t}$$

代入初始值 $u_C(0_+) = U_0$,$\dfrac{du_C}{dt}(0_+) = 0$,得到系数 A_1、A_2 的关系:

$$\begin{cases} A_1 = U_0 \\ A_1(-\delta) + A_2 = 0 \end{cases}$$

最终得到各系数:

$$\begin{cases} A_1 = U_0 \\ A_2 = U_0 \delta \end{cases}$$

写出各电压、电流的表达式:

$$\begin{cases} u_C = U_0 e^{-\delta t}(1 + \delta t) \\ i_C = -C \dfrac{du_C}{dt} = \dfrac{U_0}{L} t e^{-\delta t} \\ u_L = L \dfrac{di}{dt} = U_0 e^{-\delta t}(1 - \delta t) \end{cases}$$

基于以上分析,动态电路零输入响应的变化规律仅取决于电路的固有频率,而与电路的初始条件无关,因此可将此结论推广应用于一般二阶电路。

5.6.3 二阶电路暂态分析的应用

【例题 5-6-1】 电路如图 5-6-6 所示,$t = 0$ 时打开开关。求 u_C,并画出其变化曲线。

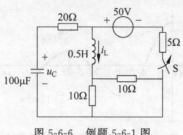

图 5-6-6　例题 5-6-1 图

【解】

（1）在开关动作前，电路达到稳定状态，则画出如图 5-6-7 所示的 0₋ 等效电路：

得到 $u_C(0_-)=25\text{V}$，$i_L(0_-)=5\text{A}$。

（2）开关打开为 RLC 串联电路，方程为

$$LC\frac{\mathrm{d}^2u_C}{\mathrm{d}t}+RC\frac{\mathrm{d}u_C}{\mathrm{d}t}+u_C=0$$

特征方程为

$$50P^2+2500P+10^6=0$$

$$P=-25\pm\mathrm{j}139$$

$$u_C=A\mathrm{e}^{-25t}\sin(139t+\beta)$$

（3）根据换路定律：

$$\begin{cases} u_C(0_+)=25 \\ C\left.\dfrac{\mathrm{d}u_C}{\mathrm{d}t}\right|_{0_+}=-5 \end{cases}$$

得到

$$\begin{cases} A\sin\beta=25 \\ A(139\cos\beta-25\sin\beta)=\dfrac{-5}{10^{-4}} \end{cases}$$

最终得到相关系数：

$$A=358,\quad \beta=176°$$

写出电容电压的表达式：

$$u_C=358\mathrm{e}^{-25t}\sin(139t+176°)\text{V}$$

画出电容电压的变化曲线如图 5-6-8 所示。

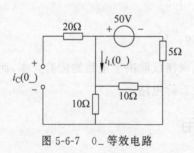

图 5-6-7　0₋ 等效电路

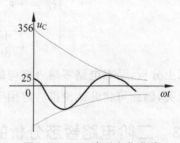

图 5-6-8　u_C 波形变化曲线

【*2014-10】 在如图 5-6-9 所示的电路中,开关 K 闭合后,C_1 上的电压为( )。

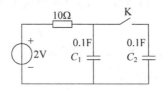

图 5-6-9 *2014-10 题图

A. $2-e^{-t}$ V   B. $2+e^{-t}$ V   C. $1-\dfrac{1}{2}e^{-t}$ V   D. $1+\dfrac{1}{2}e^{-t}$ V

【解】 A

稳态时电流没有通路,因此 $U_1(0_-)=2$V,初始态,电压必须突变,否则违背电压环路定理(KVL)。

使用电荷守恒定律,突变前后,电容总电荷守恒:
$$C_1[U_1(0_+)-U_1(0_-)]+C_2[U_2(0_+)-U_2(0_-)]=0$$

根据初始条件:$U_1(0_-)=2$V,$U_2(0_-)=0$V,$U_1(0_+)=U_2(0_+)$。

两个电容容量相同,则 $U_1=2-e^{-t}$ V。

5.6.4 二阶电路的零状态响应和全响应

在如图 5-6-10 所示的 RLC 串联电路中,电容和电感元件的初始储能为零,即 $u_C(0_-)=0$,$i_L(0_-)=0$,电路由外加电源激励。$t=0$ 时,开关闭合,根据图 5-6-10 所标的各元件参数方向,由 KVL 和元件的伏安关系可得关于 u_C 的微分方程为

$$LC\frac{d^2 u_C}{dt^2}+RC\frac{du_C}{dt}+u_C=U_S \tag{5-6-9}$$

式(5-6-9)是电路的二阶线性非齐次常微分方程,它的解由非齐次方程的特解 u_C' 和通解 u_C'' 组成,即
$$u_C=u_C'+u_C''$$

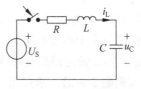

图 5-6-10 RLC 串联电路

方程的特解 u_C' 是电容电压的稳态解,由外加激励决定。当激励为直流电压 U_S 时,特解 $u_C'=U_S$。方程的通解 u_C'' 是电容电压响应的固有分量,由电路的固有频率(特征根)所决定,即由电路中的 R、L、C 的大小所决定。对应式(5-6-9)的齐次方程的特征方程为
$$LCP^2+RCP+1=0$$

其特征根(即固有频率)为

$$P_{1,2}=-\frac{R}{2L}\pm j\sqrt{\left(\frac{R}{2L}\right)^2-\frac{1}{LC}}$$

与零输入响应电路的分析方法一样,根据电路的 R、L、C 参数关系不同,所产生的特征根有 3 种情况,对应的电路的动态响应也将有 3 种工作状态。

(1) $R>2\sqrt{\dfrac{L}{C}}$ 时,过阻尼的情况。

此时特征根 $P_{1,2} = -\dfrac{R}{2L} \pm \mathrm{j}\sqrt{\left(\dfrac{R}{2L}\right)^2 - \dfrac{1}{LC}}$，是两个不相等的负实根。电容电压 u_C 的表达形式为

$$u_C = U_S + A_1 \mathrm{e}^{P_1 t} + A_2 \mathrm{e}^{P_2 t}$$

电路的动态响应为非振荡放电工作状态。

（2）$R = 2\sqrt{\dfrac{L}{C}}$ 时，临界阻尼的情况。

此时特征根 $P_{1,2} = -\dfrac{R}{2L} = P$ 是两个相等的负实根。电容电压 u_C 的表达形式为

$$u_C = U_S + A_1 \mathrm{e}^{Pt} + A_2 t \mathrm{e}^{Pt}$$

电路的动态响应为非振荡放电工作状态。

（3）$R < 2\sqrt{\dfrac{L}{C}}$ 时，欠阻尼的情况。

此时特征根 $P_{1,2} = -\dfrac{R}{2L} \pm \mathrm{j}\sqrt{\dfrac{1}{LC} - \left(\dfrac{R}{2L}\right)^2}$，是一对共轭复根。电容电压 u_C 的表达形式为

$$u_C = U_S + A_1 \mathrm{e}^{P_1 t} + A_2 \mathrm{e}^{P_2 t} = U_S + \mathrm{e}^{-\delta t}(A_1 \mathrm{e}^{\mathrm{j}\omega t} + A_2 \mathrm{e}^{-\mathrm{j}\omega t})$$

经常写为

$$u_C = U_S + A \mathrm{e}^{-\delta t} \sin(\omega t + \beta)$$

式中，$\delta = \dfrac{R}{2L}$，$\omega = \sqrt{\dfrac{1}{LC} - \left(\dfrac{R}{2L}\right)^2}$。其动态响应为振荡放电工作状态。

在以上 3 种情况中，每一种情况都有两个待定常数 A_1、A_2 或 A、β。它们要根据初始条件 $u_C(0_+)$、$\dfrac{\mathrm{d}u_C(0_+)}{\mathrm{d}t}$ 和 $i_L(0_+)$、$\dfrac{\mathrm{d}i_L(0_+)}{\mathrm{d}t}$ 及外加激励确定。当 $u_C(0_+) = 0$、$i_L(0_+) = 0$ 时，电路的响应为零状态响应；当初始值不为零时，电路的响应称为全响应。这两种响应求取方法相同，区别仅在于初始条件及待求的常数不同。当然，按一阶电路全响应的分析结果，从叠加的角度分析，二阶电路的全响应也可以由分别计算的零输入响应和零状态响应之和来求取。

【例题 5-6-2】 求如图 5-6-11 所示电路中电流 $i(t)$ 的零状态响应。

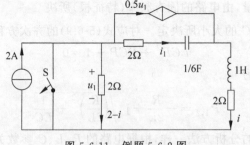

图 5-6-11　例题 5-6-2 图

【解】

（1）列出电路的微分方程。

在 $t=0$ 时刻，开关 S 打开，则

由 KCL：$i_1 = i - 0.5u_1 = i - 0.5 \times 2(2-i) = 2i - 2$；

由 KVL：$2(2-i) = 2i_1 + 6\int i_1 dt + \dfrac{di}{dt} + 2i$。

整理得二阶非齐次常微分方程：

$$\frac{d^2 i}{dt^2} + 8\frac{di}{dt} + 12i = 12$$

方程的解答形式为：$i = i' + i''$，包含特解 i' 和通解 i''。

（2）求特解 i'。

画出原电路达到稳定后的 ∞ 等效电路，如图 5-6-12 所示。

由稳态模型得：$i' = 0.5u_1$，$u_1 = 2(2-0.5u_1)$。

计算得到：$u_1 = 2V$，$i' = i(\infty) = 1A$。

（3）求通解 i''。

方程的两个特征根：$P_1 = -2$，$P_2 = -6$。那么，通解的表达形式为

$$i'' = A_1 e^{-2t} + A_2 e^{-6t}$$

（4）求初值。

画出原电路在 $t=0_+$ 的等效电路，如图 5-6-13 所示。

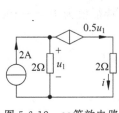

图 5-6-12　∞ 等效电路

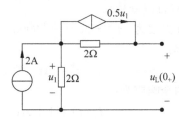

图 5-6-13　0_+ 等效电路

由换路定律，

$$\begin{cases} i(0_+) = i(0_-) = 0 \\ \dfrac{di}{dt}\Big|_{0_+} = \dfrac{1}{L} u_L(0_+) \end{cases}$$

由于 $u_1 = 2 \times 2 = 4V$，根据 0_+ 等效电路可得：

$$u_L(0_+) = 0.5u_1 \times 2 + u_1 = 2u_1 = 8V$$

那么，

$$\begin{cases} i(0_+) = i(0_-) = 0 \\ \dfrac{di}{dt}(0_+) = \dfrac{1}{L} u_L(0_+) = 8 \end{cases}$$

（5）定常数。

将初始值代入 $i = 1 + A_1 e^{-2t} + A_2 e^{-6t}$ 得：

$$\begin{cases} 0 = 1 + A_1 + A_2 \\ 8 = -2A_1 - 6A_2 \end{cases}$$

求得系数：$\begin{cases} A_1 = 0.5 \\ A_2 = -1.5 \end{cases}$

因此，

$$i = 1 + 0.5\mathrm{e}^{-2t} - 1.5\mathrm{e}^{-6t}\mathrm{A}, \quad t \geq 0$$

【**例题 5-6-3**】 二阶电路如图 5-6-14 所示，已知：$i_L(0_-) = 2\mathrm{A}, u_C(0_-) = 0\mathrm{V}$，求 $t \geq 0$ 时的 $i_L(t)$ 和 $i_R(t)$。

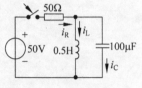

图 5-6-14 例题 5-6-3 题图

【**解**】

（1）列微分方程。

由 KCL：

$$\frac{L\dfrac{\mathrm{d}i_L}{\mathrm{d}t} - 50}{R} + i_L + LC\frac{\mathrm{d}^2 i_L}{\mathrm{d}t^2} = 0$$

整理后的微分方程为：

$$RLC\frac{\mathrm{d}^2 i_L}{\mathrm{d}t^2} + L\frac{\mathrm{d}i_L}{\mathrm{d}t} + Ri_L = 50$$

（2）求特解。

$$i'_L = 1\mathrm{A}$$

（3）求通解（自由分量）。

电路的特征方程为：$P^2 + 200P + 20000 = 0$，对应的特征根为 $P = -100 \pm \mathrm{j}100$，进而可得到方程的通解：

$$i''_L = A\mathrm{e}^{-100t}\sin(100t + \varphi)$$

进而得到方程的全响应为：

$$i_L(t) = 1 + A\mathrm{e}^{-100t}\sin(100t + \varphi)$$

（4）求初值。

已知 $i_L(0_+) = i_L(0_-) = 2\mathrm{A}, u_C(0_+) = u_C(0_-) = 0$，且

$$\left.\frac{\mathrm{d}i_L}{\mathrm{d}t}\right|_{0_+} = \frac{1}{L}u_L(0_+) = \frac{1}{L}u_C(0_+) = 0$$

根据全响应电流的表达形式求导的：

$$\frac{\mathrm{d}i_L}{\mathrm{d}t} = -100A\mathrm{e}^{-100t}\sin(100t + \beta) + 100A\mathrm{e}^{-100t}\cos(100t + \beta)$$

（5）定常数。

将初始值 $i_L(0_+) = 0, u_L(0_+) = 0$ 代入：

$$\begin{cases} 1 + A\sin\varphi = 2 \\ 100A\cos\varphi - 100A\sin\varphi = 0 \end{cases}$$

求得：

$$\begin{cases} \varphi = 45° \\ A = \sqrt{2} \end{cases}$$

因此，

$$i_L(t) = 1 + \sqrt{2}\mathrm{e}^{-100t}\sin(100t + 45°)\mathrm{A}, \quad t \geq 0$$

（6）求 $i_R(t)$。

设解答形式为

$$i_R(t) = 1 + Ae^{-100t}\sin(100t + \varphi)$$

① 求初值。

画出 $t = 0_+$ 的等效电路图，如图 5-6-15 所示。

在 0_+ 等效电路中，得到：

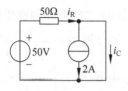

例 5-6-15 0_+ 等效电路

$$i_R(0_+) = \frac{50 - u_C(0_+)}{50} - 1A$$

$$i_C(0_+) = -1A$$

$$\left.\frac{di_R}{dt}\right|_{0_+} = -\frac{\left.\frac{du_C}{dt}\right|_{0_+}}{R} = -\frac{1}{RC}i_C(0_+) = -\frac{-1}{50 \times 100 \times 10^{-6}} = 200$$

② 定常数。

将初始值代入 $i_R(t)$ 的表达式得到：

$$\begin{cases} 1 + A\sin\varphi = 1 \\ 100A\cos\varphi - 100A\sin\varphi = 200 \end{cases}$$

求得：

$$\begin{cases} \varphi = 0 \\ A = 2 \end{cases}$$

因此，

$$i_R(t) = 1 + 2e^{-100t}\sin 100t (A), \quad t \geq 0$$

5.7 本章小结

（1）换路定律：

$$u_C(0_+) = u_C(0_-)$$

$$i_L(0_+) = i_L(0_-)$$

（2）在 0_+ 等效电路中计算初始值。0_+ 等效电路是：

① 换路后的电路。

② 电容（电感）用电压源（电流源）替代。

（3）电路的零输入响应：

$$u_C = U_0 e^{-\frac{t}{\tau}}$$

（4）电路的零状态响应：

$$u_C = U_S(1 - e^{-\frac{t}{\tau}})$$

（5）电路的全响应：

$$u_C = U_S + (U_0 - U_S)e^{-\frac{t}{\tau}}$$

（6）三要素法计算全响应：

$$f(t) = f(\infty) + [f(0_+) - f(\infty)] e^{-\frac{t}{\tau}}$$

（7）二阶电路含二个独立储能元件，是用二阶常微分方程所描述的电路。

（8）二阶电路的性质取决于特征根，特征根取决于电路结构和参数，与激励和初始值无关。特征根 $P = -\delta \pm \sqrt{\delta^2 - \omega_0^2}$，对应 3 种情况下的电容电压：

① $R > 2\sqrt{\dfrac{L}{C}}$，$\delta > \omega_0$，两个不等的负实根，过阻尼，非振荡放电，$u_C = A_1 e^{P_1 t} + A_2 t e^{P_2 t}$。

② $R = 2\sqrt{\dfrac{L}{C}}$，$\delta = \omega_0$，两个相等的实根，临界阻尼，非振荡放电 $u_C = A_1 e^{-\delta t} + A_2 t e^{-\delta t}$。

③ $R < 2\sqrt{\dfrac{L}{C}}$，$\delta < \omega_0$，两个共轭复根，欠阻尼，振荡放电 $u_C = A e^{-\delta t} \sin(\omega t + \beta)$。

$R = 0$，两个共轭虚根，无阻尼，等幅振荡，$u_C = A \sin(\omega_0 t + \beta)$。

（9）求二阶电路全响应的步骤：

① 列写换路后（0_+）电路的微分方程；

② 求特征根，由根的性质写出自由分量（积分常数待定）；

③ 求强制分量（稳态分量）；

④ 全响应＝自由分量＋强制分量；

⑤ 将初值 $f(0_+)$ 和 $f'(0_+)$ 代入全解，定积分常数求响应。

第 5 章　思 维 导 图

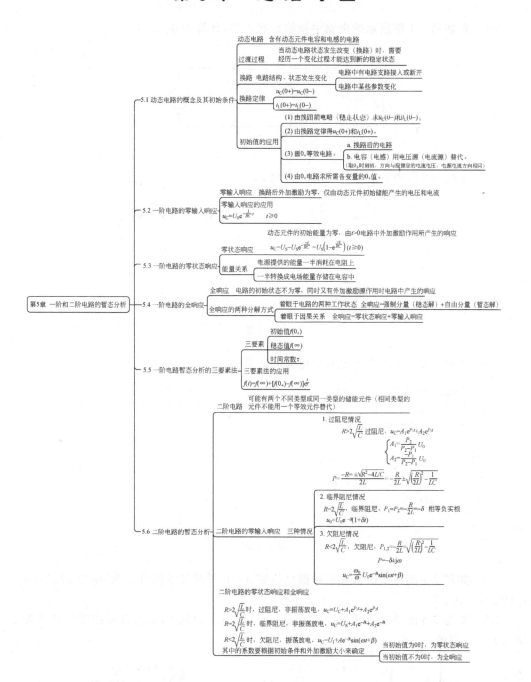

习　题

5-1　在如题 5-1 图所示的电路中初始状态为零,计算 $i(0_+)$。

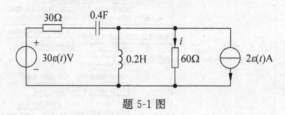

题 5-1 图

5-2　求题 5-2 图中动态电路的时间常数 τ。

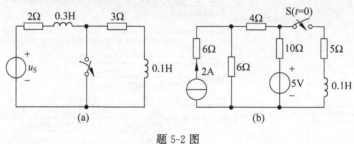

(a)　　　　　　　　　(b)

题 5-2 图

5-3　分别求题 5-3 图中各电路中电流的初值 $i(0_+)$。

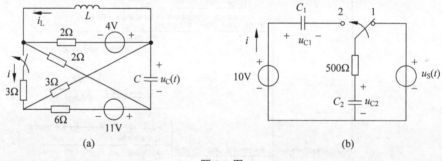

(a)　　　　　　　　　(b)

题 5-3 图

5-4　如题 5-4 图所示电路在换路前已稳定,$t=0$ 时开关 S 闭合。求 $u_C(0_+)$、$i_C(0_+)$、$i_L(0_+)$、$i_S(0_+)$。

5-5　如题 5-5 图所示电路中开关 S 在 $t=0$ 时由 1 合向 2,电路在换路前已处于稳态。试求 $t=0_+$ 时的 u_C、i_C。

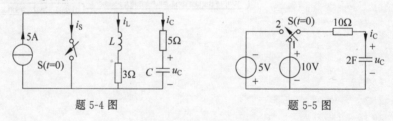

题 5-4 图　　　　　　　　题 5-5 图

5-6 在如题 5-6 图所示的电路中，$t=0$ 时开关断开。已知 $u_C(2)=8\text{V}$，求电容 C。

5-7 如题 5-7 图所示电路在换路前已达稳态。$t=0$ 时开关接通，求 $t>0$ 时的 $i_L(t)$。

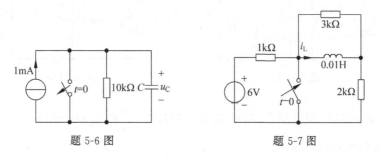

题 5-6 图   题 5-7 图

5-8 求如题 5-8 图所示电路中 $-\infty<t<\infty$ 的 $u(t)$。

5-9 如题 5-9 图所示电路换路前已处于稳态，试用三要素法求换路后的全响应 u_C。图中 $C=0.01\text{F}$，$R_1=R_2=10\Omega$，$R_3=20\Omega$，$U_S=10\text{V}$，$I_S=1\text{A}$。

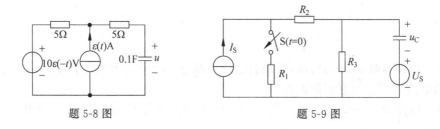

题 5-8 图   题 5-9 图

5-10 如题 5-10 图所示电路，开关 S 在 $t=0$ 时由 1 合向 2，换路前电路已处于稳态。试求换路后电流 i_L 和 i。

5-11 如题 5-11 图所示电路换路前已处于稳态，求换路后的 u_C 和开关 S 两端的电压 u_S。

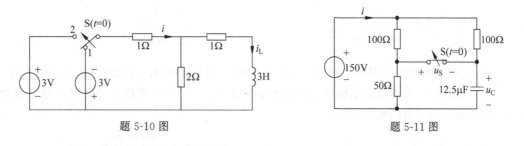

题 5-10 图   题 5-11 图

5-12 电路如题 5-12 图所示，设开关闭合前电路已处于稳态，当 $t=0$ 时开关 S 闭合，求开关闭合后的 $u_C(t)$。

5-13 对于如题 5-13 图所示的电路，已知电感电流 $i_L(t)=5(1-e^{-10t})\text{A}$，$t\geqslant 0$，求 $t\geqslant 0$ 时电容电流 $i_C(t)$ 和电压源电压 $u_S(t)$。

5-14 如题 5-14 图所示电路处于稳态，$t=0$ 时开关 S 闭合。求换路后电流 i_1、i_2 及流过开关的电流 i。

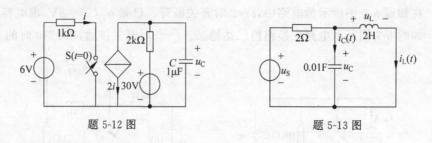

题 5-12 图   题 5-13 图

5-15 电路如题 5-15 图所示，$R=4\Omega$，$L=1\mathrm{H}$，$C=\dfrac{1}{4}\mathrm{F}$，$u_C(0)=4\mathrm{V}$，$i_L(0)=2\mathrm{A}$，试求电路的零输入响应 $i_L(t)$，$t \geqslant 0$。

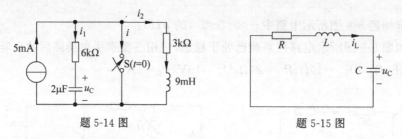

题 5-14 图   题 5-15 图

5-16 电路如题 5-16 图所示，换路前已处于稳态。$t=0$ 时开关 S 闭合。求 i_1、i_2 及流经开关的电流 i，并绘制它们的波形。

5-17 电路如题 5-17 图所示。当 $t<0_-$ 时，电路已处于稳态。若 $t=0$ 时开关 S 闭合，求电流 $i(t)$。

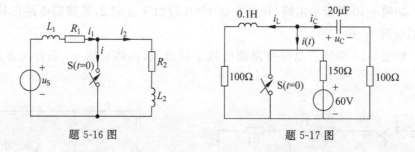

题 5-16 图   题 5-17 图

5-18 电路如题 5-18 图所示，当 $t=1\mathrm{s}$ 时开关闭合，闭合前电路已达稳态。试求 $i(t)$，$t \geqslant 1\mathrm{s}$。

5-19 如题 5-19 图所示电路，$t<0$ 时已处于稳态，在 $t=0$ 时刻将开关 S 从位置 1 打到位置 2，试求 $t \geqslant 0_+$ 后的电流 $i(t)$。

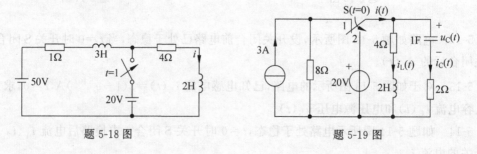

题 5-18 图   题 5-19 图

5-20　在如题 5-20 图所示的电路中,开关闭合已久。求开关打开后其端电压 $u_k(t)$ 和电容电压 $u_C(t)$。

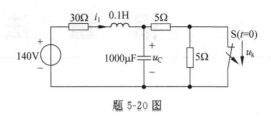

题 5-20 图

第 6 章

CHAPTER 6

相 量 法

本章将开始正弦交流电路的学习。正弦交流电路是日常最常见的供用电形式,然而正弦交流电路具有用直流电路的概念无法分析和计算的物理特征,因此学习本章的时候,要特别留意"交流"这些概念,学会分析和计算不同参数不同结构的正弦交流电路的电流、电压和功率。

6.1 正弦交流电的基本概念

如果电流或电压每经过一定时间(T)就重复变化一次,则此种电流、电压称为周期性交流电流或电压,如图 6-1-1 所示的正弦波、方波等。周期性交流电压记作 $u(t)=u(t+T)$。

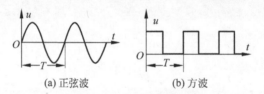

(a) 正弦波　　　　(b) 方波

图 6-1-1　周期性交流电

如果在电路中电动势的大小与方向均随时间按正弦规律变化,由此产生的电流、电压大小和方向也是按正弦规律变化的,那么这样的电路称为正弦交流电路。

正弦交流电是由交流发电机或正弦信号发生器产生的。在生产和生活中所用的交流电,一般都是正弦交流电。正弦交流电的基本概念、基本理论和基本分析方法是电工学的重要内容,也是学习交流电机、电器和电子技术的理论基础。正弦交流电具有变压方便、便于传输、有利于电气设备的运行等优点,因此在工业及民用生产、生活中应用极为广泛。

6.1.1 正弦交流电的方向

正弦交流电也有正方向,一般按正半周的方向假设。以如图 6-1-2 所示的正弦交流电流为例,在正弦交流电的正半周,交流电流大于 0,电流的实际方向与参考方向一致;而在负半周,交流电流小于 0,电流的实际方向与参考方向相反。

因此,在交流电路进行计算时,首先也要规定物理量的正方向,然后才能用数字表达式来描述。

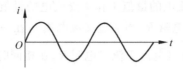

图 6-1-2 正弦交流电电压/电流的方向

6.1.2 正弦波的特征量

正弦波按正弦函数的规律变化,以正弦交流电流为例,其波形的函数表达式为

$$i = I_m \sin(\omega t + \varphi) \tag{6-6-1}$$

在式(6-6-1)中,i 表示在某一瞬时正弦交流电量的值,称为瞬时值,式(6-6-1)称为瞬时表达式;I_m 表示变化过程中出现的最大瞬时值,称为最大值,或称幅值;ω 为正弦交流电的角频率;φ 为正弦交流电的初相位。知道了最大值、角频率和初相位,则可写出正弦交流电的瞬时表达式。

交流电的瞬时值用小写字母表示,如 i、u 和 e 等,它是随时间在变化的。最大值又称幅值,用带有下标 m 的大写字母来表示,如 I_m、U_m 和 E_m 等。

可在直角坐标系中绘出上式所示的正弦交流电流的波形,如图 6-1-3 所示。

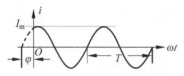

图 6-1-3 正弦交流电的波形

观察图中的波形,最大值、角频率和初相位称为正弦交流电的 3 个特征量,或称之为三要素。因此,可以总结出该交流电流被 3 个特征量唯一描述:

I_m:电流幅值(最大值);

ω:角频率(弧度/秒);

φ:初相角。

下面逐一对这 3 个特征量进行解释。

1. 幅度

在表达式 $i = I_m \sin(\omega t + \varphi)$ 中,I_m 为正弦电流的最大值,也即是图 6-1-3 中波形的最高峰。

这里需要注意的是:

(1)最大值的电量名称必须要大写,下标加 m。例如,U_m、I_m;

(2)在工程应用中常用有效值表示幅度。常用交流电表指示的电压、电流读数,就是被测物理量的有效值。我们常说的标准电压 220V,也是指市电供电交流电压的有效值。

正弦量的幅值和瞬时值,虽然能表明一个正弦量在某一特定时刻的量值,但是不能用它来衡量整个正弦量的实际作用效果。常引出另一个物理量——有效值,来衡量整个正弦量的实际作用效果。有效值是用电流的热效应来规定的,即:如果一个交流电流 i 通过某一电阻 R 在一个周期内产生的热量,与一个恒定的直流电流 I 通过同一电阻在相同的时间内产生的热量相等,就用这个直流电的量值 I 作为交流电的量值,称为交流电的有效值。

根据焦耳-楞次定律,任一电阻 R,当通过交流电流 i,在一个周期内,该交流电流所消耗的能量为 $\int_0^T i^2 R \mathrm{d}t$。设有一直流电流 I 流过电阻 R,在相同时间内所消耗的能量为 $I^2 RT$,使得二者的热效应相当,即

$$\int_0^T i^2 R \mathrm{d}t = I^2 RT$$

则该直流电流为

$$I = \sqrt{\frac{1}{T} \int_0^T i^2 \mathrm{d}t} \tag{6-1-2}$$

它是交流电流在周期 T 内的均方根值。当 $i = I_\mathrm{m} \sin(\omega t + \varphi)$ 时,代入式(6-1-2)可得:

$$I = \frac{I_\mathrm{m}}{\sqrt{2}}$$

也就是说,交流电流 i 的最大值 I_m 为其有效值 I 的 $\sqrt{2}$ 倍。通常所说的交流电压多少伏、交流电流多少安,都是指有效值。例如交流电压 220V 或 380V,交流电流 5A、10A 等都是有效值。值得一提的是,有效值电量必须用大写形式,如 U、I。

【*2017-7】 正弦电压 $u = 100\cos(\omega t + 30°)$ 对应有效值为(　　　)。

A. 100V B. $100/\sqrt{2}$ V C. $100\sqrt{2}$ V D. 50V

【解】 B

该正弦电压的有效值为 $U = \dfrac{U_\mathrm{m}}{\sqrt{2}} = \dfrac{100}{\sqrt{2}}$ V。

【问题与讨论】

若购得一台耐压为 300V 的电器,如图 6-1-4 所示,是否可用于 220V 的线路上?

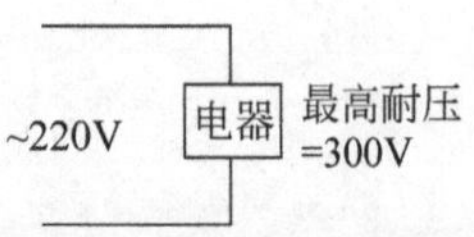

现有电源电压的两个量:

(1) 有效值 $U = 220$V;

(2) 最大值 $U_\mathrm{m} = \sqrt{2} \cdot 220$V $= 311$V。

图 6-1-4 电器的耐压

很显然,该用电器最高耐压低于电源电压的最大值,所以不能用。

2. 角频率

描述变化快慢有以下几种方法:

(1) 周期 T。正弦交流电是时间的周期函数。时间每增加 T,正弦交流电的瞬时值重复出现一次。T 即称为正弦交流电的周期,如图 6-1-3 所示,它是正弦交流电量重复变化一次所需的时间,单位是秒(s),或者是毫秒(ms)和微秒(μs)。$1\mathrm{ms} = 10^{-3}\mathrm{s}$,$1\mu\mathrm{s} = 10^{-6}\mathrm{s}$。

(2) 频率 f。正弦交流电在每秒钟内变化的周期数称为频率,用 f 表示,单位是赫兹(Hz),1Hz 表示每秒变化一个周期,周期和频率的关系是

$$f = \frac{1}{T}$$

(3) 角频率 ω。交流电变化快慢除用周期和频率表示外,还可以用角频率表示,就是每秒内正弦交流电变化的电角度,用 ω 表示,单位是弧度每秒(rad/s)。因为交流电一个周期

内变化的电角度相当于 2π 电弧度(见图 6-1-3),所以 ω 与 T 和 f 的关系为:

$$\omega = \frac{2\pi}{T} = 2\pi f$$

在如图 6-1-3 所示的周期正弦交流电的波形图中,可以用时间 t 作横坐标,也可用电角度 ωt 作横坐标。

3. 初相位

在交流电流的表达式 $i = I_m \sin(\omega t + \varphi)$ 中,$(\omega t + \varphi)$ 称为正弦波的相位角或相位,它是正弦交流电随时间变化的电角度。相位的单位是弧度(rad),也可以用度表示。对于每一个给定的时间,都对应一个一定的相位。φ 指 $t = 0$ 时的相位,称为初相位或初相角。这说明,φ 给出了观察正弦波的起点或参考点,计时起点不同,同一正弦量的初相位不同,因此它常用于描述多个正弦波相互间的关系。

4. 两个同频率正弦量间的相位差

任何两个同频率正弦量之间的相位之差简称为相位差,也称初相差,用字母 φ 表示。只有同频率的两个正弦量才能放在一起比较其相位差,如图 6-1-5 所示的两个电流 i_1 和 i_2,它们的表达式分别为

$$i_1 = I_{m1} \sin(\omega t + \varphi_1)$$

$$i_2 = I_{m2} \sin(\omega t + \varphi_2)$$

二者的相位差为 $\varphi = (\omega t + \varphi_2) - (\omega t + \varphi_1) = \varphi_2 - \varphi_1$。可见,相位差实际就等于初相位之差。

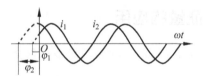

图 6-1-5 电流的相位差

相位差是表达两个同频率正弦量相互之间的相位关系的重要物理量,任何两个同频率正弦量的相位差在任何时刻都是不变的。初相位不同,即相位不同,说明它们随时间变化的步调不一致。例如,当 $\varphi_1 = \varphi_2$ 时,波形如图 6-1-6(a)所示,这时就称 i_1 与 i_2 相位相同,或者说 i_1 与 i_2 同相。当 $0 < \varphi = \varphi_1 - \varphi_2 < 180°$,波形如图 6-1-6(b)所示,$i_1$ 总要比 i_2 先经过相应的最大值和零值,这时就称在相位上 i_1 超前于 i_2 一个 φ 角,或者称 i_2 滞后于 i_1 一个 φ 角。当 $-180° < \varphi = \varphi_1 - \varphi_2 < 0°$ 时,波形如图 6-1-6(c)所示,i_1 与 i_2 的相位关系正好倒过来,i_1 落后于 i_2。

同频率正弦量间的相位差最典型的应用是第 10 章将要介绍的三相交流电路,其三相电压频率相同,初相位各差 120°,波形如图 6-1-7 所示。

这里,可以进一步证明:同频率正弦波运算后,频率不变。

假设电路中存在两个电压 u_1 和 u_2:

$$u_1 = \sqrt{2}U_1 \sin(\omega t + \varphi_1)$$

$$u_2 = \sqrt{2}U_2 \sin(\omega t + \varphi_2)$$

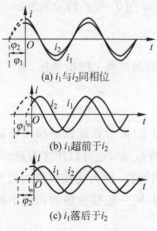

(a) i_1与i_2同相位

(b) i_1超前于i_2

(c) i_1落后于i_2

图 6-1-6 正弦信号的相位关系

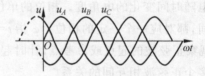

图 6-1-7 三相电压波形

那么,

$$u = u_1 + u_2$$
$$= \sqrt{2}U_1\sin(\omega t + \varphi_1) + \sqrt{2}U_2\sin(\omega t + \varphi_2)$$
$$= \sqrt{2}U\sin(\omega t + \varphi)$$

即幅度、相位发生了变化,但频率不变。由此可以得出结论:因角频率 ω 不变,所以以下讨论同频率正弦波时,可不考虑 ω,主要研究幅度与初相位的变化。

6.1.3 正弦波特征量的应用

【例题 6-1-1】 已知:$i = \sin(1000t + 30°)$,写出该正弦交流电流的 3 个特征量。

【解】

幅度:

$$I_m = 1A, \quad I = \frac{1}{\sqrt{2}} = 0.707A$$

频率:

$$\omega = 1000 \text{rad/s}$$

$$f = \frac{\omega}{2\pi} = \frac{1000}{2\pi} = 159 \text{Hz}$$

初相位:

$$\varphi = 30°$$

微课 22 正弦波的特征量

【* 2013-15】 已知正弦电流的振幅为 10A,在 $t = 0$ 时刻的瞬时值为 8.66A,经过 $\frac{1}{300}$ s 后电流第一次下降为 0,则其初相角应为(   )。

A. 70°   B. 60°   C. 30°   D. 90°

【解】 B

设正弦电流 $i = 10\sin(\omega t + \theta)$,即 $8.66 = 10\sin\theta$,得 $\theta = 60°$。

6.2 正弦波的相量表示方法

6.2.1 正弦波的表示方法

前面用两种方法描述了一个正弦波,分别是波形图和瞬时表达式。

(1) 波形图。

正弦波的波形图如图 6-2-1 所示。

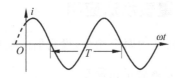

图 6-2-1　正弦波的波形图

(2) 瞬时值表达式。

正弦交流电流的瞬时表达式如式(6-2-1)所示。

$$i = I_m \sin(\omega t + \varphi) \tag{6-2-1}$$

正弦交流电的三角函数式表示和波形图表示虽然有简明直观的优点,但它们在遇到两个或多个正弦量的数学运算时,均不便于计算。为了解决求解复杂交流电路的困难,首先想到用旋转矢量表示,然后应用数学中的欧拉公式,将矢量、复数和正弦量联系起来,这就是相量法,通过相量法可以很方便地利用解析的方法来计算正弦交流电路。本节将重点介绍相量的方法。

6.2.2 正弦波的相量表示法

1. 相量的概念

如图 6-2-2 所示,从直角坐标系的原点画一矢量,其长度等于正弦交流电最大值 I_m(或 U_m),它与横轴的正方向所夹的角等于正弦交流电的初相位 φ_i(或 φ_u),以坐标横轴逆时针方向旋转为正,顺时针方向旋转为负,这个矢量绕原点按逆时针方向旋转的角速度等于正弦交流电的角频率 ω。显然,这个旋转矢量任何时刻在纵轴上的投影就等于这个正弦交流电压同一时刻的瞬时值。这个描述正弦量的有向线段称为相量(phasor)。

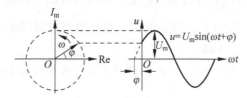

图 6-2-2　相量的概念

2. 相量的书写方式

相量的表示方式如图 6-2-3 所示。

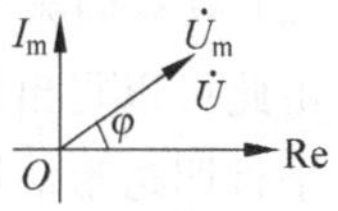

(1) 若相量的幅度用最大值表示,则用符号 $\dot{U}_m$、$\dot{I}_m$;

图 6-2-3　相量的表示

（2）在实际应用中，幅度更多采用有效值，则用符号 $\dot{U}$、$\dot{I}$；

（3）相量符号 $\dot{U}$、$\dot{I}$ 包含幅度与相位信息。

这样，若求几个正弦量的和与差，则只要按初相位画出它们的矢量（坐标轴可以不画），求它们的矢量和或差即可，这种表示几个同频率正弦量的矢量的整体称为矢量图，矢量图也可以用有效值来画，只不过有效值表示的矢量长度是最大值的 $1/\sqrt{2}$，但这并不影响它们的相对关系。

6.2.3 正弦波的相量表示法应用

【例题 6-2-1】 如图 6-2-4 所示的两个相量，设它们的幅度关系：$U_2 > U_1$，根据图中的相量关系，比较相量 $\dot{U}_1$ 超前还是落后于相量 $\dot{U}_2$。

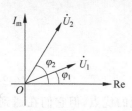

图 6-2-4 例题 6-2-1 图

【解】

由图 6-2-4，可以得出相位 $\varphi_2 > \varphi_1$，即 $\dot{U}_1$ 落后于 $\dot{U}_2$。

【例题 6-2-2】 计算如图 6-2-5 所示的两个同频率的正弦波 u_1 和 u_2 之和。

$$u_1 = \sqrt{2}U_1\sin(\omega t + \varphi_1)$$

$$u_2 = \sqrt{2}U_2\sin(\omega t + \varphi_2)$$

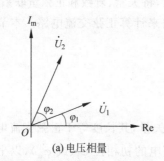 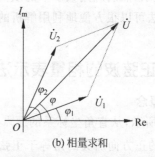

(a) 电压相量　　　　　　　(b) 相量求和

图 6-2-5 例题 6-2-2 图

【解】

由两个同频率、正弦表达式方式表示的交流电压可以画出如图 6-2-5(a)所示的相量图。

两个电压相量相加时，$\dot{U} = \dot{U}_1 + \dot{U}_2$，则总电压的相量图可以利用平行四边形法则计算，取同一方向的对角线，如图 6-2-5(b)所示。

如需要表示瞬时形式的总电压，可将相量形式再转换为瞬时表达式的形式。

这里需要注意的是：

（1）只有正弦量才能用相量表示，非正弦量不可以。

（2）只有同频率的正弦量才能画在一张相量图上，不同频率不行。

由此可以得出结论：

平行四边形法则可以用于相量运算，但不方便。故引入相量的复数运算法，将相量用复数来表示，进行复数运算得到所需要的量。

微课 23　正弦波的相量表示法

6.3 复数及其运算

6.3.1 复数的表示形式

设一个复数的实部为 a,虚部为 b,则该复数可以写成

$$A = a + \mathrm{j}b \tag{6-3-1}$$

式(6-3-1)中,算子 $\mathrm{j} = \sqrt{-1}$ 就是数学中的虚数单位 i,为区别于电流 i 而改用 j。式(6-3-1)称为复数的代数形式。

复数可以用复数平面内一个几何有向线段 $\boldsymbol{A}$(即矢量)来表示,如图 6-3-1 所示。显然,矢量 $\boldsymbol{A}$ 的模(即矢量 $\boldsymbol{A}$ 的长度)为 $|\boldsymbol{A}|$:

图 6-3-1 复数图示

$$|\boldsymbol{A}| = \sqrt{a^2 + b^2}$$

$$\varphi = \arctan \frac{b}{a}$$

式中,a 为 $\boldsymbol{A}$ 在实轴上的投影;b 为 $\boldsymbol{A}$ 在虚轴上的投影,显然有

$$\begin{cases} a = \boldsymbol{A}\cos\varphi \\ b = \boldsymbol{A}\sin\varphi \end{cases}$$

由此式(6-3-1)可写成

$$A = |\boldsymbol{A}|\cos\varphi + \mathrm{j}|\boldsymbol{A}|\sin\varphi = |\boldsymbol{A}|(\cos\varphi + \mathrm{j}\sin\varphi) \tag{6-3-2}$$

这是复数的三角函数型表示式。φ 为复数 A 的辐角,根据欧拉公式,有

$$\cos\varphi = \frac{\mathrm{e}^{\mathrm{j}\varphi} + \mathrm{e}^{-\mathrm{j}\varphi}}{2}$$

$$\sin\varphi = \frac{\mathrm{e}^{\mathrm{j}\varphi} - \mathrm{e}^{-\mathrm{j}\varphi}}{2\mathrm{j}}$$

故式(6-3-2)可写成

$$A = |\boldsymbol{A}|\,\mathrm{e}^{\mathrm{j}\varphi} \tag{6-3-3}$$

式(6-3-3)是复数的指数型表示式。在电工技术中习惯上将 $\angle\varphi$ 代替 $\mathrm{e}^{\mathrm{j}\varphi}$,这样式(6-3-3)可写成

$$A = |\boldsymbol{A}|\,\angle\varphi \tag{6-3-4}$$

式(6-3-4)是复数的极坐标型表示式。该式的特点是采用复数的模和辐角这两个要素来表示一个复数。

复数的三角函数型表示式、指数型表示式、极坐标型表示式之间均可以相互转换,由一种形式转换为另一种形式,即

$$A = r\angle\varphi = r\cos\varphi + \mathrm{j}r\sin\varphi = a + \mathrm{j}b$$

反之:

$$\begin{aligned} A &= a + \mathrm{j}b \\ &= \sqrt{a^2 + b^2}\,\angle\arctan\frac{b}{a} \\ &= r\angle\varphi \end{aligned}$$

6.3.2 相量的复数表示法

一个正弦量通常需要由其三要素(即幅值(或有效值)、初相位和角频率)表示。但是,在同一个正弦交流电路中,电源频率确定后,电路中各处的电流电压都是同一频率,因此频率可视为已知。这样,只要能表示出幅值(或有效值)和初相位,一个正弦量的特征就可表示出来了。因为复数不但可以表示正弦量的这两个要素,而且还能将矢量和正弦量的代数式联系起来,因此可以用复数表示正弦交流电。复数的模即为正弦量的幅值(或有效值),复数的辐角是正弦交流电的初相位。例如,将正弦电流 $i = I_m \sin(\omega t + \varphi)$ 写成复数形式为:

$$\dot{I}_m = I_m e^{j\varphi} = I_m \angle \varphi \quad \text{或} \quad \dot{I} = I e^{j\varphi} = I \angle \varphi$$

在复平面内的矢量表示称为相量图,只有同频的周期正弦量才能画在同一复平面内。在计算相量的相位角时,需要注意其所在的象限,而且电路中 φ 的主值区间在 $\pm 180°$ 之间,故采用后一角度。如,设 a、b 为正实数。

若 φ 在第一象限:

$$\dot{U} = a + jb = U e^{j\varphi}$$

若 φ 在第二象限:

$$\dot{U} = -a + jb = U e^{j\varphi}$$

若 φ 在第三象限:

$$\dot{U} = -a - jb = U e^{j\varphi}$$

若 φ 在第四象限:

$$\dot{U} = a - jb = U e^{j\varphi}$$

如,

$$\dot{U} = 3 + j4 \rightarrow u = 5\sqrt{2} \sin(\omega t + 53°)$$
$$\dot{U} = 3 - j4 \rightarrow u = 5\sqrt{2} \sin(\omega t - 53°)$$
$$\dot{U} = -3 + j4 \rightarrow u = 5\sqrt{2} \sin(\omega t + 127°)$$
$$\dot{U} = -3 - j4 \rightarrow u = 5\sqrt{2} \sin(\omega t - 127°)$$

6.4 正弦量的相量法运算

6.4.1 相量的复数运算

几个同频率的正弦量相加减,可以表示成相量后,用相量(复数)的加减规则进行加减,也可以表示成相量图,按矢量的加减规则进行加减。

1. 加、减运算

设:

$$\dot{U}_1 = a_1 + jb_1$$
$$\dot{U}_2 = a_2 + jb_2$$

则：

$$\begin{aligned}
\dot{U} &= \dot{U}_1 \pm \dot{U}_2 \\
&= (a_1 \pm a_2) + j(b_1 \pm b_2) \\
&= U e^{j\varphi} \\
&= U \angle \varphi
\end{aligned}$$

2. 乘除运算

设：

$$\dot{U}_1 = U_1 e^{j\varphi_1}$$

$$\dot{U}_2 = U_2 e^{j\varphi_2}$$

则：

$$\begin{aligned}
\dot{U} &= \dot{U}_1 \cdot \dot{U}_2 \\
&= U1 \cdot U_2 \cdot e^{j(\varphi_1 + \varphi_2)}
\end{aligned}$$

$$\frac{\dot{U}_1}{\dot{U}_2} = \frac{U_1}{U_2} e^{j(\varphi_1 - \varphi_2)}$$

可见，对于相量的加、减运算，用代数式更便于计算。而对于乘除运算，用极坐标式更便于计算。

3. 旋转因子

设有任一相量 $\dot{A}$，则：

$$\dot{A} \times e^{\pm j90°} = \dot{A} \times [\cos(\pm 90°) + j\sin(\pm 90°)] = (\pm j)\dot{A}$$

其中，$e^{j\varphi} = \cos\varphi + j\sin\varphi$，可以得到如下结论：90°为旋转因子，+j 逆时针转 90°，−j 顺时针转 90°。

6.4.2 相量的复数法应用

【例题 6-4-1】 已知：

$$i = 141.4\sin\left(314t + \frac{\pi}{6}\right) \text{A}$$

$$u = 311.1\sin\left(314t - \frac{\pi}{3}\right) \text{V}$$

求：i、u 的相量。

【解】

$$\dot{I} = \frac{141.4}{\sqrt{2}} \angle 30° = 100 \angle 30° = 86.6 + j50(\text{A})$$

$$\dot{U} = \frac{311.1}{\sqrt{2}} \angle -60° = 220 \angle -60° = 110 - j190.5(\text{V})$$

画出以上电压和电流的相量图，如图 6-4-1 所示。从相量图中可以很直观地读出电压和电流的大小及相位关系。

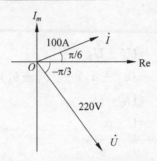

图 6-4-1　电压、电流的相量图示

【例题 6-4-2】　已知两个频率都为 1000Hz 的正弦电流其相量形式为

$$\dot{I}_1 = 100\angle -60°\text{A}$$

$$\dot{I}_2 = 10e^{j30°}\text{A}$$

求：i_1、i_2。

【解】

根据频率，先计算角频率 $\omega = 2\pi f = 2\pi \times 1000 = 6280\text{rad/s}$。则根据电流的有效值和初相位，可以写出电流的瞬时表达式：

$$i_1 = 100\sqrt{2}\sin(6280t - 60°)\text{A}$$

$$i_2 = 100\sqrt{2}\sin(6280t + 30°)\text{A}$$

【*2014-5】　两个交流电源 $u_1 = 3\sin(\omega t + 53.4°)$，$u_2 = 4\sin(\omega t - 36.6°)$ 串接在一起，新的电源最大幅值是（　　）。

A. 5　　　　　　　　　B. 7　　　　　　　　　C. 1　　　　　　　　　D. -1

【解】　A

$\dot{U} = \dot{U}_1 + \dot{U}_2 = 4.99 - j0.44$，幅值 $|U| = 5$。

【*2017-12】　在如图 6-4-2 所示网络中，已知 $i_1 = 3\sqrt{2}\cos(\omega t)\text{A}$，$i_2 = 3\sqrt{2}\cos(\omega t + 120°)\text{A}$，$i_3 = 4\sqrt{2}\cos(\omega t + 60°)\text{A}$，则电流表读数（有效值）为（　　）。

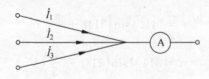

图 6-4-2　*2017-12 题图

A. 5A　　　　　　　　B. 7A　　　　　　　　C. 13A　　　　　　　　D. 1A

【解】　B

【解1】　将电流用相量表达式表示，进行复数运算：

$$\dot{I} = \dot{I}_1 + \dot{I}_2 + \dot{I}_3 = 3\angle 0° + 3\angle 120° + 4\angle 60°$$

$$= 3 + 3\cos 120° - j3\sin 120° + 4\cos 60° - j4\sin 60°$$

$$= 7\angle 60°\text{A}$$

【解2】 画出相量图,如图 6-4-3 所示,求解电流相量。

图 6-4-3 相量图

根据相量图中的关系,可以计算得到 $\dot{I} = 7\angle 60°\,\text{A}$。因此,电流表的读数为 7A。

6.5 本章小结

(1) 有效值、频率和初相位是描述正弦交流电量的三要素。相位在正弦交流电路中是个重要的概念,在若干个相同频率的正弦信号之间,同相、反相、领先、滞后这些概念一定要理解清楚。

(2) 正弦交流电量可用瞬时值表达式、波形图和相量式、相量图表示。

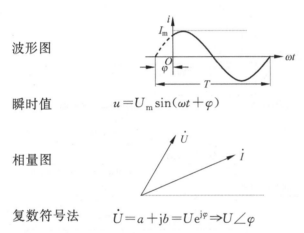

波形图

瞬时值 $u = U_{\text{m}}\sin(\omega t + \varphi)$

相量图

复数符号法 $\dot{U} = a + jb = Ue^{j\varphi} \Rightarrow U\angle\varphi$

瞬时值表达式和相量式概念不同,两者之间不能画等号,更不能混在一起运算。在分析交流电路时,要注意不同表示法的书写方式及各种字母符号大小写的规定。

(3) 相量的复数运算是交流电路的主要运算手段,是本章中的学习重点之一,一定要掌握。同时要特别注意,只有相同频率的正弦交流电路才能一起用相量运算。

(4) 符号说明。

u、i 瞬时值:小写字母;U、I 有效值:大写字母;U_{m}、I_{m} 最大值:大写字母+下标 m;$\dot{U}$、$\dot{I}$ 复数、相量:大写字母+"·"。

第6章　思维导图

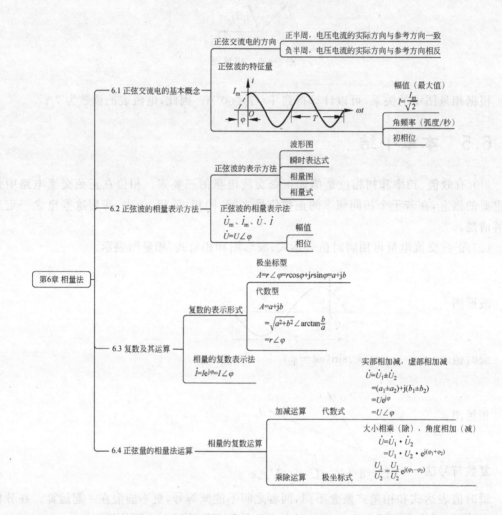

习　　题

6-1　写出正弦交流电流 $i = 10\sin(314t - \pi/4)$ 的特征量三要素。

6-2　判断下面的表达式是否正确,若不正确,请说明原因,并改正。

(1) $u = 100\sin\omega t = \dot{U}$;

(2) $\dot{U} = 50\mathrm{e}^{\mathrm{j}15°} = 50\sqrt{2}\sin(\omega t + 15°)$;

(3) 已知 $i = 10\sin(\omega t + 45°)$,所以 $I = \dfrac{10}{\sqrt{2}}\angle 45°$ 或 $\dot{I}_\mathrm{m} = 10\mathrm{e}^{45°}$;

(4) 已知 $u = 10\sqrt{2}\sin(\omega t - 15°)$,那么 $U = 10\sqrt{2}$,$\dot{U} = 10\mathrm{e}^{\mathrm{j}15°}$;

(5) 已知 $\dot{I} = 100\angle 50°$,则 $i = 100\sin(\omega t + 50°)$。

6-3　把下列各复数表达式形式的电压或电流写成相量表达式形式。

(1) $\dot{U} = 1 + \mathrm{j}$;
(2) $\dot{U} = -1 + \mathrm{j}$;

(3) $\dot{U} = -1 - \mathrm{j}$;
(4) $\dot{U} = 1 - \mathrm{j}$;

(5) $\dot{I} = 1 + 3\mathrm{j}$;
(6) $\dot{I} = -1 + \sqrt{3}\mathrm{j}$;

(7) $\dot{I} = -1 - \sqrt{3}\mathrm{j}$;
(8) $\dot{I} = 1 - \sqrt{3}\mathrm{j}$。

6-4　把下列各瞬时表达式形式的电压或电流写成相量表达式。

(1) $u = 10\sqrt{2}\sin(\omega t + 30°)$;
(2) $u = \sin(\omega t - 15°)$;

(3) $i = \sqrt{2}\sin(\omega t - \pi/2)$;
(4) $i = 10\sin(\omega t + 120°)$。

6-5　已知正弦交流电路的角频率 $\omega = 314\mathrm{rad/s}$,写出下列电压或电流的瞬时表达式。

(1) $\dot{I} = 10\angle 30°$;
(2) $\dot{U} = 100\sqrt{2}\angle -45°$;

(3) $\dot{I} = 14.1\mathrm{e}^{\mathrm{j}45°}$;
(4) $\dot{U} = 100\mathrm{e}^{-\mathrm{j}135°}$。

6-6　已知 $u_1 = \sqrt{2}U\sin(\omega t + \varphi_1)$,$u_2 = \sqrt{2}U\sin(\omega t + \varphi_2)$,试讨论两个电压在什么情况下,会出现超前、滞后、同相、反相的情况。

6-7　已知 $i_1 = 3\sqrt{2}\sin\left(314t + \dfrac{\pi}{3}\right)\mathrm{A}$,$i_2 = 4\sqrt{2}\sin\left(314t - \dfrac{\pi}{6}\right)\mathrm{A}$,试求 $i = i_1 + i_2$ 及 i_1 与 i_2 的相位差,并求 $t = 20\mathrm{ms}$ 时两交流电的瞬时值。

6-8　已知电压

$$u_1 = 220\sqrt{2}\sin(314t - 120°)\mathrm{V}$$

$$u_2 = 220\sqrt{2}\sin(314t + 30°)\mathrm{V}$$

(1) 确定它们的有效值、频率和周期;

(2) 画出它们的相量图,求两个电压的相位差,并说明二者的超前与滞后关系。

6-9　如题 6-9 图所示的是时间 $t = 0$ 时电压和电流的相量图,并已知 $U = 220\mathrm{V}$,$I_1 = 10\mathrm{A}$,$I_2 = 5\sqrt{2}\mathrm{A}$,试分别用三角函数式及复式表示各正弦量。

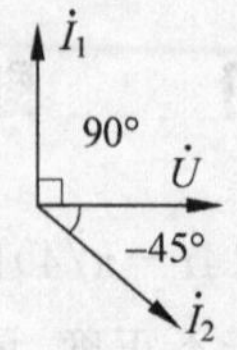

题 6-9 图

6-10   已知两个正弦电流分别为

$$i_1 = 10\sqrt{2}\sin(\omega t + 30°)\,\text{V}$$

$$i_2 = 10\sqrt{2}\sin(\omega t + 120°)\,\text{V}$$

试分别用相量图法和复数运算法求 $\dot{I}_1 + \dot{I}_2$ 和 $\dot{I}_1 - \dot{I}_2$。

第7章 正弦稳态电路的分析

CHAPTER 7

7.1 单一参数的正弦交流电路

单一参数正弦交流电路是指由理想电路元件纯电阻、纯电感或纯电容组成的交流电路（线性电路）。掌握了单一参数交流电路的规律，就为研究复杂交流电路打下了基础。

7.1.1 电阻电路

1. 电阻电路中电流、电压的关系

如果电路中电阻作用突出，其他参数的影响可忽略不计，则此电路称为纯电阻电路。将纯电阻接入交流电源，并设电流和电压的参考方向一致，如图 7-1-1 所示。根据欧姆定律：

$$u = iR$$

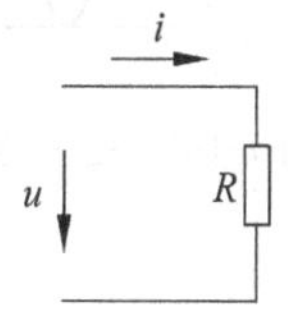

设电阻两端电压

$$u = \sqrt{2}U\sin\omega t$$

图 7-1-1 电阻电路

则通过电阻的电流

$$i = \frac{u}{R} = \sqrt{2}\,\frac{U}{R}\sin\omega t = \sqrt{2}\,I\sin\omega t$$

将电压和电流的瞬时表达式相对照，可以发现，二者：

（1）频率相同；

（2）相位相同；

（3）有效值关系为

$$U = IR \tag{7-1-1}$$

（4）相量关系。

设

$$\dot{U} = U\angle 0°$$

则

$$\dot{I} = \frac{U}{R}\angle 0° \quad \text{或} \quad \dot{U} = \dot{I}R$$

绘出相量图如图 7-1-2 所示。

$$\xrightarrow{\quad i \quad} \quad \dot{U}$$

图 7-1-2　电阻电路的电压、电流相量

2. 电阻电路中的功率

如图 7-1-1 所示电路在某一瞬时消耗或产生的功率称为瞬时功率。电阻电路的瞬时功率 p 等于电阻两端瞬时电压与通过电阻的瞬时电流的乘积。

$$i = \sqrt{2}\,I\sin\omega t$$

$$u = \sqrt{2}\,U\sin\omega t$$

所以，

$$p = ui = i^2 R = \frac{u^2}{R} = U_{\mathrm{m}}I_{\mathrm{m}}\sin^2\omega t = 2UI\sin^2\omega t \tag{7-1-2}$$

式(7-1-2)表明电阻上消耗的功率是变化的，且在一个周期两次出现最大值，在整个周期内任何瞬间 p 均与 u^2、i^2 成比例，为正值，说明电阻是一个耗能元件。

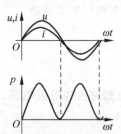

图 7-1-3　电阻电路的功率

电路中通常所说的功率是指瞬时功率在一个周期内的平均值，称为平均功率，简称功率，又称有功功率，单位为瓦特（W）。电阻上瞬时功率和平均功率的波形如图 7-1-3 所示。

因此，在一个周期内计算平均功率为：

$$P = \frac{1}{T}\int_0^T p\,\mathrm{d}t = \frac{1}{T}\int_0^T u \cdot i\,\mathrm{d}t$$

$$= \frac{1}{T}\int_0^T 2UI\sin^2\omega t\,\mathrm{d}t$$

$$= \frac{1}{T}\int_0^T UI(1 - \cos^2\omega t)\,\mathrm{d}t$$

$$= UI$$

即

$$P = U \times I \tag{7-1-3}$$

式(7-1-3)表明，交流电路中电阻上消耗功率与电流电压有效值的关系同直流电路中的完全一样。

7.1.2　电感电路

在交流电路中，若电感的作用突出，其他电路参数的影响可忽略，则称为纯电感电路。例如，一个线圈的电阻和电容相对于电感可忽略不计时，即可视为一个纯电感电路。

1. 电压和电流的关系

电感电路如图 7-1-4 所示。

电感电路中电压、电流的基本关系式：

$$u = L\,\frac{\mathrm{d}i}{\mathrm{d}t}$$

设 $i = \sqrt{2}\,I\sin\omega t$，则

图 7-1-4　电感电路

$$u = L\frac{\mathrm{d}i}{\mathrm{d}t} = \sqrt{2}\,I \cdot \omega L\cos\omega t$$

$$= \sqrt{2}\,I\omega L\sin(\omega t + 90°)$$

$$= \sqrt{2}\,U\sin(\omega t + 90°) \tag{7-1-4}$$

从式(7-1-4)可以看出,纯电感电路中的电流 i、端电压 u 都是同频率的正弦量,但是它们的相位不同,u 超前 i 90°。电感线圈的电流 i 及电压 u 的波形图及相量图如图 7-1-5 所示。

对比上述电感电路中电压和电流的表达式可以发现,二者:

(1) 频率相同;

(2) 相位相差 90°(u 超前 i 90°);

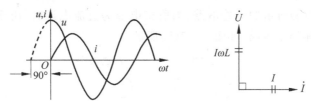

图 7-1-5　电感电路中电压和电流的波形及相量关系

(3) 有效值关系为

$$U = I\omega L$$

式中,定义:

$$X_{\mathrm{L}} = \omega L$$

则:

$$U = IX_{\mathrm{L}} \tag{7-1-5}$$

比较式(7-1-1)与式(7-1-5),它们具有相似的形式,X_{L} 与 R 相对应,两者具有同一量纲(伏/安=欧)。但两者在性质上有所区别,称 X_{L} 为感抗,单位欧姆(Ω);L 是自感系数,单位是亨利(H);ω 是角频率,单位是 rad/s。

(4) 相量关系为

$$\begin{cases} i = \sqrt{2}\,I\sin\omega t \\ u = \sqrt{2}\,U\sin(\omega t + 90°) \end{cases}$$

设:

$$\dot{I} = I\angle 0°$$

$$\dot{U} = U\angle 90° = I\omega L\angle 90°$$

则用相量表示电压和电流的关系为

$$\frac{\dot{U}}{\dot{I}} = \frac{U}{I}\angle 90° = \omega L\angle 90°$$

$$\dot{U} = \dot{I}\omega L \cdot \mathrm{e}^{\mathrm{j}90°} = \dot{I} \cdot (\mathrm{j}X_{\mathrm{L}})$$

2. 电感电路中的复数形式

针对电感电路应用欧姆定律:

$$\dot{U} = \dot{I}(jX_L)$$

3. 关于感抗的讨论

如图 7-1-6 所示,感抗($X_L = \omega L$)是频率的函数,表示电感电路中电压、电流有效值之间的关系,且只对正弦波有效。

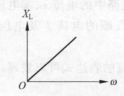

图 7-1-6　电感感抗与频率的关系

对于如图 7-1-7(a)所示的电感电路,当所接电源为直流电源时,由于频率为 0,其感抗 $X_L = 0$,此时,电感相当于短路,如图 7-1-7(b)所示。

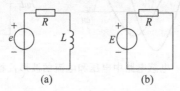

图 7-1-7　直流电路中的感抗

【* 2014-9】　一个线圈的电阻 $R = 60\Omega$,电感 $L = 0.2\text{H}$,若通过 3A 的直流电流时,线圈的压降为(　　)。

A. 90V　　　　　　　　B. 30V　　　　　　　　C. 180V　　　　　　　　D. 60V

【解】　C

在直流电路中,电感相当于短路,因此线圈的压降为电阻两端压降 $U = 60 \times 3 = 180(\text{V})$。

4. 电感电路中的功率

1) 瞬时功率 p

纯电感的瞬时功率为

$$i = \sqrt{2}\,I\sin\omega t$$

$$u = \sqrt{2}\,U\sin(\omega t + 90°)$$

$$p = i \cdot u = 2UI\sin\omega t\cos\omega t = UI\sin2\omega t \tag{7-1-6}$$

式(7-1-6)说明,纯电感电路中的功率以两倍于电流的频率变化着,如图 7-1-8 所示。从图中可以看到,在第一及第三个 1/4 周期中,$p > 0$,即电感从电源吸取能量;在第二和第四个 1/4 周期中,$p < 0$,即电感将电能送回电源。这是一个可逆且循环交替进行的能量转换过程。

2) 有功功率 P

根据式(7-1-6),在一个周期内求平均功率:

$$P = \frac{1}{T}\int_0^T p\,dt = \frac{1}{T}\int_0^T UI\sin2\omega t\,dt = 0$$

可见,在交流电路中,纯电感不消耗电能,它只是不断地和电源进行能量交换(能量的吞

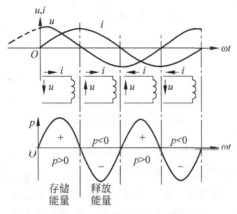

图 7-1-8　电感电路的功率

吐),所以电感称为储能元件。即在第一和第三个 1/4 周期中将从电源吸收的电能转换成磁场能;而在第二和第四个 1/4 周期中将磁场能变为电能送回给电源。

3) 无功功率 Q

在电感电路中,电感与电源之间周期性地进行能量的往返互换,其能量互换的规模就用电路中瞬时功率的最大值衡量。电感瞬时功率所能达到的最大值称为无功功率,用 Q 表示:

$$Q = UI = I^2 X_L = \frac{U^2}{X_L}$$

无功功率 Q 的单位有乏(var)、千乏(kvar)。

【例题 7-1-1】　一个电感量 $L = 35\text{mH}$ 的线圈接于 $u_L = 220\sqrt{2}\sin314t$ V 电源上,求流过线圈的电流 i 及线圈的无功功率。

【解】

将电压写成相量:$\dot{U}_L = 220\angle0°\text{V}$。

电感线圈的感抗为:$X_L = \omega L = 314 \times 35 \times 10^{-3}\Omega \approx 11\Omega$。

根据电感电压电流的相量关系:

$$\dot{I} = \frac{\dot{U}_L}{jX_L} = \frac{220\angle0°}{11\angle90°} = 20\angle-90°\text{A}$$

所以由相量形式表示出瞬时表达式为:$i = 20\sqrt{2}\sin(314t - 90°)\text{A}$。

电感的无功功率 $Q_L = I^2 X_L = 20^2 \times 11 = 4400\text{var}$。

7.1.3　电容电路

如果电路中除电容参数外其他参数可忽略不计,即可称之为纯电容电路。例如,一个电感值及介质损耗均可忽略不计的电容器接于交流电路中,就可视为纯电容电路。

1. 电压和电流的关系

电容电路如图 7-1-9 所示。

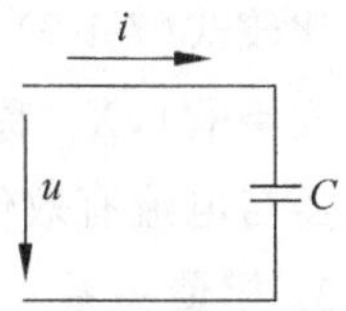

基本关系式:

图 7-1-9　电容电路

$$i = C \frac{\mathrm{d}u}{\mathrm{d}t}$$

设:

$$u = \sqrt{2}U\sin\omega t$$

则:

$$i = C \frac{\mathrm{d}u}{\mathrm{d}t} = \sqrt{2}UC\omega\cos\omega t$$

$$= \sqrt{2}U\omega C \cdot \sin(\omega t + 90°)$$

电压 u 与电流 i 波形图及相量图示于图 7-1-10 中。电流 i 是由于电容的充放电形成的：在第一个和第三个 1/4 周期中,电压上升,极板上电荷增加,电容器被充电,导线中有充电电流；在第二个和第四个 1/4 周期中,电压下降,极板上电荷减少,电容器放电,导线中有放电电流,充放电电流的方向是相反的。

由此可以看出,纯电容电路施加正弦电压时,电容电路中电流、电压的关系为：

(1) 频率相同；

(2) 相位相差 90°(u 落后 i 90°)。

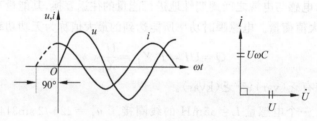

图 7-1-10　电容电路的电压、电流关系

$$\begin{cases} u = \sqrt{2}U\sin\omega t \\ i = \sqrt{2}U\omega C \cdot \sin(\omega t + 90°) \end{cases}$$

2. 有效值

电容元件电压、电流的有效值关系为

$$I = U\omega C \quad 或 \quad U = \frac{1}{\omega C}I$$

定义容抗:

$$X_C = \frac{1}{\omega C}(\Omega)$$

则

$$U = IX_C \tag{7-1-7}$$

比较式(7-1-7)与式(7-1-1),它们具有相似的形式,X_C 与 R 相对应,两者具有同一量纲(伏/安=欧),X_C 称为容抗单位为 Ω,容抗与频率 f 及电容量 C 有关,引入容抗后,电容上的电压与电流有效值的关系,也具有欧姆定律的形式。

3. 相量关系

根据电容电压、电路的瞬时表达式:

$$\begin{cases} u = \sqrt{2}U\sin\omega t \\ i = \sqrt{2}U\omega C \cdot \sin(\omega t + 90°) \end{cases}$$

设

$$\dot{U} = U\angle 0°$$

$$\dot{I} = I\angle 90° = U\omega C\angle 90°$$

则

$$\frac{\dot{U}}{\dot{I}} = \frac{1}{\omega C}\angle -90°$$

$$\dot{U} = \dot{I}\frac{1}{\omega C}\angle -90° = -j\dot{I}X_C$$

电容电路中复数形式的欧姆定律为

$$\dot{U} = \dot{I}(-jX_C)$$

下面对容抗进行讨论。

如图 7-1-11 所示，容抗 $\left(X_C = \dfrac{1}{\omega C}\right)$ 是频率的函数，表示电

容电路中电压、电流有效值之间的关系，且只对正弦波有效。
对于如图 7-1-12(a)所示的直流电容电路，电容的容抗为无穷
大，电容相当于断路，其等效电路如图 7-1-12(b)所示。

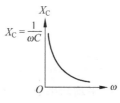

图 7-1-11　电容的容抗

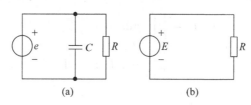

(a)　　　　　　　　(b)

图 7-1-12　直流电路中的容抗

【*2014-6】　电容 $C = 3.2\mu F$，电阻 $R = 100\Omega$，串联到交流电源上，电源电压为 220V，频
率 $f = 50Hz$，电容两端的电压与电阻两端的电压比值为（　　）。

A. 10　　　　　　　　B. 20　　　　　　　　C. 30　　　　　　　　D. 15

【解】　A

$$\frac{U_C}{U_R} = \frac{X_C I}{RI} = \frac{1}{\omega CR} = 10$$

【*2013-6】　正弦电流通过电容元件时，电流 $\dot{I}_C$ 应为（　　）。

A. $j\omega C U_m$　　　　　　B. $j\omega C\dot{U}$　　　　　　C. $-j\omega C U_m$　　　　　　D. $-j\omega C\dot{U}$

【解】　B

$$\dot{I}_C = \frac{\dot{U}}{\dfrac{1}{j\omega C}} = j\omega C\dot{U}$$

4. 电容电路中的功率

1) 瞬时功率 p

纯电容电路中瞬时功率为

$$p = i \cdot u = -UI\sin 2\omega t$$

电容电路的瞬时功率如图 7-1-13 所示,与电感电路中的功率相似,也以两倍于电源的频率进行交变。

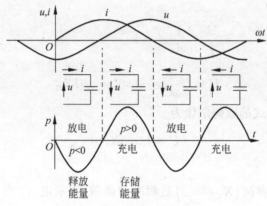

图 7-1-13 电容电路的功率

2) 平均功率 P

电容元件的平均功率为

$$P = \frac{1}{T}\int_0^T p\,\mathrm{d}t$$

$$= \frac{1}{T}\int_0^T -UI\sin 2\omega t\,\mathrm{d}t$$

$$= 0$$

结合图 7-1-13 可知,在第一和第三个 1/4 周期中电容器被充电,$p>0$;在第二和第四个 1/4 周期中,电容器放电,$p<0$,因此在一个周期内的平均功率为 0,即电容不消耗有功功率。

3) 无功功率 Q

瞬时功率达到的最大值(吞吐规模):

$$Q = -UI$$

Q 称为电容的无功功率,表示电容器电场能与电源电能相互转换的最大规模,单位是乏(var)、千乏(kvar)。电容性的无功功率取负值,说明在电路中电容元件发出无功功率。

【例题 7-1-2】 如图 7-1-9 所示,已知:$C=1\mu\mathrm{F}$,$u=70.7\sqrt{2}\sin\left(314t-\dfrac{\pi}{6}\right)$,求电容电路中的电流 I、i。

【解】

电容的容抗:

$$X_C = \frac{1}{\omega C} = \frac{1}{314\times 10^{-6}} = 3180\Omega$$

电容电路中电流的有效值：

$$I = \frac{U}{X_C} = \frac{70.7}{3180} = 22.2(\mathrm{mA})$$

根据电容的电流相位比电压相位超前90°，则电容电路中电流的瞬时值为：

$$i = \sqrt{2} \cdot 22.2\sin\left(314t - \frac{\pi}{6} + \frac{\pi}{2}\right) = \sqrt{2} \cdot 22.2\sin\left(314t + \frac{\pi}{3}\right) \mathrm{A}$$

电压、电流的相量图如图 7-1-14 所示。

微课 24　单一参数的正弦交流电路

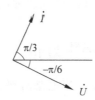

图 7-1-14　例 7-1-2 题中的电压、电流相量图

7.2　正弦交流电路的相量分析

一般而言，正弦交流电路是由电阻、电感和电容元件组成的，通常可分为串联、并联和复杂交流电路。在这种多参数的正弦交流电路中，各个电阻、电感和电容两端的电压和通过它们的电流之间的关系是由各个元件本身的性质决定的，并不受电路结构的影响。因此，前面所讲的单一参数交流电路的分析是本节的基础，现在采用相量法对多参数的正弦交流电路进行讨论，重点是电路中电压和电流的关系及功率的计算问题。从 7.1 节的讨论中可以知道，无论是电阻、电感或电容，它们在交流电路中工作时，电压和电流的频率总是相同的，因此在下面的讨论中，就不再对频率相同的问题进行重复，而是集中讨论它们的相位关系和大小关系。

7.2.1　电路定律的相量形式

以如图 7-2-1 所示的 RL 电路为例，正弦交流电路中，电压、电流瞬时值的关系符合欧姆定律和基尔霍夫定律，即

$$u = u_R + u_L = iR + L\frac{\mathrm{d}i}{\mathrm{d}t}$$

相应地，将图 7-2-1 变换为相量形式的电路，如图 7-2-2（a）所示，同样，电路中的电流、电压符合相量形式的欧姆定律、基尔霍夫定律。

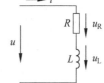

图 7-2-1　RL 串联电路

电阻两端电压相量：$\dot{U}_R = \dot{I}R$；

电感元件两端电压相量：$\dot{U}_L = \dot{I}(\mathrm{j}X_L)$；

电路两端的总电压：$\dot{U} = \dot{U}_R + \dot{U}_L = \dot{I}(R + \mathrm{j}X_L)$。

对于此 RL 串联电路，画出其相量图如图 7-2-2（b）所示。在 RL 串联电路中，总电压 $\dot{U}$ 超前总电流 $\dot{I}$ 一个角度，但这个角度大于0°并小于90°。

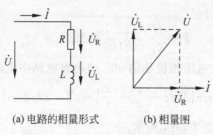

(a) 电路的相量形式   (b) 相量图

图 7-2-2   RL 串联电路的相量形式

7.2.2   RLC 串联电路的相量分析

RLC 串联交流电路如图 7-2-3 所示。当电路两端施加电压为正弦电压 u 时,电路中有正弦电流 i 流过,同时在各元件上分别产生电压 u_R、u_L 和 u_C。它们的参考方向如图 7-2-3 所示。

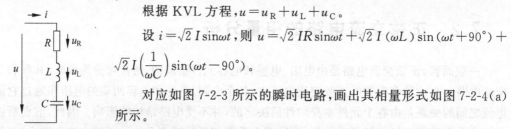

根据 KVL 方程,$u = u_R + u_L + u_C$。

设 $i = \sqrt{2} I \sin\omega t$,则 $u = \sqrt{2} IR \sin\omega t + \sqrt{2} I(\omega L) \sin(\omega t + 90°) + \sqrt{2} I\left(\dfrac{1}{\omega C}\right) \sin(\omega t - 90°)$。

对应如图 7-2-3 所示的瞬时电路,画出其相量形式如图 7-2-4(a)所示。

图 7-2-3   RLC 串联电路   则相量形式的 KVL 方程为

$$\dot{U} = \dot{U}_R + \dot{U}_L + \dot{U}_C \tag{7-2-1}$$

画出 RLC 串联交流电路的相量图如图 7-2-4(b)所示。

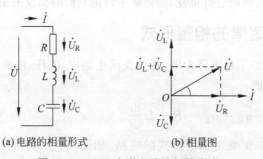

(a) 电路的相量形式   (b) 相量图

图 7-2-4   RLC 串联电路的相量形式

设参考相量 $\dot{I} = I \angle 0° \text{A}$,则根据单一参数交流电路的性质,可以写出各元件上的电压相量,它们分别为

$$\dot{U}_R = \dot{I} R$$

$$\dot{U}_L = \dot{I}(jX_L)$$

$$\dot{U}_C = \dot{I}(-jX_C)$$

将上述元件的电压电流关系代入式(7-2-1),得到总电压和总电流方程式:

$$\dot{U} = \dot{I}R + \dot{I}(-jX_C) + \dot{I}(jX_L) = \dot{I}[R + j(X_L - X_C)] \tag{7-2-2}$$

令 $Z = R + j(X_L - X_C)$，其中，Z 为复数阻抗，实部为阻，即电阻部分；虚部为抗，包括感抗和容抗。将式(7-2-2)表示成复数形式的欧姆定律：

$$\dot{U} = \dot{I}Z \tag{7-2-3}$$

需要说明的是，$Z = R + j(X_L - X_C)$，Z 是一个复数，但并不是正弦交流量，上面不能加点。Z 在方程式中只是一个运算工具。在正弦交流电路中，只要物理量用相量表示，元件参数用复数阻抗表示，则电路方程式的形式与直流电路相似。

下面对复数阻抗 Z 做进一步的讨论。

（1）Z 和总电流、总电压的关系。

由式(7-2-3)所示的复数形式的欧姆定律可得：

$$Z = \frac{\dot{U}}{\dot{I}} = \frac{U\angle\varphi_u}{I\angle\varphi_i} = |Z|\angle\varphi = \frac{U}{I}\angle(\varphi_u - \varphi_i)$$

其中，Z 的模 $|Z| = \dfrac{U}{I}$，为电路总电压和总电流有效值之比。Z 的辐角 $\varphi = \varphi_u - \varphi_i$ 为总电压和总电流的相位差。

（2）Z 和电路性质的关系。

根据电路元件的特性，复数阻抗 $Z = |Z|\angle\varphi = R + j(X_L - X_C)$。其中，$Z$ 的模 $|Z| = \sqrt{R^2 + (X_L - X_C)^2}$；阻抗角：

$$\varphi = \varphi_u - \varphi_i = \arctan\frac{X_L - X_C}{R}$$

当 $X_L > X_C$ 时，$\varphi > 0$ 表示 u 领先 i，此时电路呈感性。

当 $X_L < X_C$ 时，$\varphi < 0$ 表示 u 落后 i，此时电路呈容性。

当 $X_L = X_C$ 时，$\varphi = 0$ 表示 u、i 同相，此时电路呈电阻性。

（3）阻抗三角形。

$|Z|$ 与电阻、电抗的关系，可以对应到一个直角三角形中，其中电阻对应水平的直角边，$X_L - X_C$ 对应垂直的直角边，$|Z|$ 对应直角三角形的斜边，如图 7-2-5 所示。

对比观察如图 7-2-4 所示的电压电流相量图，可以发现 RLC 串联电路中电阻两端电压 U_R、电抗电压 $U_L - U_C$ 以及总电压 U 同样满足直角三角形的关系，而且与阻抗三角形和电压三角形相似，此三角形称为电压三角形。利用三角形中的大小与角度关系可方便地理解和记忆电压或阻抗的各种关系。

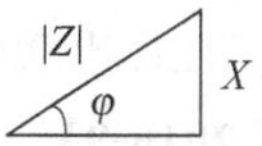

图 7-2-5　阻抗三角形

【*2014-12】　在如图 7-2-6 所示的电路中，$X_L = X_C = R$，则 u 与 i 的相位差为（　　　　）。

A. 0　　　　　　B. $\dfrac{\pi}{2}$　　　　　　C. $-\dfrac{3\pi}{4}$　　　　　　D. $\dfrac{\pi}{2}$

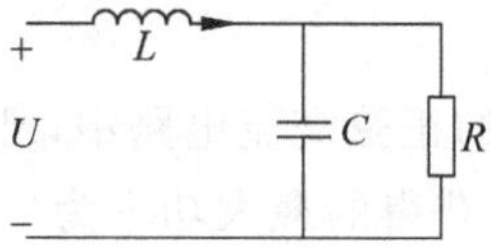

图 7-2-6　*2014-12 题图

【解】 D

设 $X_L = X_C = R = 1$，则 $\dfrac{\dot{U}}{\dot{I}} = Z = \text{j} + \dfrac{1 \cdot (-\text{j})}{1 - \text{j}} = \dfrac{1+\text{j}}{2} = \dfrac{\sqrt{2}}{2} \angle \dfrac{\pi}{4}$。

微课 25　正弦
交流电路的
相量分析法

【* 2013-12】　在 RLC 串联电路中，$X_C = 10\Omega$，若总电压维持不变而将 L 短路，总电流的有效值与原来相同，则 X_L 应为（　　）。

A. 30Ω　　　　　　　B. 40Ω　　　　　　　C. 5Ω　　　　　　　D. 20Ω

【解】 D

令 $\dot{U} = U\angle0°$，则总电流有效值：

$$\frac{U}{\sqrt{R^2 + (X_L - 10)^2}} = \frac{U}{\sqrt{R^2 + X_C^2}}$$

得 $X_L = 20\Omega$。

7.2.3　RLC 串联电路中的功率计算

在 RLC 串联电路电压与电流的基础上，本节将会讨论电路中的功率计算。

1. 瞬时功率

根据前面的分析，RLC 串联电路的电流为 i，总电压为 u，则电路总的瞬时功率：

$$P = u \cdot i = p_R + p_L + p_C$$

2. 平均功率 P（有功功率）

在一个周期内的平均功率：

$$P = \frac{1}{T}\int_0^T p\,\mathrm{d}t = \frac{1}{T}\int_0^T (P_R + P_L + P_C)\mathrm{d}t = P_R = U_R I = I^2 R \tag{7-2-4}$$

可见，在 RLC 电路中，只有电阻元件消耗有功功率。在式(7-2-4)中，结合如图 7-2-4(b)所示的电压三角形中各元件电压与总电压的关系，可以将电阻两端电压 U_R 用总电压 U 表示：

$$U_R = U\cos\varphi \tag{7-2-5}$$

其中，φ 是总电压与总电流的夹角，$\cos\varphi$ 称为功率因数。

将式(7-2-5)代入式(7-2-4)得：

$$P = UI\cos\varphi$$

这就是 RLC 串联电路中平均功率 P 与总电压 U、总电流 I 的关系。

【* 2016-9】　RL 串联电路可以看成是日光灯电路模型，将日光灯接于 50Hz 的正弦交流电压源上，测得端电压为 220V，电流为 0.4A，功率为 40W。那么，该日光灯的等效电阻 R 的值为（　　）。

A. 250Ω　　　　　　　B. 125Ω　　　　　　　C. 100Ω　　　　　　　D. 50Ω

【解】 A

在正弦交流电路中，只有电阻元件才消耗有功功率，$P = I^2 R$；代入题中所给数据，$0.4^2 \times R = 40$，则 $R = 250\Omega$。

【* 2016-11】　如图 7-2-7 所示的正弦交流电路中，已知 $\dot{U}_S = 100\angle0°\text{V}$，$R = 10\Omega$，$X_L = 20\Omega$，$X_C = 20\Omega$，负载 Z_L 可变，它能获得的最大功率为（　　）。

A. 62.5W　　　　　　　B. 52.5W　　　　　　　C. 42.5W　　　　　　　D. 32.5W

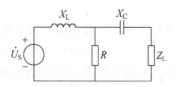

图 7-2-7　＊2016-11 题图

【解】　A

在图 7-2-8(a)中,首先求解 $\dot{U}_S$ 短路时电路的端口等效阻抗 Z。

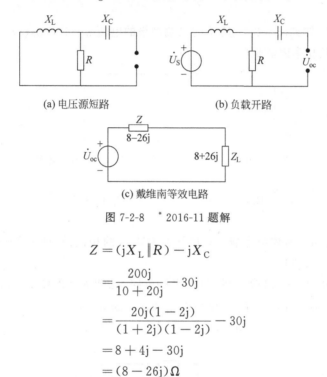

(a) 电压源短路　　　　　(b) 负载开路

(c) 戴维南等效电路

图 7-2-8　＊2016-11 题解

$$Z = (jX_L \parallel R) - jX_C$$

$$= \frac{200j}{10 + 20j} - 30j$$

$$= \frac{20j(1 - 2j)}{(1 + 2j)(1 - 2j)} - 30j$$

$$= 8 + 4j - 30j$$

$$= (8 - 26j)\,\Omega$$

如图 7-2-8(b)所示,求解负载开路时的端口电压 U_{oc}。

$$\dot{U}_{oc} = 100\angle 0° \times \frac{10}{10 + 20j} = \frac{100\angle 0°}{1 + 2j}\,(\text{V})$$

$$U_{oc} = \left| \frac{100\angle 0°}{1 + 2j} \right| = \frac{100}{\sqrt{5}}\,(\text{V})$$

原电路的戴维南等效电路如图 7-2-8(c)所示。根据最大功率输出条件,负载 $Z_L = \bar{Z} = 8 + 26j\,\Omega$ 时能获得最大功率。最大功率为

$$P_{max} = \frac{U_{oc}^2}{4R} = \left(\frac{100}{\sqrt{5}} \right)^2 \times \frac{1}{4 \times 8} = 62.5\,(\text{W})$$

3. 无功功率 Q

在 R、L、C 串联的电路中,储能元件 L、C 虽然不消耗能量,但存在能量吞吐,吞吐的规模用无功功率来表示。其大小为

$$Q = Q_L + Q_C = U_L I + (-U_C I) = (U_L - U_C) \times I = UI\sin\varphi$$

4. 视在功率 S

电路中总电压与总电流有效值的乘积。视在功率的单位是伏安、千伏安。

$$S = UI$$

视在功率可用来衡量发电机可能提供的最大功率(额定电压×额定电流)。

5. 功率三角形

根据有功功率 $P = UI\cos\varphi$,无功功率 $Q = UI\sin\varphi$,视在功率 $S = UI$,三者满足如图 7-2-9 所示的功率三角形的关系,其中有功功率 P 为水平的直角边,无功功率 Q 为垂直的直角边,视在功率 S 为斜边。功率三角形与前面所介绍的阻抗三角形、电压三角形具有相似性。

【*2018-7】 已知如图 7-2-10 所示的二端网络的电压 $u = 100\cos(\omega t + 60°)\text{V}$,电流 $i = 5\cos(\omega t + 30°)\text{A}$,其功率因数是( )。

图 7-2-9 功率三角形   图 7-2-10 *2018-7 题图

A. 1   B. 0   C. 0.866   D. 0.5

【解】 C

该二端网络的功率因数角为端口总电压与总电流的相位差,即 $60° - 30° = 30°$。那么,功率因数为 $\cos30° = 0.866$。

【*2017-9】 如图 7-2-11 所示的 RLC 串联电路,已知 $R = 20\Omega$,$L = 0.02\text{H}$,$C = 10\mu\text{F}$,正弦电压 $u = 100\sqrt{2}\cos(10^3 t + 15°)$,则该电路的视在功率为( )。

A. 60V·A B. 80V·A C. 100V·A D. 120V·A

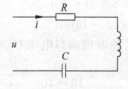

图 7-2-11 *2017-9 题图

【解】 C

电路中各元件的阻抗为: $Z_R = 60\Omega$,$Z_L = j\omega L = j20\Omega$,$Z_C = -j\dfrac{1}{\omega C} = -j100\Omega$。

则 $Z_{eq} = Z_R + Z_L + Z_C = 60 - j80$,$|Z_{eq}| = 100\Omega$。

根据电压的有效值 $U = 100\text{V}$,得到电流的有效值 $I = \dfrac{U}{|Z_{eq}|} = \dfrac{100}{100} = 1\text{A}$。

因此该电路的视在功率 $S = UI = 100\text{V·A}$。

【*2014-7】 某电源容量为 20kV·A,电压 220V,一个负载的电压为 220V,功率为 4kW,功率因素 $\cos\varphi = 0.8$,则此电源最多可带( )个负载。

| A. 8 | B. 6 | C. 4 | D. 3 |

【解】 C

负载并联在电源的两端,每个负载所需要的视在功率为 $P/\cos\varphi=4/0.8=5\text{V}\cdot\text{A}$。
所以电源可带的负载数为

$$n=\frac{20}{5}=4(\text{个})$$

微课 26　正弦
交流电路的
功率

7.2.4　交流电路的相量分析法

交流电路的分析方法其实与直流电路的分析思路相同,因此在直流电路中用于分析电路的方法在交流电路的分析中同样适用,但应注意,在交流电路中的各物理量与直流不同,它们既有大小的变化,又有相位的变化,因此直流中的实数运算,在交流电路中对应的是复数运算。

如图 7-2-12 所示是一个简单的阻抗串联电路,为便于计算,将电路中的电压、电流用相量表示,根据分压公式,Z_2 上的电压 $\dot{U}_0$ 为

$$\dot{U}_0=\frac{Z_2}{Z_1+Z_2}\dot{U}_i=U_2\angle\varphi$$

最后可根据电压的相量形式写出其瞬时值表达式:

$$u_0=\sqrt{2}U_2\sin(\omega t+\varphi)$$

如图 7-2-13 所示,这是一个简单的阻抗并联电路,为便于计算,将电路中的电压、电流用相量表示,则电压、电流的关系为

$$\dot{I}=\dot{I}_1+\dot{I}_2=\frac{\dot{U}}{Z_1}+\frac{\dot{U}}{Z_2}=\dot{U}\left(\frac{1}{Z_1}+\frac{1}{Z_2}\right) \tag{7-2-6}$$

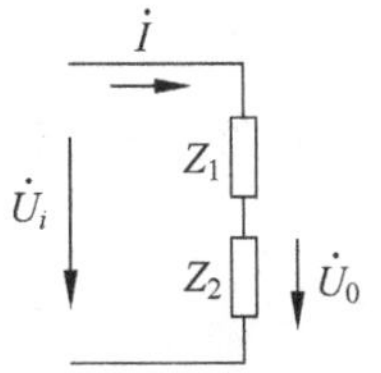

图 7-2-12　阻抗串联电路

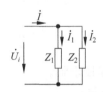

图 7-2-13　阻抗并联电路

设 $Z=R+\text{j}X$,令 $Y=\dfrac{1}{Z}=\dfrac{1}{R+\text{j}X}=\dfrac{R-\text{j}X}{R^2+X^2}$。其中,$Y$ 称为导纳,导纳适合于并联电路的计算,单位是西门子(S)。利用导纳的概念,可将式(7-2-6)改写成:

$$\dot{I}=\dot{U}(Y_1+Y_2)=\dot{U}Y$$

通过以上简单阻抗串并联电阻分析的过程,可以总结出一般正弦交流电路的分析步骤为:

(1) 根据原电路图画出相量模型图,电路结构保持不变,将各元件用其复阻抗表示,即:
$R\rightarrow R,L\rightarrow\text{j}X_\text{L},C\rightarrow-\text{j}X_\text{C},u\rightarrow\dot{U},i\rightarrow\dot{I},e\rightarrow\dot{E}$。

(2) 根据相量模型列出相量方程式或画相量图。

（3）用复数符号法或相量图求解。

（4）将结果变换成要求的形式。

【例题 7-2-1】 在如图 7-2-14 所示的电路中，已知：$I_1=10\text{A}$，$U_{AB}=100\text{V}$，求：电流表 A 和电压表 U_0 的读数。

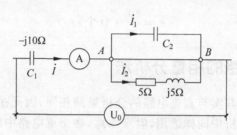

图 7-2-14 例 7-2-1 题图

分析正弦交流电路中电压表、电流表的读数问题，有两种解题方法：

（1）利用复数进行相量运算。

（2）利用相量图求结果。

【解 1】 利用复数进行相量运算。

设 $\dot{U}_{AB}$ 为参考相量，即 $\dot{U}_{AB}=100\angle 0°\text{V}$，则：

$$\dot{I}_2=\frac{100}{5+\text{j}5}=10\sqrt{2}\angle-45°\text{A}$$

$$\dot{I}_1=10\angle 90°=\text{j}10\text{A}$$

$$\dot{I}=\dot{I}_1+\dot{I}_2=10\angle 0°\text{A}$$

所以 A 读数为 10A。

$$\dot{U}_{C1}=\dot{I}(-\text{j}10)=-\text{j}100\text{V}$$

$$\dot{U}_0=U_{C1}+\dot{U}_{AB}=100-\text{j}100=100\sqrt{2}\angle-45°\text{V}$$

所以 U_0 读数为 141V。

【解 2】 利用相量图求解。

根据电路关系，可得：

$$\dot{U}_0=\dot{U}_{C1}+\dot{U}_{AB}$$

$$\dot{I}=\dot{I}_1+\dot{I}_2$$

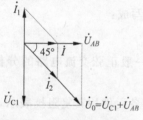

图 7-2-15 相量图求解法

设：$\dot{U}_{AB}=100\angle 0°$，画出相量图如图 7-2-15 所示。由已知条件：

$$I_1=10\text{A}, \quad I_2=\frac{100}{\sqrt{5^2+5^2}}=10\sqrt{2}\,\text{A}$$

在相量图中，$\dot{I}_2$ 落后于 $\dot{U}_{AB}$ 45°，$U_{C1}=IX_{C1}=100\text{V}$，$\dot{U}_{C1}$ 落后于 $\dot{I}$ 90°。

由图 7-2-15 得：$I=10\text{A}$，$U=141\text{V}$。

【* 2017-8】　如图 7-2-16 所示的正弦电流电路已标明理想交流电压表的读数(对应电压的有效值),则电容电压的有效值为(　　)。

A. 10V　　　　　　　B. 30V　　　　　　　C. 40V　　　　　　　D. 90V

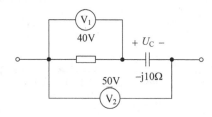

图 7-2-16　* 2017-8 题图

【解】　B

本题可利用复数进行相量运算。根据图中各元件的 VCR 的相量形式可得:

$$\dot{U}_2 = \dot{U}_1 + \dot{U}$$

$$\dot{U}_2 = 50\angle\varphi_2 \text{V}$$

$$\dot{U}_1 = 40\angle\varphi_1 \text{V}$$

$$\dot{U} = U\angle(\varphi_1 - 90)\text{V}(电容滞后电流 90°)$$

则 $50\angle\varphi_2 = 40\angle\varphi_1 + U\angle(\varphi_1 - 90)$。因此,电容电压的有效值 $U = \sqrt{50^2 - 40^2} = 30\text{V}$。

本题也可利用相量图求解。选取串联电路的电流为参考相量,画出相量图如图 7-2-17 所示。

图 7-2-17　相量图

根据相量图的关系,电容电压的有效值 $U = \sqrt{50^2 - 40^2} = 30\text{V}$。

【* 2016-6】　由电阻 $R = 100\Omega$ 和电感 $L = 1\text{H}$ 组成串联电路,已知电源电压 $u_S(t) = 100\sqrt{2}\cos(100t)\text{V}$,那么该电路的电流 $i(t)$ 为(　　)。

A. $\sqrt{2}\sin(100t + 45°)\text{A}$　　　　　　B. $\sqrt{2}\sin(100t - 45°)\text{A}$

C. $\sin(100t + 45°)\text{A}$　　　　　　D. $\sin(100t - 45°)\text{A}$

【解】　D

由题意得,

$$\omega = 100\text{rad/s}, \quad \omega L = 100 \times 1 = 100(\Omega)$$

那么,串联电路的阻抗为

$$Z = R + \text{j}\omega L = 100 + \text{j}100 = 100\sqrt{2}\angle 45°(\Omega)$$

串联电路的电流相量为

$$\dot{I} = \frac{\dot{U}}{Z} = \frac{100\angle 0°}{100\sqrt{2}\angle 45°} = \frac{\sqrt{2}}{2}\angle -45°(\text{A})$$

则 $i(t) = \sin(100t - 45°)$。

在此问题中,由于电感的存在使电流的相位滞后于电压。

【* 2016-7】　由电阻 $R = 100\Omega$ 和电容 $C = 100\mu\text{F}$ 组成串联电路,已知电源电压

$u_S(t) = 100\sqrt{2}\cos(100t)\,\mathrm{V}$，那么该电路的电流 $i(t)$ 为（　　）。

A. $\sqrt{2}\sin(100t-45°)\,\mathrm{A}$　　　　　　B. $\sqrt{2}\sin(100t+45°)\,\mathrm{A}$

C. $\sin(100t-45°)\,\mathrm{A}$　　　　　　D. $\sin(100t+45°)\,\mathrm{A}$

【解】　D

与上题类似，由题意得，

$$\omega = 100\,\mathrm{rad/s}, \qquad \frac{1}{\omega C} = \frac{1}{100\times100\times10^{-6}} = 100(\Omega)$$

那么，串联电路的阻抗为

$$Z = R - \mathrm{j}\frac{1}{\omega C} = 100 - \mathrm{j}100 = 100\sqrt{2}\angle-45°(\Omega)$$

串联电路的电流相量为

$$\dot{I} = \frac{\dot{U}}{Z} = \frac{100\angle0°}{100\sqrt{2}\angle-45°} = \frac{\sqrt{2}}{2}\angle45°(\mathrm{A})$$

则 $i(t) = \sin(100t+45°)\,\mathrm{A}$。

由于电容的存在，使电流的相位超前电压。

【例 7-2-2】　在如图 7-2-18 所示的电路中，已知：

$$i_S = I_m\sin(\omega t + \varphi_1)$$
$$e = E_m\sin(\omega t + \varphi_2)$$

以及 R_1、R_2、L、C，求各支路电流的大小。

【解】

首先将原电路变换为相量形式，如图 7-2-19 所示。

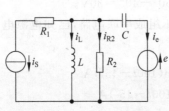　　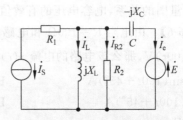

图 7-2-18　例 7-2-2 题图　　　　图 7-2-19　原电路的相量形式

【解1】　利用结点电位法。

根据弥尔曼定理，列出电路的结点方程：

$$\dot{U}_A = \frac{-\dot{I}_S + \dfrac{\dot{E}}{-\mathrm{j}X_C}}{\dfrac{1}{\mathrm{j}X_L} + \dfrac{1}{R_2} + \dfrac{1}{-\mathrm{j}X_C}}$$

代入已知参数：

$$\dot{I}_S = \frac{I_m}{\sqrt{2}}\angle\varphi_1$$

$$\dot{E} = \frac{E_m}{\sqrt{2}} \angle \varphi_2$$

$$jX_L = j\omega L$$

$$-jX_C = -j\frac{1}{\omega C}$$

便可求出各支路电流：

$$\dot{I}_L = \frac{\dot{U}_A}{jX_L}$$

$$\dot{I}_{R2} = \frac{\dot{U}_A}{R_2}$$

$$\dot{I}_e = \frac{\dot{U}_A - \dot{E}}{-jX_C}$$

由支路电流的相量形式可分别计算出 i_L、i_{R2} 和 i_e 的瞬时表达式。

【解2】 利用叠加定理。

根据叠加定理，将原电路分解成图 7-2-20 所示的两个电路的叠加。

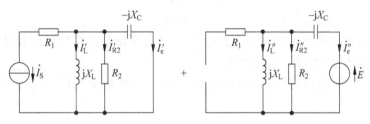

图 7-2-20 叠加定理的分解电路

在两个分解后的电路中分别计算各个支路电流，再根据叠加定理进行叠加：

$$\dot{I}_L = \dot{I}'_L + \dot{I}''_L$$

$$\dot{I}_{R2} = \dot{I}'_{R2} + \dot{I}''_{R2}$$

$$\dot{I}_e = \dot{I}'_e + I''_e$$

还可以利用前面所学习的戴维南定理、支路电流法等方法，先计算各支路电流的相量形式，再转换成瞬时表达式，读者可自行练习。

7.3 功率因数的提高

7.3.1 问题的提出

在交流电路中，有功功率与视在功率的比值称为电路的功率因数，即

$$\cos\varphi = \frac{P}{S}$$

电压与电流的相位差 φ 称为功率因数角。

在日常生活中很多负载为感性的,如日光灯电路,其等效电路及相量关系如图 7-3-1 所示。根据相量图,电路中所消耗的有功功率为:

$$P = P_R = UI\cos\varphi$$

由于感性负载的存在,功率因数角为 $0° < \varphi < 90°$,使得功率因数 $\cos\varphi \neq 1$。

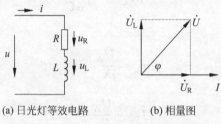

(a) 日光灯等效电路　　　　(b) 相量图

图 7-3-1　日光灯等效电路及其相量图

功率因数是一项重要的电能经济指标。当电网的电压一定时,功率因数太低,会引起下述 3 方面的问题:

(1) 增加了供电系统的设备容量和投资。

根据

$$S = \frac{P}{\cos\varphi}$$

当用电设备的有功功率 P 一定时,$\cos\varphi$ 越低,由供电系统所需要提供的容量 S 就越高,使得变压器容量越大,进而增加系统投资。

例如,对于 40W 的白炽灯,其功率因数 $\cos\varphi = 1$,根据 $P = UI\cos\varphi$ 可得向其供电的电流:

$$I = \frac{P}{U\cos\varphi} = \frac{40}{220} = 0.182(\text{A})$$

而对于 40W 的日光灯,其功率因数 $\cos\varphi = 0.5$,此时的供电电流:

$$I = \frac{P}{U\cos\varphi} = \frac{40}{220 \times 0.5} = 0.364(\text{A})$$

可见,当功率因数较低时,发电与供电设备的容量要求较大。

(2) 增加了供电设备和输电线路的功率损耗。

对于负载从电源取用的电流:

$$I = \frac{P}{U\cos\varphi}$$

在 P 和 U 一定的情况下,$\cos\varphi$ 越低,I 就越大,供电设备和输电线路的功率损耗也就越多。

(3) 输电线上的线路压降大,因此负载端的电压低,从而使线路上的用电设备不能正常工作,甚至损坏。

提高电感性电路的功率因数会带来显著的经济效益,因此希望提高电力系统的功率因数。目前,在各种用电设备中,属电感性的居多。例如,工农业生产中广泛应用的异步电动机和日常生活中大量使用的荧光灯等都属于电感性负载,而且它们的功率因数往往比较低,有时甚至为 0.2～0.3。供电部门对工业企业单位的功率因数要求是在 0.85 以上,如果用户的负载功率因数低,则需采取措施提高功率因数,否则将受到处罚。

根据图 7-2-5 的阻抗三角形及阻抗角的计算，$\cos\varphi$ 是由负载的性质决定的，与电路的参数和频率有关，与电路的电压、电流无关。在纯电容和纯电感电路中，$P=0$，$Q=S$，$\cos\varphi=0$，功率因数最低；在纯电阻电路中，$Q=0$，$P=S$，$\cos\varphi=1$，功率因数最高。

【* 2013-16】　在如图 7-3-2 所示的电路中，$u_S=50\sin\omega t$ V，电阻 15Ω 上的功率为 30W，则电路的功率因数应为（　　）。

A. 0.8　　　　B. 0.4　　　　C. 0.6　　　　D. 0.3

【解】　C

电路中的电感不消耗有功功率，电阻上消耗的有功功率即为总的有功损耗，因为电阻上的功率为 30W，对电阻：$P=I^2R$，可得电路的电流有效值为 $I=\sqrt{2}$ A，且电路消耗的有功功率为 30W。

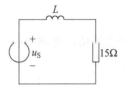

图 7-3-2　* 2013-16 题图

根据电源电压的瞬时表达式可知，电压的有效值为 $U=\dfrac{50}{\sqrt{2}}$ V。

电路的视在功率为 $S=UI=\dfrac{50}{\sqrt{2}}\times\sqrt{2}=50$ MV·A，所以功率因数 $\cos\varphi=\dfrac{30\text{W}}{50\text{MV·A}}=0.6$。

7.3.2　提高功率因数的措施

提高功率因数的原则是必须保证原负载的工作状态不变，即加至负载上的电压和负载的有功功率不变。

电路的功率因数低，是因为无功功率多，使得有功功率与视在功率的比值小。由于电感性无功功率可以由电容性无功功率来补偿，所以提高电感性电路的功率因数除尽量提高负载本身的功率因数外，还可以采取与电感性负载并联适当电容的办法。这时电路的工作情况可以通过如图 7-3-3 所示的电路图和相量图来说明。并联电容前，电路的总电流就是负载的电流 I_L，电路的功率因数就是负载的功率因数 $\cos\varphi_L$。并联电容后，电路总电流为 I，电路的功率因数变为 $\cos\varphi$，且 $\cos\varphi>\cos\varphi_L$。只要 C 值选得恰当，便可将电路的功率因数提高到希望的数值。并联电容后，负载的工作未受影响，它本身的功率因数并没有提高，提高的是整个电路的功率因数。

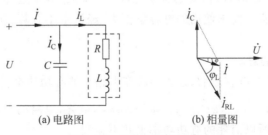

(a) 电路图　　　　　(b) 相量图

图 7-3-3　功率因数的提高

可根据补偿前后设备功率 P 和端电压 U 不变的原则计算并联的电容值。

由如图 7-3-3(b) 所示的相量图，得到电流的有效值关系为

$$I_C=I_L\sin\varphi_L-I\sin\varphi$$

因为

$$P = UI_L\cos\varphi_L = UI\cos\varphi$$

$$I_C = \frac{U}{X_C} = U\omega C$$

所以,

$$U\omega C = \frac{P}{U\cos\varphi_L}\sin\varphi_L - \frac{P}{U\cos\varphi}\sin\varphi$$

故所需补偿的电容为

$$C = \frac{P}{\omega U^2}(\tan\varphi_L - \tan\varphi) \tag{7-2-7}$$

式(7-2-7)可以作为补偿电容的公式直接使用。

7.3.3 问题与讨论

现针对功率因数补偿的问题进行讨论。

1. 功率因数补偿程度

对功率因数进行补偿,理论上可以补偿成如图 7-3-4 所示的 3 种情况,理想的补偿是完全补偿,即补偿到 $\cos\varphi = 1$,电路呈阻性。另外两种情况是将电路分别补偿到感性和容性,这两种情况均使 $\cos\varphi < 1$。

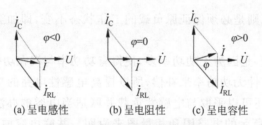

(a) 呈电感性　　　(b) 呈电阻性　　　(c) 呈电容性

图 7-3-4　功率因数补偿程度

一般情况下很难做到完全补偿,那么将功率因数补偿成感性还是容性呢?

根据相量图,将电路补偿到感性状态时,所需要的补偿电流 $\dot{I}_C$ 较小,属于欠补偿状态;而将电路补偿到容性状态时,所需要的补偿电流 $\dot{I}_C$ 较大,属于过补偿状态。因此,在 φ 角相同的情况下,补偿成容性要求使用的电容量更大,经济上不合算,所以一般工作在欠补偿状态。

2. 并联电容补偿的影响

在电路两端并联补偿电容之后,是否会改变电路总的有功功率?

在图 7-3-3(b)中,$\dot{I} < \dot{I}_{RL}$,$\varphi < \varphi_L$,$\cos\varphi > \cos\varphi_L$,最终,电路的总功率不变。实际上,由于电路中电阻没有变,所以消耗的有功功率也并不会变。

3. 提高功率因数的其他方法

提高功率因数除并电容外,是否还有其他方法?

对于提高功率因数的方法,同样可通过补偿前后的功率因数进行分析。例如,当在电路中串联电容进行补偿时,补偿前的功率因数如图 7-3-5(a)所示。当串联电容时,如图 7-3-5(b)

所示,通过电容的选择,有可能会将补偿到 $\varphi=0$。可以发现,补偿后,原电路两端电压 U_{RL} 并不等于电源电压 U,而是 $U_{RL}>U$。因此,串联电容可以把功率因数提高,甚至可以补偿到 1,但不可以这样做,原因是在外加电压不变的情况下,负载得不到所需的额定工作电压。

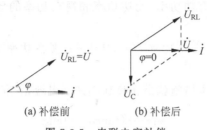

微课 27 功率因数的提高

(a) 补偿前　　　(b) 补偿后

图 7-3-5　串联电容补偿

7.4　本章小结

（1）单一参数电路中的基本关系。

电路参数 R、L 和 C 的交流特性和直流特性有所不同,要熟悉它们所在交流电路中电压、电流、功率间的关系以及表示方法。将它们的电路特征总结列表见表 7-1。

表 7-1　R、L、C 的电路特征

电路参数		R	L	C
电压电流关系	瞬时值	$u_R = Ri = RI_m\sin\omega t$	$u_L = L\dfrac{\mathrm{d}i}{\mathrm{d}t}$ $= X_L I_m\sin(\omega t+90°)$	$u_C = \dfrac{1}{C}\displaystyle\int i\,\mathrm{d}t$ $= X_C I_m\sin(\omega t-90°)$
	有效值	$U_R = IR$	$U_L = I\omega L = IX_L$	$U_C = I\dfrac{1}{\omega C} = IX_C$
	相量式	$\dot{U}_R = \dot{I}R$	$\dot{U}_L = \mathrm{j}\dot{I}X_L$	$\dot{U}_C = -\mathrm{j}\dot{I}X_C$
	相量图	$\xrightarrow{\quad}$ $\dot{I}\quad\dot{U}$	$\dot{U}_L$↑　$\dot{I}\to$	$\dot{I}\to$　$\dot{U}_C$↓
	相位差	u_R 和 i 同相	u_L 超前 i 90°角	u_C 滞后 i 90°角
有功功率		$P_R = UI = I^2R = \dfrac{U^2}{R}$	0	0
无功功率		0	$Q_L = U_L I$ $= I^2 X_L = \dfrac{U_L^2}{X_L}$	$Q_C = -U_C I$ $= -I^2 X_C = -\dfrac{U_C^2}{X_C}$

（2）正弦交流电路的分析计算。

在正弦交流电路中,将正弦量用相量 $\dot{U}$、$\dot{I}$ 表示,电路参数用复数阻抗($R \to R$、$L \to \mathrm{j}X_L$、$C \to -\mathrm{j}X_C$)表示,再结合直流电路中介绍的基本定律、公式、分析方法,可以求解正弦交流电路的电压电流。

正弦交流电路的计算,还可以利用相量图分析。绘制相量图,首先要画出参考相量。参考相量的选择原则是,以串联电路的电流或并联电路的电压为参考相量。

(3) 正弦交流电路中的有功功率、无功功率和视在功率的含义和三者间的关系。

有功功率 $P = UI\cos\varphi$; 无功功率 $Q = UI\sin\varphi$; 视在功率 $S = UI$。三者构成功率三角形。

(4) 提高功率因数的基本措施就是在负载端并联电容,并联的电容值为

$$C = \frac{P}{\omega U^2}(\tan\varphi_L - \tan\varphi)$$

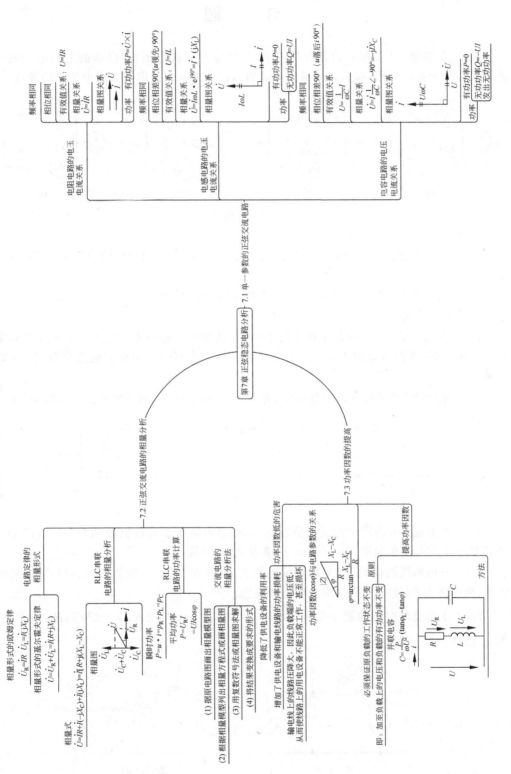

习 题

7-1 在如题 7-1 图所示的各电路图中,包含电流表或电压表,已知的电流表和电压表的读数在图上都已标出(都是正弦量的有效值),试求未标出的电流表或电压表的读数。

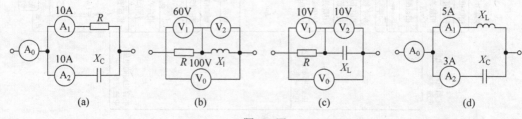

题 7-1 图

7-2 一个电感量 $L = 35\text{mH}$ 的线圈接于 $u_L = 220\sqrt{2}\sin 314t\,\text{V}$ 的电源上,求流过线圈的电流 i。

7-3 在如题 7-3 图所示的 RLC 串联电路中,欲使 u_2 滞后 u_1 的相位角为 $90°$,求 ω 与电路参数之间关系。

7-4 在如题 7-4 图所示的正弦交流电路中,已知电源电压有效值 $U = 100\text{V}$,当频率为 $f_1 = 100\text{Hz}$ 时,电流有效值 $I = 5\text{A}$;当频率为 $f_2 = 1000\text{Hz}$ 时,电流有效值变为 $I' = 1\text{A}$,求电感 L。

7-5 求题 7-5 图中的 RC 并联电路,在 $\omega = 10\text{rad/s}$ 时,等效串联电路的参数 R'、C'。

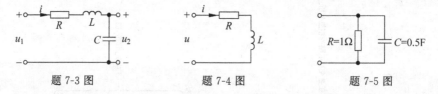

题 7-3 图　　　　　　题 7-4 图　　　　　　题 7-5 图

7-6 在如题 7-6 图所示的正弦稳态电路中,已知电压表有效值分别为 $V = 171\text{V}$,$V_1 = 45\text{V}$,$V_2 = 135\text{V}$,电源频率 $f = 50\text{Hz}$。试求 R 与 L 的值。

7-7 一电感线圈接到 120V 的直流电源上,电流为 20A;若接到 50Hz、220V 的交流电源上,则电流为 28.2A,求该线圈的电阻和电感。

7-8 正弦交流电路如题 7-8 图所示,$I_1 = 10\text{A}$,$I_2 = 10\sqrt{2}\,\text{A}$,$U = 220\text{V}$,$R = 5\Omega$,$R_2 = X_L$。试求 I、X_C、X_L 及 R_2。

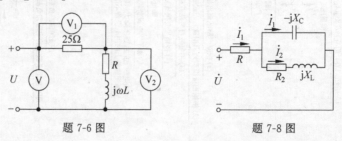

题 7-6 图　　　　　　　题 7-8 图

7-9　在如题 7-9 图所示的电路中，$I_1 = I_2 = 10A, U = 100V, u$ 与 i 同相，试求 I、R、X_C 及 X_L。

7-10　电路如题 7-10 图所示，已知 $R_1 = 10\Omega, X_C = 17.32\Omega, I_1 = 5A, U = 120V, U_L = 50V, \dot{U}$ 与 $\dot{I}$ 同相，求 R、R_2 和 X_L。

7-11　在如题 7-11 图所示的正弦交流电路中，已知电压有效值 $U_R = U_L = 10V$，电流有效值 $I = 10A$，且 $\dot{U}$、$\dot{I}$ 同相，求 R、ωL 和 $\dfrac{1}{\omega C}$ 之值。

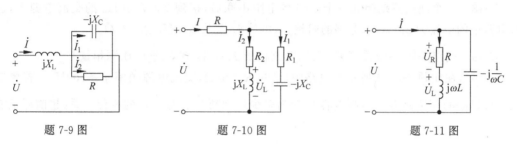

题 7-9 图　　　　　　题 7-10 图　　　　　　题 7-11 图

7-12　电路如题 7-12 图所示，已知 $I_1 = 2A, I = 2\sqrt{3}\,A$，阻抗 $Z = 50\angle 60°\,\Omega, \dot{U}$ 及 $\dot{I}$ 同相。

(1) 以 $\dot{I}_1$ 为参考向量，画出电压、电流相量图。

(2) 求出 R、X_C 的值及总电压的有效值。

7-13　在题 7-13 图所示电路中，已知 $U = 220V, R = 22\Omega, X_L = 22\Omega, X_C = 11\Omega$，试求电流 I_R、I_L、I_C 及 I。

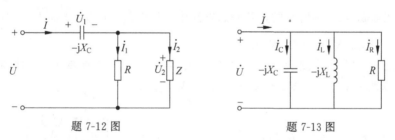

题 7-12 图　　　　　　　　　题 7-13 图

7-14　在如题 7-14 图所示的电路中，已知 $u = 220\sqrt{2}\sin 314t\,V, i_1 = 22\sin(314t - 45°)\,A$，$i_2 = 11\sqrt{2}\sin(314t + 90°)\,A$，试求各仪表读数及电路参数 R、L 和 C。

7-15　如题 7-15 图所示，已知 $R_1 = 3\Omega, X_1 = 4\Omega, R_2 = 8\Omega, X_2 = 6\Omega, u = 220\sqrt{2}\sin 314t\,V$，试求 i_1、i_2 和 i。

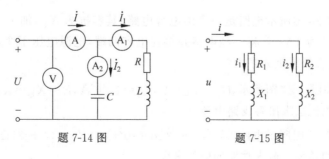

题 7-14 图　　　　　　　　题 7-15 图

7-16 在 $L=10\text{mH}$ 的电感上通有 $i=10\sqrt{2}\sin(314t)\text{mA}$ 的电流,求此时电感的感抗 X_L、电感两端的电压相量形式 $\dot{U}_L$、电路的无功功率 Q_L;若电源频率增加 5 倍,则以上量值有何变化?

7-17 在一个 $10\mu\text{F}$ 的电容器上加有 60V、50Hz 的正弦电压,问此时的容抗 X_C 有多大? 写出该电容上电压、电流的瞬时值表达式及相量表达式,画出相量图,求电容电路的无功功率 Q_C。

7-18 一个纯电感线圈和一个 30Ω 的电阻串联后,接到 220V、50Hz 的交流电源上,这时电路中的电流为 2.5A,求电路的阻抗 Z,电感 L 以及 U_R、U_L、S、P、Q。

7-19 电路如题 7-19 图所示,已知电流相量 $\dot{I}_C=3\angle0°\text{A}$,求电压源相量 $\dot{U}_S$。

7-20 在如题 7-20 图所示的电路中,已知 $R=5\text{k}\Omega$,交流电源频率 $f=100\text{Hz}$。若要求 $\dot{U}_{SC}$ 与 $\dot{U}_{S\gamma}$ 的相位差为 30°,则电容 C 应为多少? 判断 $\dot{U}_{SC}$ 与 $\dot{U}_{S\gamma}$ 的相位关系(超前还是滞后)?

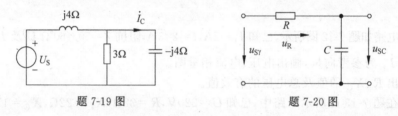

题 7-19 图   题 7-20 图

7-21 在如题 7-21 图所示的正弦稳态电路中,已知 $\dot{I}_1=0.5\angle0°\text{A}$,$\dot{U}_1=40\angle-90°\text{V}$,$R=20\Omega$,$X_C=80\Omega$,$X_L=20\Omega$,求 $\dot{U}_S$。

7-22 已知如题 7-22 图所示电路中,$R_1=R_2=1\Omega$。当电源频率为 f_0 时,$X_{C2}=1\Omega$,理想电压表的读数为 $V_1=3\text{V}$,$V_2=6\text{V}$,$V_3=2\text{V}$,求 I_S。

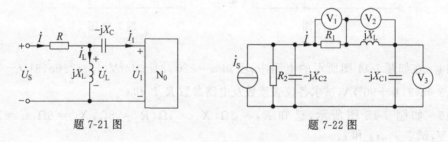

题 7-21 图   题 7-22 图

7-23 如题 7-23 图所示电路是一个纯电容电路,其容抗为 X_C,加上交流电压后,电流表测得的电流读数为 4A;若将一纯电感并接在电容两端,电源电压不变,则电流表的读数也不变,问并联电感的感抗为多少?

7-24 电路如题 7-24 图所示,$\dot{U}_S=4\angle0°\text{V}$,$\dot{I}_S=4\angle0°\text{A}$,$R=X_C=X_L=1\Omega$,分别用结点电压法和回路电流法求出各支路电流。

7-25 如题 7-25 图所示电路,若 $i_S=5\sqrt{2}\cos(10^5t)\text{A}$,$Z_1=(4+\text{j}8)\Omega$,计算 Z_j 在什么条件下获得最大的功率? 最大功率的值是多少?

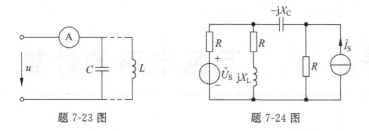

题 7-23 图　　　　　　　　题 7-24 图

7-26　3个负载并联到220V的正弦电压源上,如题 7-26 图所示,各负载吸收的功率和电流分别为 $P_1 = 4.4\text{kW}, I_1 = 44.74\text{A}$(感性);$P_2 = 8.8\text{kW}, I_2 = 50\text{A}$(感性);$P_3 = 6.6\text{kW}, I_1 = 60\text{A}$(容性)。求电压源供给负载的总电流和功率因数。

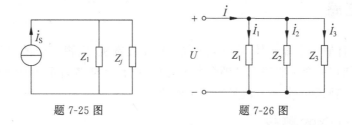

题 7-25 图　　　　　　　　题 7-26 图

7-27　荧光灯管与镇流器串连接到交流电压上,可看作 RL 串联电路。如已知某灯管的等效电阻 $R_1 = 280\Omega$,镇流器的电阻和电感分别为 $R_2 = 20\Omega, L = 1.65\text{H}$,电源电压 $U = 220\text{V}$,电源频率为 50Hz,试求电路中的电流、灯管两端的电压和镇流器上的电压。这两个电压加起来是否等于220V?

7-28　今有40W的荧光灯一个,使用时灯管与镇流器(可近似地把镇流器看作纯电感)串联后接在电压为220V、频率为50Hz的电源上。已知灯管工作时属于纯电阻负载,灯管两端的电压等于110V,试求镇流器的感抗与电感。这时电路的功率因数等于多少?若将功率因数提高到0.8,问应并联多大电容?

7-29　为提高荧光灯电路的功率因数,常在荧光灯电路(等效为 RL 电路)两端并上一个电容 C,如题 7-29 图所示。计算电容 C 并联前、后电路中的有功功率、无功功率、视在功率及功率因数(电源电压不变)。已知:$R = 4\Omega, L = 3\text{mH}, C = 100\mu\text{F}, \dot{U} = 220\angle0°\text{V}, \omega = 10^3\text{rad/s}$。

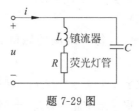

题 7-29 图

<table>
<tr><td></td><td>第8章</td><td rowspan="2"></td></tr>
</table>

互感电路的计算

CHAPTER 8

8.1 互感

　　耦合电感元件属于多端元件，在实际电路中，如收音机、电视机中的中周线圈、振荡线圈，整流电源里使用的变压器等都是耦合电感元件，熟悉这类多端元件的特性，掌握包含这类多端元件的电路问题的分析方法是非常必要的。

8.1.1 互感的概念

　　如图 8-1-1 所示，线圈 1 中通入电流 i_1 时，根据法拉第电磁感应电律，在线圈 1 中将会产生磁通，其方向用右手螺旋定则判断。同时，由于线圈 2 也同时缠绕在铁芯上，将会有部分磁通穿过线圈 2，这部分磁通称为线圈 1 和线圈 2 之间的互感磁通，使得两线圈之间产生了磁的耦合。

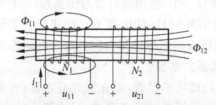

图 8-1-1 线圈中的电磁感应

　　定义磁链 Ψ：$\Psi = N\Phi$。对于空心线圈，Ψ 与 i 成正比。当只有一个线圈 1 时，有：

$$\Psi_1 = \Psi_{11} = L_1 i_1$$

L_1 为自感系数，即自感，单位亨（H）。

　　当两个线圈 1 和 2 中都有电流时，每一线圈的磁链为其相应的自磁链与互磁链的代数和：

$$\Psi_1 = \Psi_{11} \pm \Psi_{12} = L_1 i_1 \pm M_{12} i_2$$

$$\Psi_2 = \Psi_{22} \pm \Psi_{21} = L_2 i_2 \pm M_{21} i_1$$

式中，M_{12}、M_{21} 为线圈 1 和 2 之间的互感系数，即互感。互感的单位与自感一样，均为亨（H）。

　　这里需要注意的是：

　　(1) M 值与线圈的形状、几何位置、空间介质有关，与线圈中的电流无关，满足 $M_{12} = M_{21}$。

　　(2) L 总为正值，而 M 的值有正、有负。

8.1.2 耦合系数

两个线圈磁耦合的紧密程度用耦合系数 k 表示,定义为:

$$k \overset{\text{def}}{=} \frac{M}{\sqrt{L_1 L_2}}$$

当 $k=1$ 时称为全耦合,此时的漏磁 $\Phi_{S1} = \Phi_{S2} = 0$。全耦合时满足: $\Phi_{11} = \Phi_{21}$, $\Phi_{22} = \Phi_{12}$。
根据耦合系数 k 的定义,可知:

$$k = \frac{M}{\sqrt{L_1 L_2}} = \sqrt{\frac{M^2}{L_1 L_2}} = \sqrt{\frac{(Mi_1)(Mi_2)}{L_1 i_1 L_2 i_2}} = \sqrt{\frac{\Psi_{12} \Psi_{21}}{\Psi_{11} \Psi_{22}}} \leqslant 1$$

需要注意的是,耦合系数 k 与线圈的结构、相互几何位置、空间磁介质有关。

8.1.3 耦合电感上的电压、电流关系

当 i_1 为时变电流时,由电流在线圈中产生的磁通也将随时间变化,从而在线圈两端产生感应电压。

当 i_1、u_{11}、u_{21} 方向与 Φ 符合右手螺旋定则时,根据电磁感应定律和楞次定律:

$$u_{11} = \frac{\mathrm{d}\Psi_{11}}{\mathrm{d}t} = L_1 \frac{\mathrm{d}i_1}{\mathrm{d}t}$$

$$u_{21} = \frac{\mathrm{d}\Psi_{21}}{\mathrm{d}t} = M \frac{\mathrm{d}i_2}{\mathrm{d}t}$$

当两个线圈同时通以电流时,每个线圈两端的电压均包含自感电压和互感电压。

$$\Psi_1 = \Psi_{11} \pm \Psi_{12} = L_1 i_1 \pm M_{12} i_2$$

$$\Psi_2 = \Psi_{22} \pm \Psi_{21} = L_2 i_2 \pm M_{21} i_1$$

则

$$u_1 = u_{11} \pm u_{12} = L_1 \frac{\mathrm{d}i_1}{\mathrm{d}t} \pm M \frac{\mathrm{d}i_2}{\mathrm{d}t}$$

$$u_2 = u_{21} \pm u_{22} = \pm M \frac{\mathrm{d}i_1}{\mathrm{d}t} + L_2 \frac{\mathrm{d}i_2}{\mathrm{d}t}$$

在正弦交流电路中,用相量形式表示,其方程为

$$\dot{U}_1 = \mathrm{j}\omega L_1 \dot{I}_1 \pm \mathrm{j}\omega M \dot{I}_2$$

$$\dot{U}_2 = \pm \mathrm{j}\omega M \dot{I}_1 + \mathrm{j}\omega L_2 \dot{I}_2$$

需要注意的是,当两线圈的自磁链和互磁链相助时,互感电压取正,否则取负。互感电压的正、负:

(1)与电流的参考方向有关。

(2)与线圈的相对位置和绕向有关。

8.1.4 互感线圈的同名端

对于自感线圈,如图 8-1-2 所示,当其电压 u 和电流 i 取关联参考方向,u、i 与 Φ 符合右手螺旋定则,其表达式为:

$$u_{11} = \frac{\mathrm{d}\Psi_{11}}{\mathrm{d}t} = N_1 \frac{\mathrm{d}\Phi_{11}}{\mathrm{d}t} = L_1 \frac{\mathrm{d}i_1}{\mathrm{d}t}$$

上式说明,对于自感电压,由于电压电流为同一线圈上的物理量,只要参考方向确定了,其数学描述便可容易地写出,可不用考虑线圈绕向。

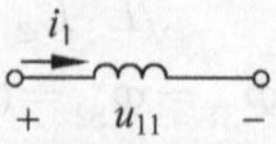

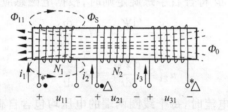

图 8-1-2　电感线圈的 VCR

对于互感线圈,由于其电压是由另一个线圈上的电流通过互感感应产生的,因此,要确定其符号,就必须清楚两个线圈的绕向。这在电路分析中很不方便。为解决这个问题引入同名端的概念。

1. 同名端的概念

当两个电流分别从两个线圈的对应端子同时流入或流出时,若所产生的磁通相互加强,则这两个对应端子称为两互感线圈的同名端。同名端用相同的符号表示,在图 8-1-3 中,·与·、△与△、*与*均为同名端。

图 8-1-3　电感线圈的同名端

由此可见,线圈的同名端是成对出现的,因此必须两两确定。

2. 确定同名端的方法

(1) 当两个线圈中电流同时由同名端流入(或流出)时,两个电流产生的磁场相互增强。如图 8-1-4(a)所示,当端子 1 中通入交流电流 i 时,所产生的磁场与端子 2 中通入电流所产生的磁场相互增强,二者为同名端;同理 $1'$ 与 $2'$ 为同名端。同样可以判断,在图 8-1-4(b)中,1 与 $2'$、1 与 $3'$ 为同名端;2 与 $3'$ 为同名端。

微课 28　互感的概念

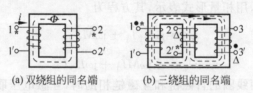

(a) 双绕组的同名端　　　(b) 三绕组的同名端

图 8-1-4　同名端的确定

(2) 当随时间增大的时变电流从一线圈的一端流入时,将会引起另一线圈相应同名端的电位升高。

8.1.5　同名端的应用

有了同名端,在表示两个线圈相互作用时,就不需考虑实际绕向,而只需要画出同名端

及 u、i 参考方向,便可确定互感线圈的特性方程。如图 8-1-5(a)所示,由于同名端的作用是相互增强的,因此电流 i_1 流过线圈 1 时,经过互感 M 作用在线圈 2 上的电压与图中的参考方向一致,因此,

$$u_{21} = M \frac{\mathrm{d}i_1}{\mathrm{d}t}$$

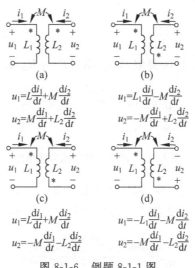

(a) 一致的参考方向   (b) 不一致的参考方向

图 8-1-5 同名端的作用

同理,对于图 8-1-5(b),当电流 i_1 流过线圈 1 时,经过互感 M 作用在线圈 2 上的电压与图中的参考方向相反,因此,

$$u_{21} = -M \frac{\mathrm{d}i_1}{\mathrm{d}t}$$

【例题 8-1-1】 写出如图 8-1-6 所示电路的电压、电流关系式。

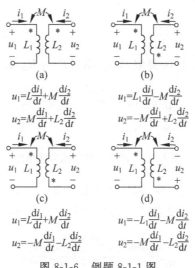

(a)

$$u_1 = L_1 \frac{\mathrm{d}i_1}{\mathrm{d}t} + M \frac{\mathrm{d}i_2}{\mathrm{d}t}$$
$$u_2 = M \frac{\mathrm{d}i_1}{\mathrm{d}t} + L_2 \frac{\mathrm{d}i_2}{\mathrm{d}t}$$

(b)

$$u_1 = L_1 \frac{\mathrm{d}i_1}{\mathrm{d}t} - M \frac{\mathrm{d}i_2}{\mathrm{d}t}$$
$$u_2 = -M \frac{\mathrm{d}i_1}{\mathrm{d}t} + L_2 \frac{\mathrm{d}i_2}{\mathrm{d}t}$$

(c)

$$u_1 = L_1 \frac{\mathrm{d}i_1}{\mathrm{d}t} + M \frac{\mathrm{d}i_2}{\mathrm{d}t}$$
$$u_2 = -M \frac{\mathrm{d}i_1}{\mathrm{d}t} - L_2 \frac{\mathrm{d}i_2}{\mathrm{d}t}$$

(d)

$$u_1 = -L_1 \frac{\mathrm{d}i_1}{\mathrm{d}t} - M \frac{\mathrm{d}i_2}{\mathrm{d}t}$$
$$u_2 = -M \frac{\mathrm{d}i_1}{\mathrm{d}t} - L_2 \frac{\mathrm{d}i_2}{\mathrm{d}t}$$

图 8-1-6 例题 8-1-1 图

微课 29 互感电压的计算

8.2 耦合电感的等效

8.2.1 耦合电感的串联

1. 顺接串联

如图 8-2-1(a)所示,当电流 i 流过串联电路时,根据串联电路的电压关系或 KVL 方程,列写该电路的 VCR:

$$u = R_1 i + L_1 \frac{\mathrm{d}i}{\mathrm{d}t} + M \frac{\mathrm{d}i}{\mathrm{d}t} + L_2 \frac{\mathrm{d}i}{\mathrm{d}t} + M \frac{\mathrm{d}i}{\mathrm{d}t} + R_2 i$$

$$= (R_1 + R_2) i + (L_1 + L_2 + 2M) \frac{\mathrm{d}i}{\mathrm{d}t}$$

$$= Ri + L\frac{di}{dt} \tag{8-2-1}$$

其中，$R = R_1 + R_2$，$L = L_1 + L_2 + 2M$。

由式(8-2-1)可得等效电路如图 8-2-1(b)所示。

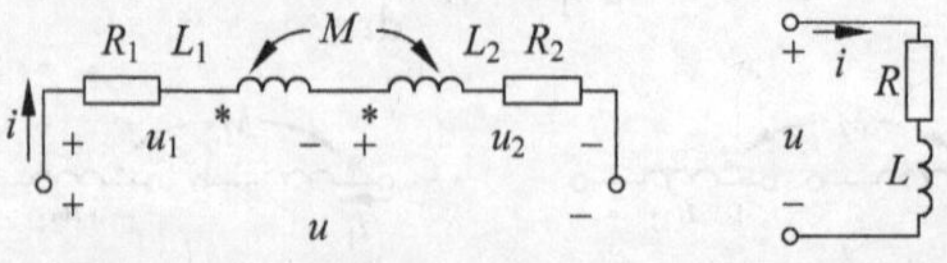

(a) 耦合电感顺接串联电路   (b) 等效电路

图 8-2-1   耦合电感顺接串联电路及其等效电路

2. 反接串联

如图 8-2-2 所示的耦合电感反接串联电路，列写该电路的 VCR：

$$u = R_1 i + L_1\frac{di}{dt} - M\frac{di}{dt} + L_2\frac{di}{dt} - M\frac{di}{dt} + R_2 i$$

$$= (R_1 + R_2)i + (L_1 + L_2 - 2M)\frac{di}{dt}$$

$$= Ri + L\frac{di}{dt}$$

由此得到的等效电路与图 8-2-1(b)类似，其中，$R = R_1 + R_2$，$L = L_1 + L_2 - 2M$。

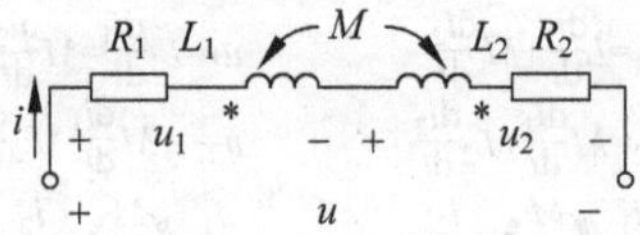

图 8-2-2   耦合电感反接串联电路

需要注意的是，该电路参数需要满足：$L = L_1 + L_2 - 2M \geqslant 0$，即 $M \leqslant (L_1 + L_2)/2$。
在正弦激励下画出与图 8-2-2 相对应的相量形式的电路，如图 8-2-3 所示。

图 8-2-3   耦合电感电路的相量形式

电路的相量方程为

$$\dot{U} = (R_1 + R_2)\dot{I} + j\omega(L_1 + L_2 + 2M)\dot{I} \quad (\text{※ 为同名端})$$

$$\dot{U} = (R_1 + R_2)\dot{I} + j\omega(L_1 + L_2 - 2M)\dot{I} \quad (\text{• 为同名端})$$

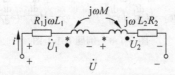

【*2017-10】 如图 8-2-4 所示二端电路的等效阻抗为（   ）。

A. $j\omega(L_1 + L_2 + 2M)$ B. $j\omega(L_1 + L_2 - 2M)$

C. $j\omega(L_1 + L_2)$ D. $j\omega(L_1 - L_2)$

【解】 B

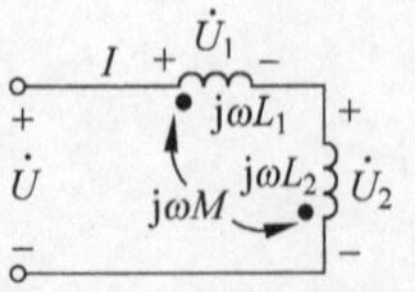

图 8-2-4   *2017-10 题图

电路中含有耦合电感,其连接方式为反接串联,因此两个耦合电感的去耦等效电感为:

$$L = L_1 + L_2 - 2M$$

等效阻抗为

$$Z_{eq} = j\omega(L_1 + L_2 - 2M)$$

8.2.2　耦合电感的并联

1. 同侧并联

当两个耦合电感并联,且同名端在并联电路的同侧时,如图 8-2-5(a)所示,根据电路的连接及同名端,列写该电路的 VCR。

电感 L_1 两端电压: $u = L_1 \dfrac{di_1}{dt} + M \dfrac{di_2}{dt}$;

电感 L_2 两端电压: $u = L_2 \dfrac{di_2}{dt} + M \dfrac{di_1}{dt}$;

电路中的总电流: $i = i_1 + i_2$。

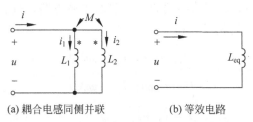

(a) 耦合电感同侧并联　　　　　(b) 等效电路

图 8-2-5　耦合电感同侧并联电路及其等效电路

根据以上关系,可以解得并联电路中总电压 u 和总电流 i 的关系:

$$u = \frac{(L_1 L_2 - M^2)}{L_1 + L_2 - 2M} \frac{di}{dt}$$

对应可以写出耦合电感电路的等效电感:

$$L_{eq} = \frac{(L_1 L_2 - M^2)}{L_1 + L_2 - 2M} \geqslant 0$$

等效电路如图 8-2-5(b)所示。在全耦合的情况下,即 $L_1 L_2 = M^2$。如果 $L_1 \neq L_2$,那么,$L_{eq} = 0$,此时耦合电感相当于短路;如果 $L_1 = L_2 = L$,那么 $L_{eq} = L$,此时相当于导线加粗,电感不变。

2. 异侧并联

当两个耦合电感并联,且同名端在并联电路的异侧时,如图 8-2-6 所示,根据电路的连接及同名端,列写该电路的 VCR。

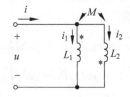

图 8-2-6　耦合电感异侧并联电路

电感 L_1 两端电压：$u = L_1 \dfrac{\mathrm{d}i_1}{\mathrm{d}t} - M \dfrac{\mathrm{d}i_2}{\mathrm{d}t}$；

电感 L_2 两端电压：$u = L_2 \dfrac{\mathrm{d}i_2}{\mathrm{d}t} - M \dfrac{\mathrm{d}i_1}{\mathrm{d}t}$；

电路中的总电流：$i = i_1 + i_2$。

根据以上关系，可以解得并联电路中总电压 u 和总电流 i 的关系：

$$u = \frac{(L_1 L_2 - M^2)}{L_1 + L_2 + 2M} \frac{\mathrm{d}i}{\mathrm{d}t}$$

可对应得出异侧并联的两个耦合电感的等效电感：

$$L_{\mathrm{eq}} = \frac{(L_1 L_2 - M^2)}{L_1 + L_2 + 2M} \geqslant 0$$

8.2.3 耦合电感的 T 形等效

1. 同名端为共端的 T 形去耦等效

如图 8-2-7(a)所示的同名端为共端的 T 形耦合电感电路，根据电路的连接及同名端，列写该电路各端电压及电流的相量方程：

$$\dot{U}_{13} = \mathrm{j}\omega L_1 \dot{I}_1 + \mathrm{j}\omega M \dot{I}_2$$

$$\dot{U}_{23} = \mathrm{j}\omega L_2 \dot{I}_2 + \mathrm{j}\omega M \dot{I}_1$$

$$\dot{I} = \dot{I}_1 + \dot{I}_2$$

分别将电压表达式中的电流用同侧支路中的电流表示：

$$\dot{U}_{13} = \mathrm{j}\omega (L_1 - M)\dot{I}_1 + \mathrm{j}\omega M \dot{I}$$

$$\dot{U}_{23} = \mathrm{j}\omega (L_2 - M)\dot{I}_2 + \mathrm{j}\omega M \dot{I}$$

根据方程，可将电路去耦等效，电路如图 8-2-7(b)所示。

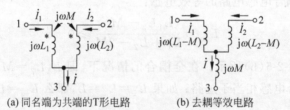

(a) 同名端为共端的T形电路　　(b) 去耦等效电路

图 8-2-7　同名端为共端的 T 形电路及其去耦等效电路

2. 异名端为共端的 T 形去耦等效

同样，如图 8-2-8(a)所示，当耦合电感接成异名端为共端的 T 形电路时，根据电路的连接及同名端，列写该电路的相量方程：

$$\dot{U}_{13} = \mathrm{j}\omega L_1 \dot{I}_1 - \mathrm{j}\omega M \dot{I}_2$$

$$\dot{U}_{23} = \mathrm{j}\omega L_2 \dot{I}_2 - \mathrm{j}\omega M \dot{I}_1$$

$$\dot{I} = \dot{I}_1 + \dot{I}_2$$

分别将电压表达式中的电流用同侧支路中的电流表示：

$$\dot{U}_{13} = j\omega(L_1 + M)\dot{I}_1 - j\omega M\dot{I}$$

$$\dot{U}_{23} = j\omega(L_1 + M)\dot{I}_2 - j\omega M\dot{I}$$

根据方程，可将电路去耦等效，电路如图 8-2-8(b)所示。

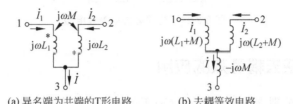

(a) 异名端为共端的T形电路 (b) 去耦等效电路

图 8-2-8 异名端为共端的 T 形电路及其去耦等效电路

【例题 8-2-1】 画出如图 8-2-9 所示电路的去耦等效电路。

【解】

根据同侧并联的去耦等效，可得图 8-2-10 所示的等效电路。

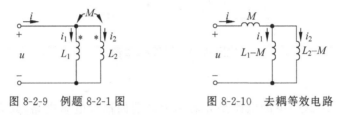

图 8-2-9 例题 8-2-1 图 图 8-2-10 去耦等效电路

对于如图 8-2-11(a)所示存在磁的耦合，但不存在电路连接的两部分电路，可将其视为如图 8-2-11(b)所示的共负极电路。很显然，这是同名端为共端的 T 形电路，根据去耦等效的方法可得其去耦等效电路如图 8-2-11(c)所示。

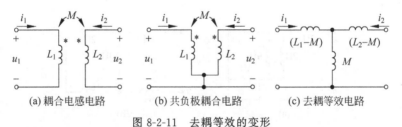

(a) 耦合电感电路 (b) 共负极耦合电路 (c) 去耦等效电路

图 8-2-11 去耦等效的变形

8.2.4 受控源等效电路

同样是图 8-2-11(a)的电路，列出电路的相量方程：

$$\dot{U}_1 = j\omega L_1\dot{I}_1 + j\omega M\dot{I}_2$$

$$\dot{U}_2 = j\omega L_2\dot{I}_2 + j\omega M\dot{I}_1$$

根据电路的相量方程，可将电路等效为如图 8-2-12 所示的去耦电路，其中的耦合电感部分产生的电压可用受控电压源等效。

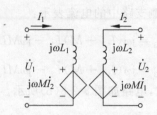

图 8-2-12　受控源去耦等效电路

8.2.5　电感去耦等效的应用

【例题 8-2-2】　分别求图 8-2-13(a)、(b)所示电路的等效电感 L_{eq}。

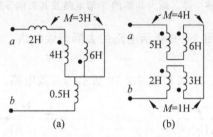

(a)　　　　　(b)

图 8-2-13　例题 8-2-2 图

【解】

经分析,图 8-2-13(a)中的电路是异名端为共端的耦合电感电路,其去耦等效电路如图 8-2-14(a)所示。由此可得等效电感:$L_{ab}=5H$。

图 8-2-13(b)中的电路存在两部分耦合电感:上半部分是同名端为共端的耦合电路,下半部分是异名端为共端的耦合电路。其去耦等效电路如图 8-2-14(b)所示。由此可得等效电感:$L_{ab}=6H$。

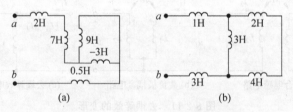

(a)　　　　　(b)

图 8-2-14　例题 8-2-2 去耦等效电路

【*2014-21】　如图 8-2-15 所示电路的等效阻抗为(　　)。

A. j3　　　　　B. j2　　　　　C. j4　　　　　D. j6

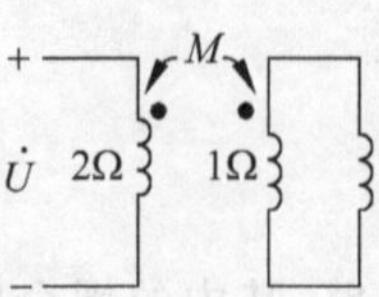

【解】　A

分别针对两个回路列出电压、电流的相量方程:

$$\begin{cases} \dot{U}=j2\dot{I}_1+j\dot{I}_2 \\ j3\dot{I}_2=j\dot{I}_2+j2\dot{I}_1 \end{cases}$$

图 8-2-15　*2014-21 题图

可以得到：

$$\frac{\dot{U}}{\dot{I}_1} = \mathrm{j}3$$

因此,电路的等效阻抗为 j3。

8.3 互感电路的计算

在正弦稳态情况下,存在互感电路的计算,仍应用前面介绍的相量分析方法。首先将所有的正弦量转换为相量形式,一般采用支路电流法和回路电流法列写其相量方程。在列写方程的过程中,还需注意互感线圈上的电压除自感电压外,还应包含互感电压。互感电压的正负号根据同名端判断。

【例题 8-3-1】 列写如图 8-3-1 所示电路的回路电流方程。

【解】

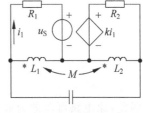

图 8-3-1 例题 8-3-1 图

选 3 个网孔为回路,自左至右的两个网孔分别为回路 1 和回路 2,下方的网孔为回路 3。回路电流均取顺时针的方向。

将上述电路转换成相量形式后,列出相量方程得：

$$(R_1 + \mathrm{j}\omega L_1)\dot{I}_1 - \mathrm{j}\omega L_1 \dot{I}_3 + \mathrm{j}\omega M(\dot{I}_2 - \dot{I}_3) = -\dot{U}_S$$

$$(R_2 + \mathrm{j}\omega L_2)\dot{I}_2 - \mathrm{j}\omega L_2 \dot{I}_3 + \mathrm{j}\omega M(\dot{I}_1 - \dot{I}_3) = k\dot{I}_1$$

$$\left(\mathrm{j}\omega L_1 + \mathrm{j}\omega L_2 - \mathrm{j}\frac{1}{\omega C}\right)\dot{I}_3 - \mathrm{j}\omega L_1 \dot{I}_1 - \mathrm{j}\omega L_2 \dot{I}_2 + \mathrm{j}\omega M(\dot{I}_3 - \dot{I}_1) + \mathrm{j}\omega M(\dot{I}_3 - \dot{I}_2) = 0$$

【例题 8-3-2】 求如图 8-3-2 所示电路的开路电压。

【解 1】 直接列写电路的相量关系。

由于电路为开路,如图 8-3-3 所示,只有左侧回路中有电流流过。

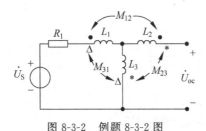

图 8-3-2 例题 8-3-2 图

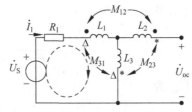

图 8-3-3 电流的回路

(1) 计算电流相量 $\dot{I}_1$。

$$\dot{I}_1 = \frac{\dot{U}_S}{R_1 + \mathrm{j}\omega(L_1 + L_3 - 2M_{31})}$$

(2) 由 $\dot{I}_1$ 计算电压相量 $\dot{U}_{oc}$。

$$\dot{U}_{oc} = \mathrm{j}\omega M_{12}\dot{I}_1 - \mathrm{j}\omega M_{23}\dot{I}_1 - \mathrm{j}\omega M_{31}\dot{I}_1 + \mathrm{j}\omega L_3 \dot{I}_1 = \frac{\mathrm{j}\omega(L_3 + M_{12} - M_{23} - M_{31})\dot{U}_S}{R_1 + \mathrm{j}\omega(L_1 + L_3 - 2M_{31})}$$

【解2】 对于如图 8-3-4(a)所示的耦合部分,采用去耦等效的方法,进行一对一对消,逐步画出原电路的去耦等效电路:

(1) 消去上半部分的耦合 M_{12} 如图 8-3-4(b)所示;

(2) 消去右侧的耦合 M_{23} 如图 8-3-4(c)所示;

(3) 消去左侧的耦合 M_{31} 如图 8-3-4(d)所示。

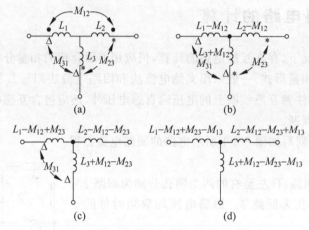

图 8-3-4 耦合电感的去耦等效过程

因此,原电路可等效为如图 8-3-5 所示的电路。

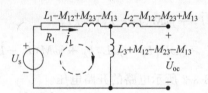

图 8-3-5 例题 8-3-2 去耦等效电路

在该电路中计算电流相量 $\dot{I}_1$:

$$\dot{I}_1 = \frac{\dot{U}_S}{R_1 + j\omega(L_1 + L_3 - 2M_{31})}$$

电压相量 $\dot{U}_{oc}$ 为

$$\dot{U}_{oc} = \frac{j\omega(L_3 + M_{12} - M_{23} - M_{31})\dot{U}_S}{R_1 + j\omega(L_1 + L_3 - 2M_{31})}$$

与解 1 中的方法的结果一致。

微课 30 互感
电路分析

【*2014-16】 如图 8-3-6 所示,有一变压器将 100V 电压升高到 3000V,现将一导线绕过其铁芯,并接以电压表,此电压表的读数是 0.5V,则此变压器原边绕组的匝数和副边绕组的匝数分别为(设变压器是理想的)( )。

A. 100,3000　　　　B. 200,6000　　　　C. 50,1500　　　　D. 1,30

【解】 B

电压表测的一匝线圈的电压为 0.5V,所以 100V 电压需要 200 匝,3000V 电压需要 6000 匝。

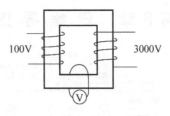

图 8-3-6　 *2014-16 题图

8.4　本章小结

　　本章介绍了互感、耦合系数、同名端等概念,分析了耦合电感两端的电压由两部分组成:一部分是电流通过其自身自感产生的自感电压,另一部分是通过互感耦合的互感电压。此外,当电压、电流为关联参考方向时,自感电压始终为正;而互感电压的正负号需要根据同名端的位置及电压、电流的参考方向判断。在互感的相关概念基础上,对含有耦合的电感串联、并联、T 形等效电路等进行了去耦等效,进而计算了含有耦合互感的电路。其方法有两种:一种是根据互感电压的计算方法,带着耦合部分列写电路方程;另一种方法是根据等效的思想,将原电路进行去耦等效,在不含耦合的电路中计算。对于正弦交流电路,为便于计算,可利用相量分析法列写方程。

第 8 章　思 维 导 图

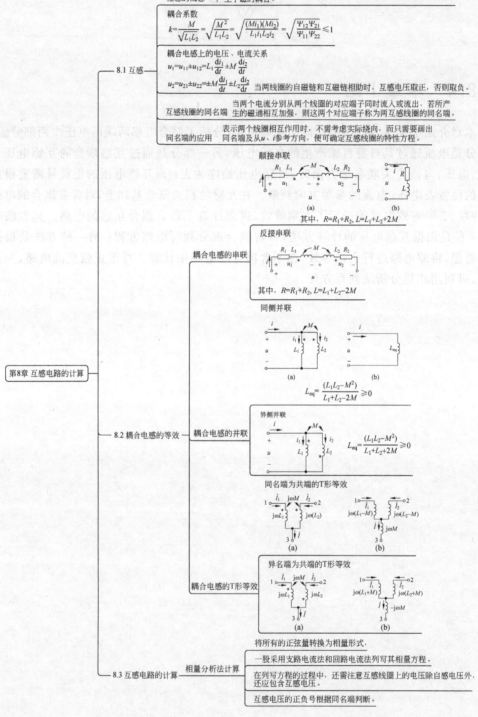

互感的概念　线圈1中通入电流 i_1 时，根据法拉第电磁感应电律，在线圈1中将会产生磁通。同时，由于线圈2也同时缠绕在铁芯上，将会有部分磁通穿过线圈2，这部分磁通称为线圈1和线圈2之间的互感磁通，使得两线圈之间产生了磁的耦合。

8.1 互感

耦合系数
$$k=\frac{M}{\sqrt{L_1L_2}}=\sqrt{\frac{M^2}{L_1L_2}}=\sqrt{\frac{(Mi_1)(Mi_2)}{L_1i_1L_2i_2}}=\sqrt{\frac{\Psi_{12}\Psi_{21}}{\Psi_{11}\Psi_{22}}}\leqslant 1$$

耦合电感上的电压、电流关系
$$u_1=u_{11}\pm u_{12}=L_1\frac{di_1}{dt}\pm M\frac{di_2}{dt}$$
$$u_2=u_{21}\pm u_{22}=\pm M\frac{di_1}{dt}\pm L_2\frac{di_2}{dt}$$　当两线圈的自磁链和互磁链相助时，互感电压取正，否则取负。

互感线圈的同名端　当两个电流分别从两个线圈的对应端子同时流入或流出，若所产生的磁通相互加强，则这两个对应端子称为两互感线圈的同名端。

同名端的应用　表示两个线圈相互作用时，不需考虑实际绕向，而只需要画出同名端及从 u、i 参考方向，便可确定互感线圈的特性方程。

第8章 互感电路的计算

8.2 耦合电感的等效

耦合电感的串联

顺接串联

其中，$R=R_1+R_2$，$L=L_1+L_2+2M$

反接串联

其中，$R=R_1+R_2$，$L=L_1+L_2-2M$

耦合电感的并联

同侧并联
$$L_{eq}=\frac{(L_1L_2-M^2)}{L_1+L_2-2M}\geqslant 0$$

异侧并联
$$L_{eq}=\frac{(L_1L_2-M^2)}{L_1+L_2+2M}\geqslant 0$$

耦合电感的T形等效

同名端为共端的T形等效

异名端为共端的T形等效

8.3 互感电路的计算

相量分析法计算　将所有的正弦量转换为相量形式，

一般采用支路电流法和回路电流法列写其相量方程。

在列写方程的过程中，还需注意互感线圈上的电压除自感电压外，还应包含互感电压。

互感电压的正负号根据同名端判断。

习　题

8-1　试确定如题 8-1 图所示耦合线圈的同名端。

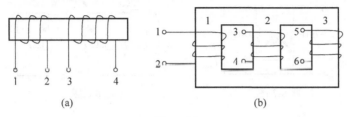

题 8-1 图

8-2　求如题 8-2 图所示各电路的输入阻抗 $Z(\omega = 1\text{rad/s})$。

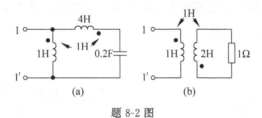

题 8-2 图

8-3　在如题 8-3 图所示的电路中，$L_1 = 6\text{H}, L_2 = 3\text{H}, M = 4\text{H}$。试求从端子 1、2 看进去的等效电感。

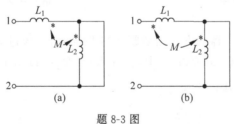

题 8-3 图

8-4　求如题 8-4 图所示互感电路的等效阻抗 Z_{ab}。

8-5　如题 8-5 图所示的电路，L_1 接通频率为 500Hz 的正弦电源时，电流表读数为 1A，电压表读数为 31.4V。试求两线圈的互感系数 M。

8-6　已知如题 8-6 图所示电路中 $\omega = 1000\text{rad/s}, R = 5\Omega, L_1 = L_2 = 10\text{mH}, C = 500\mu\text{F}, M = 2\text{mH}$。求入端阻抗 Z。

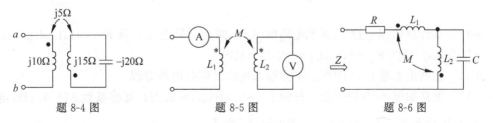

题 8-4 图　　　　题 8-5 图　　　　题 8-6 图

8-7   在如题 8-7 图所示的电路中,耦合系数 $K=0.9$,求电路的输入阻抗(设角频率 $\omega=2\mathrm{rad/s}$)。

8-8   含互感元件的相量模型电路如题 8-8 图所示,已知 $\dot{U}_\mathrm{S}=10\angle0°\mathrm{V}$,求 $\dot{I}_1$。

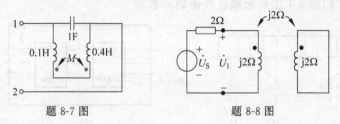

题 8-7 图   题 8-8 图

8-9   如题 8-9 图所示的电路,已知 $i_\mathrm{S}=2\sin(10)t\,\mathrm{A},L_1=0.3\mathrm{H},L_2=0.5\mathrm{H},M=0.1\mathrm{H}$,求电压 u。

8-10   求如题 8-10 图所示二端电路的戴维南等效电路。已知 $\omega L_1=\omega L_2=10\Omega,\omega M=5\Omega,R_1=R_2=6\Omega,\dot{U}_1=60\angle0°\mathrm{V}$。

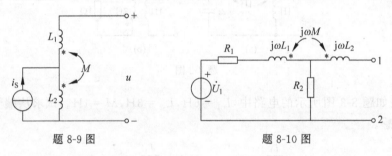

题 8-9 图   题 8-10 图

8-11   电路中理想变压器的电路图如题 8-11 图所示,求流过 R_2 的电流。

8-12   在如题 8-12 图所示的电路中,已知 $R_1=R_2=1\Omega,\omega L_1=3\Omega,\omega L_2=2\Omega,\omega M=2\Omega,\dot{U}_\mathrm{S}=10\angle0°\mathrm{V}$,求电路中的电流 $\dot{I}_1$。

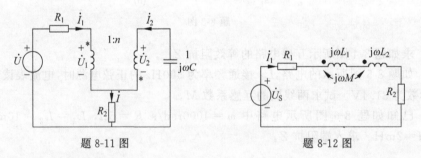

题 8-11 图   题 8-12 图

8-13   试计算如题 8-13 图所示电路中 A、B 两点间的电压。设 $R_1=12\Omega,\omega L_1=12\Omega,\omega L_2=10\Omega,\omega M=6\Omega,R_3=8\Omega,\omega L_3=6\Omega,U=120\mathrm{V}$。

8-14   试列出如题 8-14 图所示正弦稳态电路的网孔电流方程。

8-15   电路如题 8-15 图所示。已知 $L_1=0.1\mathrm{H},L_2=0.2\mathrm{H}$,互感系数 $M=0.1\mathrm{H}$,电容 $C=2000\mu\mathrm{F}$,角频率 $\omega=100\mathrm{rad/s}$,试求电流 $\dot{I}_1$ 和 $\dot{I}_2$。

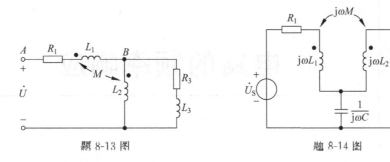

题 8-13 图　　　　　　　　题 8-14 图

8-16　在题 8-16 图所示电路中,已知 $R = 50\Omega, L_1 = 0.7\mathrm{H}, L_2 = 0.25\mathrm{H}, M = 0.25\mathrm{H},$ $C = 10\mu\mathrm{F}, \dot{U}_\mathrm{S} = 50\angle 0°\mathrm{V}, \omega = 1000\mathrm{rad/s}$。求电流 $\dot{I}_1$、$\dot{I}_2$ 及 $\dot{I}_\mathrm{C}$。

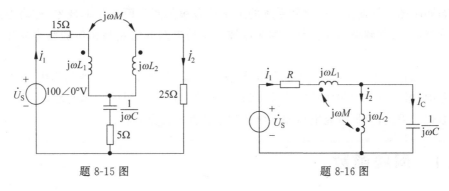

题 8-15 图　　　　　　　　题 8-16 图

8-17　在如题 8-17 图所示含有耦合电感的电路中,已知 $R_1 = R_2 = 4\Omega, L_1 = 5\mathrm{mH},$ $L_2 = 8\mathrm{mH}, M = 3\mathrm{mH}, C = 50\mu\mathrm{F}, \dot{U}_\mathrm{S} = 100\angle 0°\mathrm{V}$,电源角频率 $\omega = 2000\mathrm{rad/s}$。试求:

(1) 电流 $\dot{I}_1$;

(2) 电阻 R_2 所消耗的平均功率。

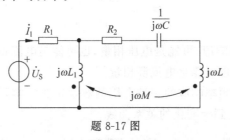

题 8-17 图

8-18　含理想变压器的电路如题 8-18 图所示,已知 $\dot{I}_\mathrm{S} = 5\angle 0°\mathrm{A}$,试求电源电压 $\dot{U}$。

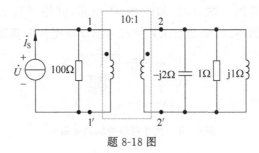

题 8-18 图

图 8-16 由题意可知,由图 8-14 所示的电路 $R = 50\Omega$, $L = 1$H , $C = 0.2$H ,

第9章 电路的频率响应

CHAPTER 9

电路的频率响应

当电路中激励源的频率变化时,电路中的感抗、容抗将跟随频率变化,从而导致电路的工作状态亦跟随频率变化。电路和系统的工作状态跟随频率而变化的现象,称为电路和系统的频率特性,又称频率响应。频率响应可被看作是电路的增益与相位随频率变化而发生的变化。

在实际工程应用中,线性正弦稳态电路的频率响应起到了非常重要的作用。比如,在电子滤波器中,根据电路的频率响应特性,阻止或消除电路中无用的频率信号,而让有用的频率信号通过。因此,分析研究电路和系统的频率特性非常重要。

9.1 网络函数

9.1.1 网络函数 $H(j\omega)$ 的定义

在线性正弦稳态网络中,当只有一个独立激励源作用时,网络中某一处随着频率变化的响应(电压或电流)与网络输入之比,称为该响应的网络函数。

$$H(j\omega) \overset{\text{def}}{=} \frac{\dot{R}(j\omega)}{\dot{E}(j\omega)}$$

其中,$\dot{R}(j\omega)$ 为输出端口的响应,可能是电压相量,也可能是电流相量;$\dot{E}(j\omega)$ 为输入端口的激励,可能是电压源相量,也可能是电流源相量。

网络函数是分析电路频率响应的一种有用的数学工具。实际上,电路的频率响应就是网络函数 $H(j\omega)$ 随 ω 由 0 到 ∞ 变化的关系曲线。

9.1.2 网络函数 $H(j\omega)$ 的物理意义

当输入端与输出端是同一端口时,如图 9-1-1 所示,网络函数 $H(j\omega)$ 又称为驱动点函数。根据激励源与响应的不同,驱动点函数体现为驱动点阻抗和驱动点导纳。

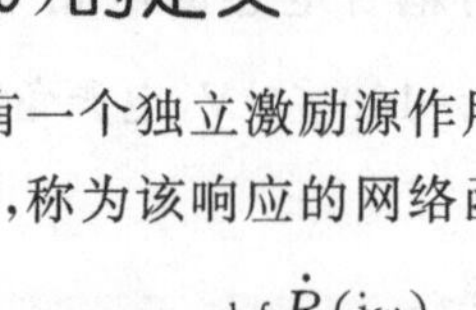

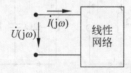

图 9-1-1 线性网络的驱动点函数

当激励是电流源、响应是电压时，

$$H(j\omega) = \frac{\dot{U}(j\omega)}{\dot{I}(j\omega)}$$

此时的 $H(j\omega)$ 为驱动点阻抗。

当激励是电压源、响应是电流时，

$$H(j\omega) = \frac{\dot{I}(j\omega)}{\dot{U}(j\omega)}$$

此时的 $H(j\omega)$ 为驱动点导纳。

当输入端与输出端是不同的端口时，如图 9-1-2 所示，网络函数 $H(j\omega)$ 又称为转移函数。根据激励源与响应的不同，转移函数也不同。

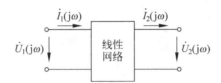

图 9-1-2　线性网络的转移函数

当激励是电压源时，

$$H(j\omega) = \frac{\dot{I}_2(j\omega)}{\dot{U}_1(j\omega)} \text{为转移导纳}, \quad H(j\omega) = \frac{\dot{U}_2(j\omega)}{\dot{U}_1(j\omega)} \text{为转移电压比}$$

当激励是电流源时，

$$H(j\omega) = \frac{\dot{U}_2(j\omega)}{\dot{U}_1(j\omega)} \text{为转移阻抗}, \quad H(j\omega) = \frac{\dot{I}_2(j\omega)}{\dot{I}_1(j\omega)} \text{为转移电流比}$$

对于网络函数，需要注意以下几点：

(1) $H(j\omega)$ 不仅与网络的结构、参数值有关，还与输入、输出变量的类型以及端口对的相互位置有关，但与输入、输出幅值无关。因此网络函数是网络性质的一种体现。

(2) $H(j\omega)$ 是一个复数，它的频率特性分为两部分：

第一部分是幅频特性 $|H(j\omega)| \sim \omega$，体现了 $H(j\omega)$ 的模与频率的关系；

第二部分是相频特性 $\varphi(j\omega) \sim \omega$，体现了 $H(j\omega)$ 的辐角与频率的关系。

(3) 网络函数可以用相量法中任一分析求解方法获得。

【例题 9-1-1】 求图 9-1-3 所示电路的网络函数 $\dot{I}_2/\dot{U}_S$ 和 $\dot{U}_L/\dot{U}_S$。

【解】

选择两个网孔，如图 9-1-3 所示，网孔电流分别为 $\dot{I}_1$ 和 $\dot{I}_2$，其中第 2 个网孔的电流即为输出电流 $\dot{I}_2$。网孔电流的方向均为顺时针方向，列写网孔电流方程：

$$\begin{cases} (2+j\omega)\dot{I}_1 - 2\dot{I}_2 = \dot{U}_S \\ -2\dot{I}_1 + (4+j\omega)\dot{I}_2 = 0 \end{cases}$$

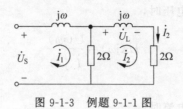

图 9-1-3　例题 9-1-1 图

通过求解方程组计算得到电流 $\dot{I}_2$：

$$\dot{I}_2 = \frac{2\dot{U}_S}{4 + (j\omega)^2 + j6\omega}$$

由此可以计算：

转移导纳

$$\frac{\dot{I}_2}{\dot{U}_S} = \frac{2}{4 - \omega^2 + j6\omega}$$

转移电压比

$$\frac{\dot{U}_L}{\dot{U}_S} = \frac{j2\omega}{4 - \omega^2 + j6\omega}$$

在计算网络函数时，以网络函数中 $j\omega$ 的最高次方的次数定义网络函数的阶数。由网络函数能求得网络在任意正弦输入时的端口正弦响应，即有

$$H(j\omega) = \frac{\dot{R}(j\omega)}{\dot{E}(j\omega)} \rightarrow \dot{R}(j\omega) = H(j\omega)\dot{E}(j\omega)$$

9.2　RLC 串联电路的谐振

谐振是正弦电路在特定条件下产生的一种特殊物理现象。如图 9-2-1 所示，在含有 R、L、C 的二端电路，若在特定条件下出现端口电压、电流同相位的现象，则称电路发生了谐

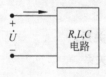

图 9-2-1 RLC 二端电路

振。此时，电路呈阻性，即 $\dot{U}/\dot{I} = Z = R$。

谐振现象是电路的一种客观存在的现象，研究它的目的是充分认识它之后，在生产实践中尽可能多地利用它，并预防它所产生的危害。谐振现象在无线电和电工技术中得到广泛应用，研究电路中的谐振现象有重要实际意义。

9.2.1　RLC 串联谐振的条件

在串联电路中发生的谐振现象称为串联谐振。串联谐振是串联电路的一种特殊工作状态。以如图 9-2-2(a)所示的 RLC 串联电路为例，电路中的各物理量以相量形式表示，则串联电路的阻抗：

$$Z = R + j\left(\omega L - \frac{1}{\omega C}\right) = R + j(X_L - X_C) = R + jX$$

画出该 RLC 串联电路的相量图,如图 9-2-2(b)所示。当 $X_L = X_C$ 时电路将呈现纯电阻性质,即电路发生了谐振。此时,由于 $X = X_L - X_C = 0$,可得

$$\omega_0 L = \frac{1}{\omega_0 C}$$

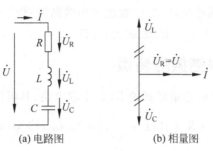

(a) 电路图　　　(b) 相量图

图 9-2-2 串联谐振

因此,发生谐振条件是谐振角频率:

$$\omega_0 = \frac{1}{\sqrt{LC}} \tag{9-2-1}$$

此时的频率 f_0 称为谐振频率:

$$f_0 = \frac{1}{2\pi\sqrt{LC}} \tag{9-2-2}$$

即当角频率 ω 或频率 f 与电路参数 L 及 C 分别满足式(9-2-1)或式(9-2-2)时,电路就会发生谐振。

基于以上分析,若要在串联电路中实现谐振,可通过以下两种方式:

(1) L、C 不变,改变 ω。

根据式(9-2-1),ω_0 是由电路参数决定,一个 RLC 串联电路只有一个对应的 ω_0,当外加电源频率等于谐振频率时,电路发生谐振。

(2) 电源频率不变,改变 L 或 C(常改变 C)。

【*2013-7】 有一个由 $R = 3\text{k}\Omega$、$L = 4\text{H}$ 和 $C = 1\mu\text{F}$ 3 个元件串联构成的电路,若电路振荡,则振荡频率应为( )。

A. 331rad/s　　　　B. 500rad/s　　　　C. 375rad/s　　　　D. 750rad/s

【解】 B

由串联谐振条件可得:$\omega = \dfrac{1}{\sqrt{LC}} = 500\text{rad/s}$。

【*2013-22】 在如图 9-2-3 所示电路中,$u = 12\sin\omega t$ V,$i = 2\sin\omega t$ A,$\omega = 2000\text{rad/s}$,无源二端网络 N 可以看作是电阻 R 与电容 C 相串联,则 R 与 C 应分别为( )。

A. $2\Omega,0.250\mu\text{F}$　　B. $3\Omega,0.125\mu\text{F}$　　C. $4\Omega,0.250\mu\text{F}$　　D. $4\Omega,0.500\mu\text{F}$

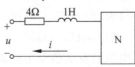

图 9-2-3 *2013-22 题图

【解】 A

由题目中的条件可知:

$$U = \frac{12}{\sqrt{2}} \angle 0° \text{V}, \quad I = \sqrt{2} \angle 0° \text{A}$$

电路中的电压与电流同相位,L 与 C 发生了串联谐振,则 $C = 0.250\mu\text{F}$。

电路中的总电阻 $R_{\text{总}} = 6 = 4 + R$,因此 $R = 2\Omega$。

9.2.2 RLC 串联谐振的特点

对于如图 9-2-4(a)所示的相量形式的 RLC 串联电路,其阻抗的频率特性:

$$Z = R + \text{j}\left(\omega L - \frac{1}{\omega C}\right) = |Z(\omega)| \angle \varphi(\omega)$$

其中,阻抗的模 $|Z(\omega)| = \sqrt{R^2 + \left(\omega L - \frac{1}{\omega C}\right)^2}$,阻抗角的正切值 $\tan\varphi(\omega) = \frac{X_L - X_C}{R}$。在谐振发生时,电路具有以下特征:

(1) 谐振时 $\dot{U}$、$\dot{I}$ 同相。

① 串联谐振电路的总阻抗为纯电阻性质,即 $Z = R$,阻抗值 $|Z|$ 最小。

② 在总电压 U 一定时,绘出 RLC 串联电路的相量图,如图 9-2-4(b),$\dot{U}_L + \dot{U}_C = 0$,此时电路中的阻抗值最小,串联电流 I_0 和电阻电压 U_R 均达到最大值:

$$I_0 = \frac{U}{R}, \quad U_R = U$$

此时的 $\dot{I}_0$ 称为串联谐振电流。

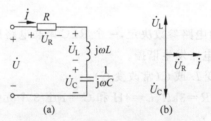

图 9-2-4 谐振时的电压电流相位

(2) 当发生谐振时,L 与 C 上的电压大小相等,相位相反,二者串联的总电压为零。即

$$\dot{U}_L + \dot{U}_C = 0, \quad \dot{U}_R = \dot{U}$$

对于 L 和 C 来说,$\dot{U}_L = \text{j}\omega_0 L \dot{I} = \text{j}\omega_0 L \frac{\dot{U}}{R} = \text{j}Q\dot{U}$,$\dot{U}_C = -\text{j}\frac{I}{\omega_0 C} = -\text{j}\omega_0 L \frac{\dot{U}}{R} = -\text{j}Q\dot{U}$。

而 $X_L = X_C$,所以 $\dot{U}_L + \dot{U}_C = 0$,即 $\dot{U}_L = -\dot{U}_C$,电感上的电压与电容上的电压大小相等相位相反;电路端电压 $\dot{U} = Z\dot{I}_0 = R\dot{I}_0 = \dot{U}R$,即 $\dot{U}$ 与 $\dot{I}$ 同相,总电压全部降在电阻上:

$$U_L = U_C = QU$$

串联谐振时的电感电压或电容电压的有效值对电路端电压的有效值之比称为谐振电路的品质因数,用 Q 表示。

$$Q = \frac{\omega_0 L}{R} = \frac{1}{\omega_0 CR} = \frac{1}{R}\sqrt{\frac{L}{C}} = \frac{\rho}{R}$$

【*2016-12】 某 RLC 串联电路的 $L=3\text{mH}$，$C=2\mu\text{F}$，$R=0.2\Omega$，该电路的品质因数近似为（　　）。

A. 198.7　　　　　　B. 193.7　　　　　　C. 190.7　　　　　　D. 180.7

【解】 B

串联谐振时电路角频率 $\omega = \frac{1}{\sqrt{LC}} = \frac{1}{\sqrt{3\times10^{-3}\times2\times10^{-6}}} = 10^4\sqrt{\frac{5}{3}}$（rad/s）；则品质

因数 $Q = \frac{\omega L}{R} = \frac{3\times10^{-3}}{0.2}\times10^4\sqrt{\frac{5}{3}} = 193.649$。

（3）谐振时出现过电压。

当 $\rho = \omega_0 L = \frac{1}{\omega_0 C} \gg R$ 时，$Q \gg 1$。此时，$U_L = U_C = QU \gg U$。

串联谐振时，如果电路的电阻较小，则有 $X_L = X_C \gg R$，$U_L = U_C \gg U_R = U$，即电感或电容上的电压可以大大地超过电路的端电压。这种异常升高的电压会破坏这些元件的绝缘性。所以在电力电路中选择电路元件时应特别注意避免发生谐振，以免元件绝缘性被破坏。但是在无线电通信技术中却常常用串联谐振来选择所需信号。

由于串联谐振会引起高电压，所以串联谐振又称电压谐振。

$$Q = \frac{U_L}{U} = \frac{U_C}{U} = \frac{\omega_0 L}{R} = \frac{1}{R\omega_0 C}$$

【例题 9-2-1】 如图 9-2-5 所示，某收音机输入回路，$L=0.3\text{mH}$，$R=10\Omega$，为收到中央电台 560kHz 信号，求：

（1）调谐电容 C 值；

（2）如输入电压为 $1.5\mu\text{V}$，求谐振电流和此时的电容电压。

【解】

（1）调谐电容 $C = \frac{1}{(2\pi f)^2 L} = 269\text{pF}$。

（2）谐振电流 $I_0 = \frac{U}{R} = \frac{1.5}{10} = 0.15\mu\text{A}$。

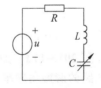

图 9-2-5　例题 9-2-1 图

此时，电容电压 $U_C = I_0 X_C = 158.5\mu\text{V}$。

【*2014-11】 如图 9-2-6 所示，$R=3\Omega$，电感 $L=2\text{H}$，加入电压 $u=30\cos2t$ 时，$i=5\cos2t$，则二端网络的等效元件为（　　）。

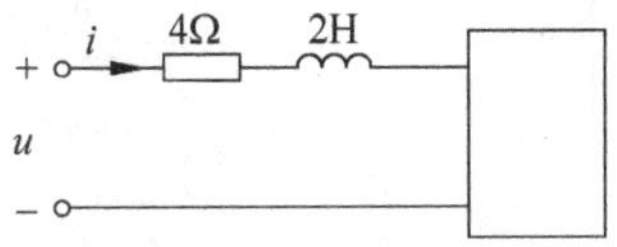

图 9-2-6　*2014-11 题图

A. $R=3\Omega$，$C=1/8\text{F}$　　　　　　　B. $R=4\Omega$，$C=1/8\text{F}$

C. $R=4\Omega$　　　　　　　　　　　　　D. $C=1/8\text{F}$

【解】 A

电压与电流的相位差为 0,则发生了串联谐振。

由 $\omega_0 = \dfrac{1}{LC} = 2$,计算可得 $C = \dfrac{1}{8}$F。

二端网络部分的电阻为 $R = \dfrac{30}{5} - 3 = 3\Omega$。

【*2014-14】 谐振频率相同的两套 RLC 电路,R_1、L_1、C_1,R_2、L_2、C_2 串联在一起构成新的电路,则新的谐振频率为( )。

A. $\dfrac{1}{2\pi\sqrt{L_1 C_1}}$

B. $\dfrac{1}{2\pi\sqrt{L_1 C_2}}$

C. $\dfrac{1}{2\pi\sqrt{L_2 C_1}}$

D. $\dfrac{1}{2\pi\sqrt{(L_1 + L_2)(C_1 + C_2)}}$

【解】 A

在新的谐振电路中,$X = j\omega(L_1 + L_2) + j\left(\dfrac{1}{\omega C_1 + \omega C_2}\right) = j\left(2\omega L_1 + \dfrac{2}{\omega C_1}\right)$。可得:$\omega = \dfrac{1}{\sqrt{L_1 C_1}} \Rightarrow f = \dfrac{1}{2\pi\sqrt{L_1 C_1}}$。

【*2013-9】 在如图 9-2-7 所示的电路中,电压 u 含有基波和三次谐波,基波角频率为 10^4 rad/s。若要求 u_1 中不含基波分量而将 u 中的三次谐波分量全部取出,则电容 C_1 应为( )。

A. 2.5μF   B. 1.25μF   C. 5μF   D. 10μF

【解】 B

当含有基波时,电感与电容发生串联谐振。

当含有三次谐波时,发生并联谐振:

$$j30 - j\dfrac{10}{3} - j\dfrac{1}{\omega C_1} = 0$$

得 $C_1 = 1.25\mu$F。

【*2013-17】 如图 9-2-8 所示的 R、L、C 串联电路中,在电容 C 上再并联一个电阻 R_1,则电路的谐振角频率 ω 应为( )。

A. $\sqrt{\dfrac{1}{LC} - \dfrac{1}{R_1^2 C^2}}$

B. $\sqrt{\dfrac{1}{R_1^2 C^2} - \dfrac{1}{LC}}$

C. $\sqrt{\dfrac{1}{LC} + \dfrac{1}{R_1^2 C^2}}$

D. $\sqrt{\dfrac{R_1}{LC}}$

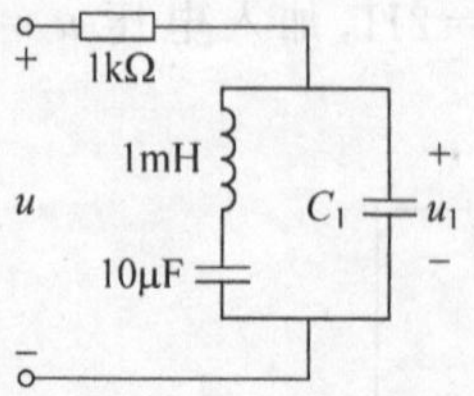

图 9-2-7 *2013-9 题图 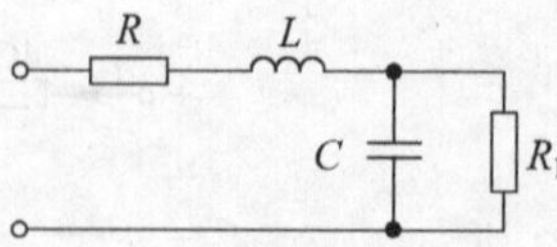   图 9-2-8 *2013-17 题图

【解】 A

电路的总阻抗:

$$Z = R + j\omega L + \frac{-j\frac{1}{\omega C} \times R_1}{R_1 - j\frac{1}{\omega C}}$$

根据电路发生谐振,得

$$\omega L = \frac{\dfrac{R_1^2}{\omega C}}{R_1^2 + \dfrac{1}{\omega^2 C^2}}$$

计算得到

$$\omega = \sqrt{\frac{1}{LC} - \frac{1}{R_1^2 C^2}}$$

（4）谐振时的功率。

在 RLC 电路中,只有电阻是耗能元件,且在串联谐振情况下,电路呈纯阻性,$U_R = U$,$\cos\varphi = 1$。根据第 7 章的知识,电阻 R 所消耗的功率为:

$$P = UI\cos\varphi = UI = RI_0^2 = \frac{U^2}{R}$$

此时,如图 9-2-9 所示,由电源向电路输送电阻所消耗的功率,电阻功率达到最大。

需要注意的是:

（1）由于 $Q = UI\sin\varphi = Q_L + Q_C = 0$,因此电源不向电路输送无功功率。

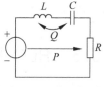

图 9-2-9　RLC 谐振时的功率

（2）电感与电容分别获得的无功功率为

$$Q_L = \omega_0 L I_0^2, \quad Q_C = -\frac{1}{\omega_0 C}I_0^2 = -\omega_0 L I_0^2$$

电感中的无功功率与电容中的无功功率大小相等,互相补偿。即电感 L 和电容 C 与电源之间并无能量交换,只是在二者之间互相吞吐能量,彼此进行能量交换。

【例题 9-2-2】　如图 9-2-10 所示的接收器,其电路参数为:$U = 10V$,$\omega = 5 \times 10^3 \text{rad/s}$。调节 C 使电路中的电流最大,$I_{max} = 200\text{mA}$,测的电容电压为 600V,求 R、L、C 及 Q。

【解】

电路中电流最大时,发生 RLC 串联谐振,电路呈阻性,由此可得:

$$R = \frac{U}{I_{max}} = \frac{10}{200 \times 10^{-3}} = 50(\Omega)$$

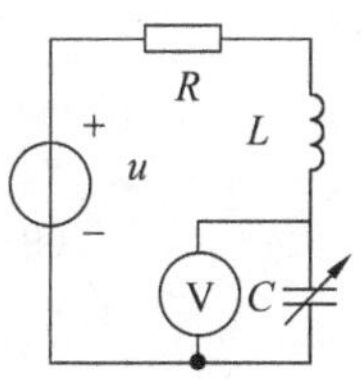

根据 $U_C = QU$,可得品质因数:

$$Q = \frac{U_C}{U} = \frac{600}{10} = 60$$

同样,利用品质因数 $Q = \frac{\omega_0 L}{R}$,可得

$$L = \frac{RQ}{\omega_0} = \frac{50 \times 60}{5 \times 10^3} = 0.6(\text{H})$$

图 9-2-10　例题 9-2-2 图

根据串联谐振角频率 $\omega_0 = \dfrac{1}{\sqrt{LC}}$，可得：

$$C = \frac{1}{\omega_0^2 L} = 0.067 \mu F$$

【* 2017-13】 如图 9-2-11 所示电路以端口电压为激励，以电容电压为响应时属于(　　)。

A. 高通滤波电路 　　B. 带通滤波电路 　　C. 低通滤波电路 　　D. 带阻滤波电路

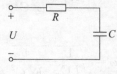

图 9-2-11 　* 2017-13 题图

【解】 C

输出与输入电压关系为 $\dfrac{\dot{U}_o}{\dot{U}_i} = \dfrac{\dfrac{1}{j\omega C}}{R + \dfrac{1}{j\omega C}} = \dfrac{1}{1 + j\dfrac{\omega}{\omega_0}}$，其中 $\omega_0 = \dfrac{1}{RC}$，由此可知为低通滤波器。

9.3 RLC 并联电路的谐振

9.3.1 RLC 并联谐振的条件

谐振发生在并联电路中称为并联谐振。RLC 并联谐振是与 RLC 串联谐振相对应的电路形式。与串联谐振类似，当含有电感和电容的并联电路出现了总电流与总电压同相位的情况，就称电路发生了并联谐振。并联谐振是并联电路的一种特殊工作状态。并联谐振在无线电通信和工业电子技术中都有广泛的应用。例如，利用并联谐振高阻抗的特点来选择信号和消除干扰。

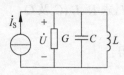

图 9-3-1 　RLC 并联谐振电路

下面以如图 9-3-1 所示的电路为例分析并联谐振的条件及特征。由于该电路为并联电路，因此采用相关元件电导或电纳的形式表示，更便于计算。

如图 9-3-1 所示电路的等效导纳为

$$Y = G + j\left(\omega C - \frac{1}{\omega L}\right)$$

根据谐振的定义，谐振发生时电路等效导纳的虚部应为零，即

$$\omega C - \frac{1}{\omega L} = 0 \tag{9-3-1}$$

得谐振条件

$$\omega_0 C = \frac{1}{\omega_0 L}$$

由此得谐振频率

$$\omega_0 = \frac{1}{\sqrt{LC}} \quad \text{或} \quad f_0 = \frac{1}{2\pi\sqrt{LC}}$$

并联谐振频率与串联谐振频率是相同的,也是由 RLC 并联电路本身的参数所决定的,如果 L、C 确定,那么谐振频率就唯一确定。

9.3.2 RLC 并联谐振的特点

并联谐振发生时,电路具有以下特征:

(1) 由式(9-3-1)可知,当谐振发生时,LC 并联部分的电路相当于开路,RLC 并联谐振电路的总导纳为纯电导,导纳值 $|Y|$ 最小,如图 9-3-2(a),在电流 I_S 一定的情况下,端电压达到最大值。并联谐振时的相量图如图 9-3-2(b)所示。

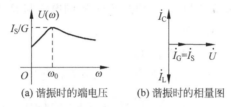

(a) 谐振时的端电压　　　(b) 谐振时的相量图

图 9-3-2　并联谐振时的电压电流

(2) L、C 这两个并联元件的导纳相等,通过它们的电流大小相等,但相位相反,即

$$\dot{I}_C = \dot{U}j\omega_0 C = j\omega_0 C \frac{\dot{I}_S}{G} = jQ\dot{I}_S$$

$$\dot{I}_L = \frac{\dot{U}}{j\omega_0 L} = -j\omega_0 C \frac{\dot{I}_S}{G} = -jQ\dot{I}_S$$

$$I_C(\omega_0) = I_L(\omega_0) = QI_L$$

其中,品质因数:

$$Q = \frac{\omega_0 C}{G} = \frac{1}{\omega_0 GL} = \frac{1}{G}\sqrt{\frac{C}{L}}$$

因此二者并联的总电流为零,这种谐振方式也称电流谐振。

(3) 谐振时的功率。

电路中只有电导消耗有功功率,其大小为

$$P = UI = U^2 G$$

电感和电容中的无功功率为

$$|Q_L| = |Q_C| = \omega_0 C U^2 = \frac{U^2}{\omega_0 L}$$

并且 $Q_L + Q_C = 0$。

(4) 谐振时的能量。

谐振发生时,电感的磁场能量与电容的电场能量相互交换,完全补偿。电感和电容之间相互交换的能量为

$$W(\omega_0) = W_L(\omega_0) + W_C(\omega_0) = LQ^2 I_S^2 = 常数$$

【例题 9-3-1】 在如图 9-3-1 所示的电路中,已知 $L=0.1\text{mH}$,$R=20\Omega$,$C=100\text{pF}$,试求谐振角频率 ω_0,品质因数 Q 及谐振时电路的阻抗 $|Z_0|$。

【解】

RLC 并联谐振时:

谐振角频率 $\omega_0=\dfrac{1}{\sqrt{LC}}=\dfrac{1}{\sqrt{0.1\times10^{-3}\times100\times10^{-12}}}\text{rad/s}=10^7\text{rad/s}$;

品质因数 $Q=\dfrac{\omega_0 L}{R}=\dfrac{10^7\times0.1\times10^{-3}}{20}=50$;

谐振时电路的阻抗 $|Z_0|=\dfrac{L}{RC}=\dfrac{0.1\times10^{-3}}{20\times100\times10^{-12}}\Omega=50\text{k}\Omega$。

【*2014-8】 如图 9-3-3 所示,电源的频率是确定的,电感 L 的值固定,电容 C 的值和电阻 R 的值是可调的,当 $\omega^2 LC$ 为(   )时,通过 R 的电流与 R 无关。

A. 2   B. $\sqrt{2}$ C. -1 D. 1

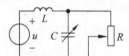

图 9-3-3   *2014-8 题图

【解】 D

对于如图 9-3-3 所示的电路,有:

$$\dot{U}=\dot{U}_R+\dot{U}_L=\dot{I}_R R+j(\dot{I}_R+\dot{I}_C)X_L$$

同时,对于 RC 并联部分,有 $\dot{U}_R=\dot{U}_C$,即 $\dot{I}_R R=\dot{I}_C\left(-j\dfrac{1}{\omega C}\right)$,

代入上式得

$$\dot{U}=\dot{I}_R R+\dot{I}_R\cdot j\omega L+\dfrac{\dot{I}_R R}{-j\dfrac{1}{\omega C}}\cdot j\omega L=\dot{I}_R(R-\omega^2 RLC+j\omega L)$$

因此,当 $R-\omega^2 RLC=0$,即 $\omega^2 LC=1$ 时,通过 R 的电流与 R 无关。

9.3.3 电感线圈与电容器的并联谐振

在实际应用中,常遇到电感线圈并联电容器的电路。由于实际应用中的电感线圈并非理想元件,总是存在电阻,因此当电感线圈与电容器并联时,电路如图 9-3-4 所示。

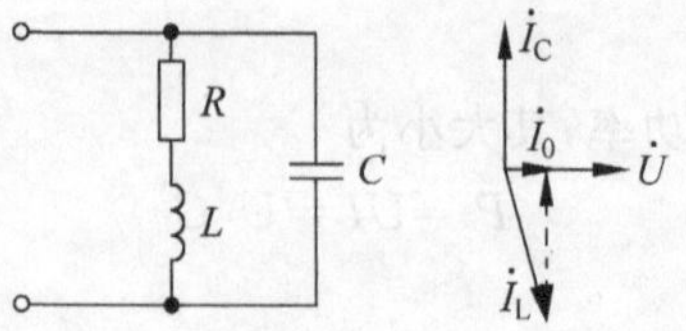

图 9-3-4   电感线圈与电容器并联

1. 谐振条件

根据电路连接,列出该电路的导纳为:

$$Y=j\omega C+\dfrac{1}{R+j\omega L}=\dfrac{R}{R^2+(\omega L)^2}+j\left(\omega C-\dfrac{\omega L}{R^2+(\omega L)^2}\right)=G+jB$$

谐振时阻抗的虚部应为零,即

$$\omega_0 C - \frac{\omega_0 L}{R^2 + (\omega_0 L)^2} = 0$$

得谐振角频率：

$$\omega_0 = \sqrt{\frac{1}{LC} - \left(\frac{R}{L}\right)^2}$$

2. 谐振特点

(1) 电路发生谐振时，输入阻抗很大：

$$Z(\omega_0) = R_0 = \frac{R^2 + (\omega_0 L)^2}{R} \approx \frac{(\omega_0 L)^2}{R} = \frac{L}{RC}$$

(2) 电流一定时，端电压较高：

$$U_0 = I_0 Z = I_0 \frac{L}{RC}$$

(3) 谐振时并联支路的电流是总电流的 Q 倍，设 $R \ll \omega_0 L (Q \gg 1)$，则：

$$I_L \approx I_C \approx \frac{U}{\omega_0 L} = U \omega_0 C$$

总电流可写成：

$$I_0 = \frac{U}{|Z_0|} = \frac{U}{\dfrac{(2\pi f_0 L)^2}{R}}$$

这样，

$$\frac{I_L}{I_0} = \frac{I_C}{I_0} = \frac{U/\omega_0 L}{U(RC/L)} = \frac{1}{\omega_0 RC} = \frac{\omega_0 L}{R} = Q$$

于是有 $I_L \approx I_C = QI_0 \gg I_0$，即在并联谐振时并联支路的电流近似相等而且比总量电流大很多倍。I_C 或 I_{RL} 与总电流 I 的比值称为并联谐振电路的品质因数，也用 Q 表示。

$$Q = \frac{I_{RL}}{I_0} = \frac{2\pi f_0 L}{R} = \frac{\omega_0 L}{R} = \frac{1}{\omega_0 CR}$$

即支路电流是总电流的 Q 倍，因此，并联谐振又称电流谐振。

【*2014-20】 求如图 9-3-5 所示电路的谐振角频率为(   )rad/s。

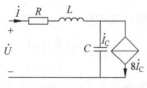

图 9-3-5 *2014-20 题图

A. $\dfrac{1}{3\sqrt{LC}}$　　　　B. $\dfrac{1}{9\sqrt{LC}}$　　　　C. $\dfrac{9}{\sqrt{LC}}$　　　　D. $\dfrac{3}{\sqrt{LC}}$

【解】 A

由 KCL 得，$\dot{I} = \dot{I}_C + 8\dot{I}_C$，因此可得 $\dot{I}_C = \frac{1}{9}\dot{I}$。

代入电路的 KVL 方程得：

$$\dot{U} = \dot{I}R + j\omega L\dot{I} + \frac{\dot{I}_C}{\omega C} = \dot{I}\left[R + j\left(\omega L - \frac{1}{9\omega C}\right)\right]$$

当电路发生谐振时,令虚部为 0,即

$$\omega L - \frac{1}{9\omega C} = 0$$

可以计算出电路的谐振角频率:

$$\omega = \frac{1}{3\sqrt{LC}}$$

【*2013-11】 如图 9-3-6 所示的正弦电流电路发生谐振时,电流 $\dot{I}_1$ 和 $\dot{I}_2$ 的大小分别为 4A 和 3A,则电流 $\dot{I}_3$ 的大小应为(   )。

A. 7A   B. 1A   C. 5A   D. 0A

图 9-3-6   *2013-11 题图

【解】 C

取 $\dot{U}$ 为参考量,则 $\dot{U} = U\angle 0°$。

由于发生并联谐振,则:电路的总电流与总电压同相位,$\dot{I}_1 = I_1\angle 0° = 4A$。

电容元件的电流比两端电压超前 90°,则 $\dot{I}_2 = I_2\angle 90° = j3A$。

由 KCL 可得,$\dot{I}_1 = \dot{I}_2 + \dot{I}_3$,则 $\dot{I}_3 = (4-j3)A$,可以得到 $I_3 = 5A$。

9.4 本章小结

(1) 网络函数 $H(j\omega)$ 是输出端口的响应 $\dot{R}(j\omega)$ 与输入端口的激励 $\dot{R}(j\omega)$ 之比,即

$$H(j\omega) \overset{\text{def}}{=\!=} \frac{\dot{R}(j\omega)}{\dot{E}(j\omega)}$$

(2) 网络函数 $H(j\omega)$ 不仅与网络的结构、参数值有关,还与输入、输出变量的类型以及端口对的相互位置有关,但与输入、输出幅值无关。

(3) 电路的频率响应是网络函数 $H(j\omega)$ 随 ω 由 0 到 ∞ 变化的关系曲线。

(4) 谐振是正弦电路在特定条件下产生的一种特殊物理现象。谐振发生时,端口电压、电流同相位,电路呈阻性。

(5) RLC 串联电路和并联电路的谐振频率:

$$\omega_0 = \frac{1}{\sqrt{LC}}$$

（6）RLC 串联谐振的特点：

① 谐振时 $\dot{U}$、$\dot{I}$ 同相。

② 当发生谐振时，L 与 C 上的电压大小相等，相位相反，二者串联的总电压为零。

③ 谐振时出现过电压。

（7）串联谐振和并联谐振时，谐振电路的品质因数：

$$Q = \frac{\omega_0 L}{R} = \frac{1}{\omega_0 CR}$$

（8）RLC 并联谐振的特点：

① RLC 并联谐振电路的总导纳为纯电导，导纳值 $|Y|$ 最小，在电流 I_S 一定的情况下，端电压达到最大值。

② L、C 这两个并联元件的导纳相等，通过它们的电流大小相等，但相位相反。

③ 电路中只有电导消耗有功功率，电感和电容消耗的总的无功功率为 0。

④ 电感和电容之间相互交换的能量为 $LQ^2 I_S^2$。

第 9 章　思 维 导 图

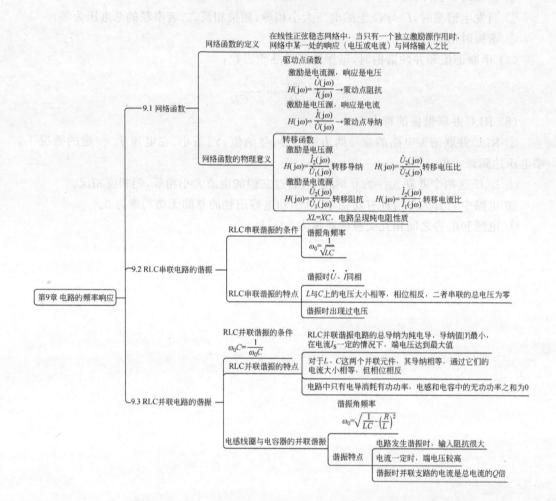

习 题

9-1 电路如题 9-1 图所示。已知 $M=0.05\text{H}$,求电路的谐振频率 f_0。

9-2 电路如题 9-2 图所示,$R=5\Omega$,$L=\dfrac{1}{5}\text{H}$,$C=\dfrac{1}{5}\text{F}$,$i_S(t)=\sin\omega_0 t$,ω_0 为电路谐振频率,计算电容的电流振幅。

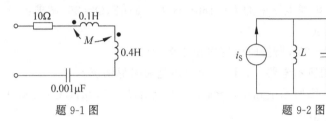

题 9-1 图　　　　　　题 9-2 图

9-3 当 $\omega=2000\text{rad/s}$ 时,RLC 串联电路发生谐振,已知:$R=5\Omega$,$L=500\text{mH}$,端电压 $U=10\text{V}$。求电容 C 的值及电路中电流和各元件电压的瞬时表达式。

9-4 试求如题 9-4 图所示各电路的谐振角频率 ω_0。

9-5 求题 9-5 图中的谐振角频率 ω_0 及谐振时的入端阻抗 $Z(\text{j}\omega_0)$。

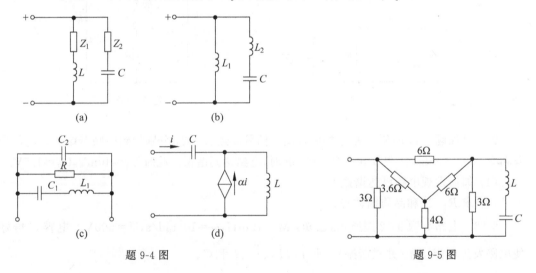

(a)　　　　　　(b)

(c)

(d)

题 9-4 图　　　　　　题 9-5 图

9-6 已知 RLC 串联电路中的 $R=5\Omega$,$L=150\mu\text{H}$,$C=470\text{pF}$,外加电压 $U=10\text{V}$,求:

(1) 电路的谐振频率 f_0。

(2) 电路的品质因数 Q。

(3) 谐振时电容及电感上的电压。

9-7 试求题 9-7 图中正弦交流电路的(复)阻抗 Z_{ab},并计算满足什么条件时 Z_{ab} 为纯电阻?

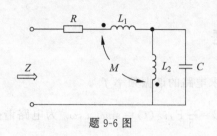

题 9-6 图

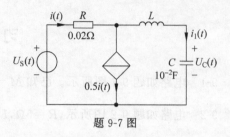

题 9-7 图

9-8　若已知 RLC 串联电路中的 $L=160\text{mH}, C=64\mu\text{F}, Q=25$, 试求:

(1) 电路中的电阻 R。

(2) 若外加电压 $U=2\text{V}$, 谐振时电容电压是多少?

9-9　判断题 9-9 图所示电路是过阻尼情况还是欠阻尼情况?

9-10　在如题 9-10 图所示电路中, 已知 $R=16.5\Omega, L=540\mu\text{H}, C=200\text{pF}$, 谐振时电流源电流 $\dot{I}_S=0.2\text{mA}$, 试求:

(1) 谐振时两支路电流 $\dot{I}_{\text{RL0}}$ 和 $\dot{I}_{\text{C0}}$;

(2) 谐振阻抗 R_0;

(3) 谐振时电路消耗的功率 P。

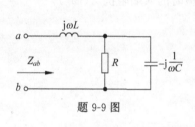

题 9-9 图

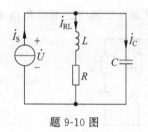

题 9-10 图

9-11　如题 9-11 图所示为 Q 的原理图。信号源经 R_1、R_2 分别加到串联谐振上。若信号源频率 $f=450\text{kHz}$ 时, 调节电容 $C=450\text{pF}$ 时, 电路达到谐振。此时 $U_1=10\text{mV}, U_2=1.5\text{V}$。

(1) 如何发现电路已达谐振?

(2) 求 R_L、L 和品质因数 Q。

9-12　电路如题 9-12 图所示, 已知: $M=10\text{mH}, \omega=10^4\text{rad/s}, U=500\text{V}$。电容 C 恰好使电路发生电流谐振(并联谐振)。求 $\dot{I}_1$、$\dot{I}_2$、$\dot{I}_3$、$\dot{I}$ 和 C。

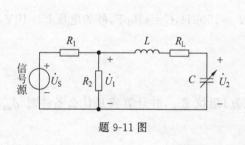

题 9-11 图

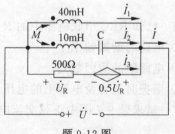

题 9-12 图

第 10 章

CHAPTER 10

三 相 电 路

前面介绍的正弦交流电路均以单相电路为对象进行分析,在实际应用中,三相电路的应用更为广泛。三相制自 19 世纪末问世以来,已广泛应用于发电、输电、配电和动力用电等方面。三相电力系统由三相电源、三相负载和三相输电线路 3 部分组成。三相电路与单相电路相比具有更多的优越性。从发电方面看,同样尺寸的发电机,采用三相电路比单相电路可以增加输出功率;从输电方面看,在相同的输电条件下,三相电路可以节约有色金属材料;从配电方面看,三相变压器比单相变压器更经济,而且便于接入三相或单相负载;从用电方面看,常用的三相电动机具有结构简单、成本低、运行平稳可靠、维护方便等优点。本章将在单相交流电路的基础上,进一步分析三相电路的基本概念,分析对称三相电路和不对称三相电路,并计算和测量三相电路的功率。

10.1 三相电路概述

10.1.1 对称三相电源

对称三相电源是由频率相同、幅值相同、相位依次相差120°的 3 个正弦交流电源以一定的连接方式向电路提供电能。通常由三相同步发电机产生,三相绕组在空间互差120°,当转子以均匀角速度转动时,在三相绕组中产生感应电压,成为对称三相电源,如图 10-1-1 所示。三相电源依次称为 A 相、B 相和 C 相,其中 A、B、C 分别为三相电源的始端,X、Y、Z 分别为三相电源的末端。三相电源供电是目前电力系统所采用的主要供电方式,在建筑供配电系统中常以黄、绿、红标记三相电源。

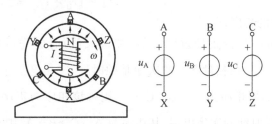

图 10-1-1 三相同步发电机示意图

在实际应用中,三相电源常有以下几种表示方式:
(1) 瞬时值表达式。

三相电源按正弦规律变化,它们的电压分别为:

$$u_A(t) = \sqrt{2}U\sin\omega t$$

$$u_B(t) = \sqrt{2}U\sin(\omega t - 120°)$$

$$u_C(t) = \sqrt{2}U\sin(\omega t + 120°)$$

(2) 波形图。

在直角坐标系中绘出三相电源电压的波形,如图 10-1-2 所示。

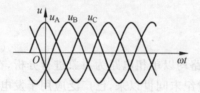

图 10-1-2　三相电源电压的波形

(3) 相量表示。

根据三相电源电压的瞬时表达式,可以对应列出三相电压的相量表示式:

$$\dot{U}_A = U\angle 0°$$

$$\dot{U}_B = U\angle -120° = a^2\dot{U}_A$$

$$\dot{U}_C = U\angle 120° = a\dot{U}_A$$

式中,$a = 1\angle 120°$,它是工程上为了方便而引入的单位相量算子。同时,画出三相电压相量如图 10-1-3 所示,可以发现,对称三相电源的电压在空间中对称地平分了 360°的相位空间。

基于以上表示方式,可以总结出:

(1) 对称三相电源的特点。

从瞬时表达式不难发现,对称三相电源电压的瞬时值之和等于零,即

$$u_A + u_B + u_C = 0$$

此外,由对称三相电源电压的相量图也可以发现,对称三相电源电压的相量之和等于零,即

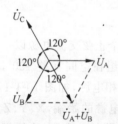

图 10-1-3　三相电压相量

$$\dot{U}_A + \dot{U}_B + \dot{U}_C = 0$$

(2) 对称三相电源的相序。

对称三相电源的每一相分别经过同一值(如最大值)时的先后顺序称之为相序。如图 10-1-4 所示,$\dot{U}_A$、$\dot{U}_B$、$\dot{U}_C$ 在相量图中的次序是顺时针,三相电压达到最大幅值时的顺序依次为 A 相、B 相、C 相,即相序为 A→B→C→A,则称该相序为正序或顺序。而如果 $\dot{U}_A$、$\dot{U}_B$、$\dot{U}_C$ 在相量图中按逆时针的次序出现,其相序为 A→C→B→A,则称为负序或逆序。

在实际的供电系统中,三相电源的相序对应着三相交流电所产生磁场的旋转方向,进而反映到磁场中导体的受力方向。以如图 10-1-5 所示的三相电机为例,当接通正序的三相电源时,电机正向旋转,而当接通负序的三相电源时,电机反向旋转。借助于一定的控制装置,还可以实现三相电机的正反转控制。

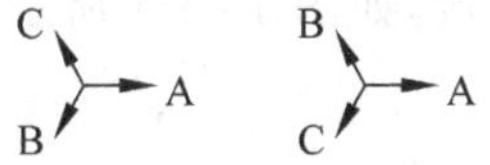

图 10-1-4　三相电压的相序 　　　图 10-1-5　三相电机

在本书中,对于三相电路的相序,如果没有特殊说明,一般都认为是正相序。

10.1.2　三相电源的连接

将对称三相电源按照不同的连接方式连接起来,可以为负载供电。三相电源的连接方式有两种——星形连接和三角形连接。

1. 星形连接（Y 接）

如果把三相电源的末端 X、Y、Z 连接在一起,始端 A、B、C 引出 3 根导线以连接负载或电力网,则这种连接方式称为三相电源的星形连接,如图 10-1-6 所示。

X、Y、Z 接在一起的点称为 Y 接对称三相电源的中性点,用 N 表示。

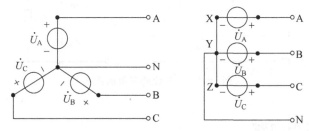

图 10-1-6　星形连接

2. 三角形连接（△接）

将三相电源分别首尾相接,即 Z-A、X-B、Y-C,便形成了三角形连接,如图 10-1-7 所示。值得注意的是,三角形连接的对称三相电源没有中性点。

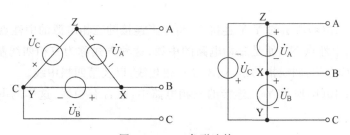

图 10-1-7　三角形连接

10.1.3　三相负载及其连接

三相电路的负载由 3 部分组成,其中每一部分称为一相负载。对应着三相电源的连接,三相负载也有两种连接方式——星形连接和三角形连接。当这 3 个阻抗 $Z_A = Z_B = Z_C$ 时,称为三相对称负载。

1. 负载星形连接

与三相电源的连接类似,在三相电路中,将每相负载的末端连接在一起,并将其始端分别接到三相电源的 3 根相线上,就构成负载的星形连接,如图 10-1-8 所示。三相负载末端连接在一起的点即负载的中性点 N′。

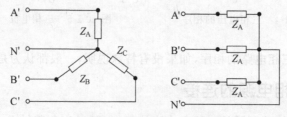

图 10-1-8 负载的星形连接

2. 负载三角形连接

将三相负载首尾相接,形成三角形连接。如图 10-1-9 所示是三角形连接负载的两种电路画法。

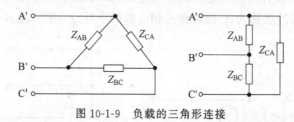

图 10-1-9 负载的三角形连接

10.1.4 三相电路

根据第 1 章中电路的定义,三相电路就是由对称三相电源和三相负载经过线路、开关等中间环节连接起来所组成的系统。对应着三相电源的 Y 接、△接以及三相负载的 Y 接、△接,工程上根据实际需要可以把三相电源和三相负载组成 Y-Y、Y-△、△-△、△-Y 四种连接形式。

在如图 10-1-10(a)所示的 Y-Y 连接中,将星形连接的三相电源的中性点 N 接至星形连接的三相负载的中性点 N′,便是三相电路的中线,这种方式称为三相四线制供电方式。三相指的是 A、B、C 三相,四线指的是 A、B、C 三根相线,以及第四根中线。

在如图 10-1-10(b)所示 Y-△连接的三相电路中,不含有中线,这样的电路为三相三线制供电方式。

微课 31 三相电路的概念

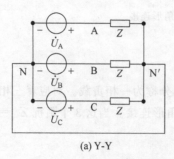

(a) Y-Y

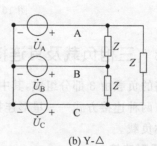

(b) Y-△

图 10-1-10 三相电路电源与负载的连接

10.2 线电压(电流)与相电压(电流)的关系

10.2.1 基本概念

由于三相电路相较于单相电路存在多条导线以及多个电压、电流等物理量,为便于后续三相电路的分析,首先对三相电路中出现的相关概念做以澄清。

首先需要区分的是三相电路中的两根线。

(1) 相线:也称火线,是自始端 A,B,C 三端引出的导线。

(2) 中线:也称零线,是自中性点 N 引出的导线(△接无中线)。

当然,在实际供配电系统中还会用到保护线、保护中性线等,它们不作为本书分析三相电路的必需内容,感兴趣的读者可以查阅专业书籍自学。

接下来介绍三相电源电路中两个电压的概念,以图 10-2-1 所示电路为例。

(1) 线电压:火线与火线之间的电压,统一写作 $\dot{U}_1$。对应到三相,即 $\dot{U}_{AB}$、$\dot{U}_{BC}$、$\dot{U}_{CA}$。

(2) 相电压:每相电源的电压,统一写作 $\dot{U}_p$。对应到三相,即 $\dot{U}_A$、$\dot{U}_B$、$\dot{U}_C$。

对应着相电压和线电压,在三相电源电路中还有线电流和相电流:

(1) 线电流:流过火线的电流,统一写作 $\dot{I}_1$。对应到三相,即 $\dot{I}_A$、$\dot{I}_B$、$\dot{I}_C$。

(2) 相电流:流过每相电源的电流,统一写作 $\dot{I}_p$。对应到三相,即 $\dot{I}_A$、$\dot{I}_B$、$\dot{I}_C$(Y 接)或 $\dot{I}_{AB}$、$\dot{I}_{BC}$、$\dot{I}_{CA}$(△接)。

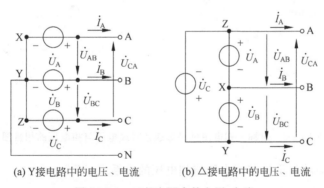

(a) Y接电路中的电压、电流   (b) △接电路中的电压、电流

图 10-2-1 三相电源中的电压、电流

与电源类似,三相负载端也存在线电压与相电压、线电流与相电流。

(1) 负载线电压:向负载供电的火线间的电压。

(2) 负载相电压:每相负载上的电压。

(3) 负载线电流:流过向负载供电的火线中的电流。

(4) 负载相电流:流过每相负载的电流。

通过以上分析还可以注意到,三角形连接的对称三相电源只能提供一种电压,而星形连接的对称三相电源却能同时提供两种不同的电压,即线电压与相电压。另外,当对称三相电源做三角形连接时,如果任何一相电源接反,3 个相电压之和将不为零,会在三角形连接的闭合回路中产生很大的环形电流,造成严重后果。

10.2.2 线电压和相电压的关系

明确了三相电路中"线"和"相"的概念后,接下来进一步分析"线"和"相"之间的关系。

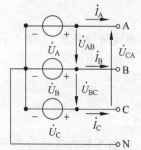

图 10-2-2 星形连接的三相
对称电源电路

首先来分析线电压和相电压的关系,在不同的连接方式中,二者的关系并不相同。

1. 星形连接的线电压与相电压

如图 10-2-2 所示电路为星形接线的三相对称电源电路,并含有中线。

设 $\dot{U}_{AN} = \dot{U}_A = U\angle 0°$,则另外两相为

$$\dot{U}_{BN} = \dot{U}_B = U\angle -120°$$

$$\dot{U}_{CN} = \dot{U}_C = U\angle 120°$$

根据电压的定义,可以计算线电压得:

$$\dot{U}_{AB} = \dot{U}_{AN} - \dot{U}_{BN} = U\angle 0° - U\angle -120° = \sqrt{3}U\angle 30° = \sqrt{3}\dot{U}_{AN}\angle 30°$$

$$\dot{U}_{BC} = \dot{U}_{BN} - \dot{U}_{CN} = U\angle -120° - U\angle 120° = \sqrt{3}U\angle -90° = \sqrt{3}\dot{U}_{BN}\angle 30°$$

$$\dot{U}_{CA} = \dot{U}_{CN} - \dot{U}_{AN} = U\angle 120° - U\angle 0° = \sqrt{3}U\angle 150° = \sqrt{3}\dot{U}_{CN}\angle 30°$$

当然,同样可以利用相量图得到相电压和线电压之间的关系,如图 10-2-3 所示。

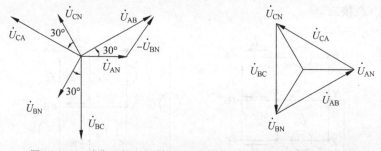

图 10-2-3 对称三相电源做星形连接时线电压与相电压的相量图

综上所述,可以将星形连接线电压与相电压的关系表示为

$$\dot{U}_{AB} = \sqrt{3}\dot{U}_{AN}\angle 30°$$

$$\dot{U}_{BC} = \sqrt{3}\dot{U}_{BN}\angle 30°$$

$$\dot{U}_{CA} = \sqrt{3}\dot{U}_{CN}\angle 30°$$

由此可以得出结论:

对于星形连接的对称三相电源,

(1) 相电压对称,则线电压也对称(大小相等,相位互差 120°)。

(2) 线电压有效值等于相电压有效值的 $\sqrt{3}$ 倍,即 $U_l = \sqrt{3}U_p$。

(3) 线电压相位领先于对应的相电压 30°。所谓"对应",是指相电压用线电压的第一个下标字母标出: $\dot{U}_{AB} \rightarrow \dot{U}_{AN}$、$\dot{U}_{BC} \rightarrow \dot{U}_{BN}$、$\dot{U}_{CA} \rightarrow \dot{U}_{CN}$。

2. 三角形连接的线电压与相电压

如图 10-2-4 所示为三角形接线的三相对称电源电路。

设 $\dot{U}_\mathrm{A}=U\angle 0°$，则

$$\dot{U}_\mathrm{B}=U\angle -120°$$

$$\dot{U}_\mathrm{C}=U\angle 120°$$

分析电路可得：

$$\dot{U}_\mathrm{AB}=\dot{U}_\mathrm{A}=U\angle 0°$$

$$\dot{U}_\mathrm{BC}=\dot{U}_\mathrm{B}=U\angle -120°$$

$$\dot{U}_\mathrm{CA}=\dot{U}_\mathrm{C}=U\angle 120°$$

因此，对于三角形连接，其线电压等于对应的相电压。

此外，以上关于线电压和相电压的关系也同样适用于对称星形连接的负载和三角形连接的负载。

图 10-2-4　三角形连接的三相
对称电源电路

10.2.3　线电流和相电流的关系

基于电压的分析思路，继续分析三相电路中线电流和相电流的关系，同样取决于电路的连接方式。

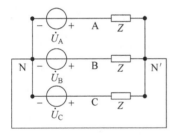

图 10-2-5　三相对称的星形连接电路

1. 星形连接的线电流与相电流

从图 10-2-5 中不难发现：星形连接时，线电流等于相电流。

2. 三角形连接的线电流与相电流

对于如图 10-2-6 所示的 △-△ 电路，以 A 相为例，线电流是 $\dot{I}_\mathrm{A}$，相电流对应 $\dot{I}_\mathrm{ab}$，那么线电流与相电流之间的关系即 $\dot{I}_\mathrm{A}$ 与 $\dot{I}_\mathrm{ab}$ 之间的大小与相位关系。

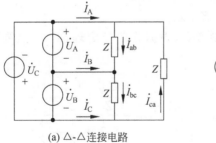
(a) △-△连接电路

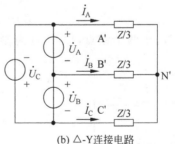
(b) △-Y连接电路

图 10-2-6　三相对称的三角形连接电路

在电路中，相电流：

$$\dot{I}_\mathrm{ab}=\frac{\dot{U}_\mathrm{A}}{Z}$$

在计算线电流时，为便于计算，将如图 10-2-8(a) 所示的电路利用第 2 章所讲的电阻电

路△-Y变换法等效为图 10-2-8(b)所示的电路。这样,线电流:

$$\dot{I}_A = \frac{\dot{U}_{A'N'}}{Z/3} = \frac{3\dot{U}_{A'N'}}{Z}$$

$$= \frac{3(\dot{U}_{AB}/\sqrt{3})\angle -30°}{Z}$$

$$= \sqrt{3}\,\frac{\dot{U}_A}{Z}\angle -30°$$

$$= \sqrt{3}\,\dot{I}_{ab}\angle -30°$$

微课 32　三相
电路的电压
电流

基于以上分析可以得出结论:

三角形连接的对称电路中,

(1) 线电流大小等于相电流的 $\sqrt{3}$ 倍,即 $I_l = \sqrt{3}\,I_p$。

(2) 线电流相位滞后对应相电流 30°。

10.3　对称三相电路的计算

三相电路也是正弦交流电路,因此,正弦交流电路的分析方法同样适用于三相电路。只不过,对于对称三相电路,由于电源对称、负载对称、线路对称等对称性,可以引入一种特殊的计算方法,使计算更简便。

10.3.1　Y-Y 连接

在如图 10-3-1 所示的 Y-Y 连接三相三线制电路中,设

$$\dot{U}_A = U\angle 0°$$

$$\dot{U}_B = U\angle -120°$$

$$\dot{U}_C = U\angle 120°$$

$$Z = |Z|\angle\varphi$$

电路中含有 N、N′两个结点,以 N 点为参考点,根据弥尔曼定理,对 N′点列写结点电压方程:

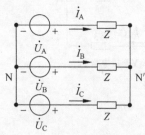

图 10-3-1　Y-Y 连接的三相
三线制电路

$$\dot{U}_{N'N} = \frac{\dfrac{\dot{U}_A}{Z} + \dfrac{\dot{U}_B}{Z} + \dfrac{\dot{U}_C}{Z}}{\dfrac{1}{Z} + \dfrac{1}{Z} + \dfrac{1}{Z}}$$

由于电路三相对称,有: $\dot{U}_A + \dot{U}_B + \dot{U}_C = 0$。因此, $\dot{U}_{N'N} = 0$。也就是说,N、N′两点之间等电位,可将其视为短路,如图 10-3-2 所示,且 NN′线中的电流为零。这样便可将三相电路的计算化为单相电路的计算,使得计算过程大为简化。选取 A 相电流所在的回路进行计算,称为 A

相计算电路,如图 10-3-3 所示。在 A 相计算电路中计算响应的电压、电流后,不必再重复计算 B 相和 C 相的结果,由于负载的相电压、相电流均对称,只需要根据对称性依次写出另外两相即可。

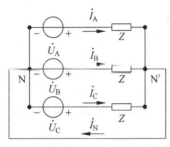

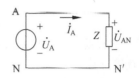

图 10-3-2　三相电路中的 NN′线　　　　图 10-3-3　A 相计算电路

在 A 相计算电路中,负载侧相电压:

$$\dot{U}_{AN} = \dot{U}_A = U\angle 0°$$

另外两相负载相电压可根据负载电压对称的特点直接列出:

$$\dot{U}_{BN} = \dot{U}_B = U\angle -120°$$

$$\dot{U}_{CN} = \dot{U}_C = U\angle 120°$$

同理,计算负载相电流为:

$$\dot{I}_A = \frac{\dot{U}_{AN'}}{Z} = \frac{\dot{U}_A}{Z} = \frac{U}{|Z|}\angle -\varphi$$

$$\dot{I}_B = \frac{\dot{U}_{BN'}}{Z} = \frac{\dot{U}_B}{Z} = \frac{U}{|Z|}\angle -120° -\varphi$$

$$\dot{I}_C = \frac{\dot{U}_{CN'}}{Z} = \frac{\dot{U}_C}{Z} = \frac{U}{|Z|}\angle 120° -\varphi$$

由此可以得出结论:

(1)电源中性点与负载中性点等电位,有无中线对电路情况没有影响。由于中性线电流为零,因此在 Y-Y 对称三相电路中,常省去中性线,此时电路即变为三相三线制电路。三相三线制电路在生产上应用极为广泛,因为生产上的三相负载一般都是对称的。

(2)对称情况下,各相电压、电流都是对称的,可采用一相(A 相)等效电路计算。其他两相的电压、电流可按对称关系直接写出。

(3)若需要计算线电压或线电流,对于星形连接的对称三相负载,根据相、线电压、电流的关系得:

$$\dot{U}_{AB} = \sqrt{3}\dot{U}_{AN'}\angle 30°$$

$$\dot{I}_A = \dot{I}_a$$

10.3.2 Y-△连接

在如图 10-3-4 所示的 Y-△连接三相三线制电路中,设

$$\dot{U}_A = U \angle 0°$$

$$\dot{U}_B = U \angle -120°$$

$$\dot{U}_C = U \angle 120°$$

$$Z = |Z| \angle \varphi$$

这类电路有两种解法:一种是直接计算法,另一种是 A 相计算电路法。

【解 1】 直接计算法。

该方法从电路中做分析,发现负载为△接,其相电压与线电压相等:

$$\dot{U}_{ab} = \dot{U}_{AB} = \sqrt{3}U \angle 30°$$

$$\dot{U}_{bc} = \dot{U}_{BC} = \sqrt{3}U \angle -90°$$

$$\dot{U}_{ca} = \dot{U}_{CA} = \sqrt{3}U \angle 150°$$

画出三相电路的相量图如图 10-3-5 所示。

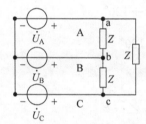
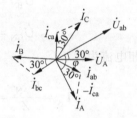

图 10-3-4 Y-△连接的三相电路   图 10-3-5 三相电路的相量图

于是得到相电流:

$$\dot{I}_{ab} = \frac{\dot{U}_{ab}}{Z} = \frac{\sqrt{3}U}{|Z|} \angle 30° - \varphi$$

$$\dot{I}_{bc} = \frac{\dot{U}_{bc}}{Z} = \frac{\sqrt{3}U}{|Z|} \angle -90° - \varphi$$

$$\dot{I}_{ca} = \frac{\dot{U}_{ca}}{Z} = \frac{\sqrt{3}U}{|Z|} \angle 150° - \varphi$$

根据△接电路的线电流与相电流的关系,得到负载端的线电流:

$$\dot{I}_A = \sqrt{3}\dot{I}_{ab} \angle -30°$$

$$\dot{I}_B = \sqrt{3}\dot{I}_{bc} \angle -30°$$

$$\dot{I}_C = \sqrt{3}\dot{I}_{ca} \angle -30°$$

结论:

(1) 负载上相电压与线电压相等,且对称。

（2）线电流与相电流对称。线电流是相电流的$\sqrt{3}$倍，相位落后相应相电流30°。

（3）根据一相的计算结果，由对称性可得到其余两相结果。

【解2】 A相计算电路法。

要利用A相计算电路法就需要将原电路等效变换为Y-Y连接的电路，即由图10-3-4转换为图10-3-6(a)，进而取A相计算电路如图10-3-6(b)所示。

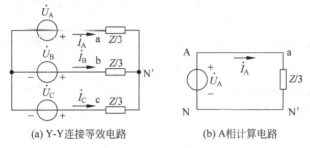

(a) Y-Y连接等效电路   (b) A相计算电路

图10-3-6　A相计算电路法

由如图10-3-6(b)所示的电路计算得：

$$\dot{I}_A = \frac{\dot{U}_{aN'}}{Z/3} = \frac{3\dot{U}_A}{Z} = \frac{3U}{|Z|}\angle - \varphi$$

$$\dot{I}_{ab} = \frac{1}{\sqrt{3}}\dot{I}_A\angle 30° = \frac{\sqrt{3}U}{|Z|}\angle 30° - \varphi$$

$$\dot{U}_{ab} = \sqrt{3}\dot{U}_{an}\angle 30° = \sqrt{3}U\angle 30°$$

10.3.3　电源为△接

当电源为△接时，在保证其线电压相等的原则下，将△接电源用Y接电源替代，如图10-3-7所示。

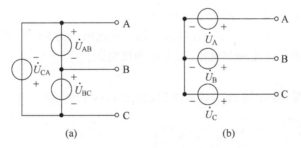

(a)   (b)

图10-3-7　△接电源转换为Y接电源

在图10-3-7(b)中，Y接电源的电压可由线电压转换得到：

$$\dot{U}_A = \frac{1}{\sqrt{3}}\dot{U}_{AB}\angle - 30°$$

$$\dot{U}_B = \frac{1}{\sqrt{3}}\dot{U}_{BC}\angle - 30°$$

$$\dot{U}_C = \frac{1}{\sqrt{3}}\dot{U}_{CA}\angle - 30°$$

基于星形连接的三相对称电源,当负载呈不同的连接方式时,可再根据前面说讲述的方法利用直接计算法或 A 相等效计算电路法进行分析。以图 10-3-8(a)为例,可将此△-△连接的电路转换成图 10-3-8(b)所示的 Y-Y 连接电路,采用图 10-3-8(c)所示的 A 相计算电路进行分析。

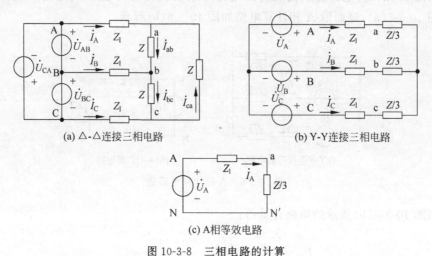

(a) △-△连接三相电路　　　　　(b) Y-Y连接三相电路

(c) A相等效电路

图 10-3-8　三相电路的计算

因此,对称三相电路的一般计算方法可以总结为:

(1) 将所有三相电源、负载都化为等值 Y-Y 连接电路。

(2) 连接负载和电源中点,中线上若有阻抗可不计。

(3) 画出单相计算电路,求出一相的电压、电流:

• 一相电路中的电压为 Y 接时的相电压。

• 一相电路中的电流为线电流。

(4) 根据△接、Y 接时线量、相量之间的关系,求出原电路的电流电压。

(5) 由对称性,得出其他两相的电压、电流。

【例题 10-3-1】　如图 10-3-9 所示,对称三相电源线电压为 380V,$Z=6.4+j4.8\Omega$,$Z_1=3+j4\Omega$。求负载 Z 的相电压和相电流、线电压和线电流。

【解】

对于 Y-Y 接电路,画出其 A 相计算电路,如图 10-3-10 所示。

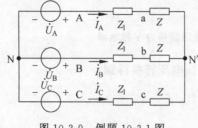　　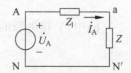

图 10-3-9　例题 10-3-1 图　　　　图 10-3-10　原电路的 A 相计算电路

设 $\dot{U}_{AB}=380\angle 0°\text{V}$,则 $\dot{U}_A=220\angle-30°\text{V}$。

负载端的线电流和相电流相等,均为:

$$\dot{I}_A = \frac{\dot{U}_{AN}}{Z + Z_1} = \frac{220\angle -30°}{9.4 + j8.8}$$

$$= \frac{220\angle -30°}{12.88\angle 43.1°}$$

$$= 17.1\angle -73.1°A$$

根据对称性,有

$$\dot{I}_B = 17.1\angle 166.9°A$$

$$\dot{I}_C = 17.1\angle 46.9°A$$

则负载端的相电压为:

$$\dot{U}_{aN'} = \dot{I}_A Z = 17.1\angle -73.1° \times 8\angle 36.9° = 136.8\angle -36.2°V$$

根据对称性,有:

$$\dot{U}_{bN'} = 136.8\angle -156.2°V$$

$$\dot{U}_{cN'} = 136.8\angle 83.8°V$$

根据 Y 接三相电路线电压与相电压的关系可得负载端线电压:

$$\dot{U}_{ab} = \sqrt{3}\dot{U}_{aN'}\angle 30° = \sqrt{3} \times 136.8\angle -6.2°V = 236.9\angle -6.2°V$$

根据对称性,有:

$$\dot{U}_{bc} = 236.9\angle -126.2°V$$

$$\dot{U}_{ca} = 236.9\angle 113.8°V$$

【例题 10-3-2】 在图 10-3-11 中,对称三相负载分别接成星形和三角形,求两电路中线电流的关系。

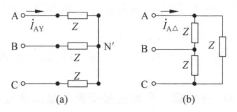

图 10-3-11 例题 10-3-2 题图

【解】

根据题目条件,(a)、(b)两电路的线电压相等。

在如图 10-3-11(a)所示的电路中:

$$\dot{I}_{AY} = \frac{\dot{U}_{AN'}}{Z}$$

将如图 10-3-11(b)所示电路转换成 Y 接电路,线电压保持不变,每相负载阻抗变为 $Z/3$,则负载线电流即相电流:

$$\dot{I}_{A\triangle} = \frac{\dot{U}_{AN'}}{Z/3} = 3\frac{\dot{U}_{AN'}}{Z}$$

所以

$$I_\triangle = 3I_Y$$

即星形连接的负载电流是三角形连接负载电流的 1/3，该结论常被应用电动机启动控制电路中。由于电动机在启动时电流非常大，为了防止出现设备损坏，通常会采取降低启动电流的措施，如采用 Y-△降压启动，启动时采用星形连接，启动起来之后再切换到三角形连接。

【例题 10-3-3】 有一星形连接的三相负载，每相的电阻 $R = 6\Omega$，感抗 $X_L = 8\Omega$。电源电压对称，设 $u_{AB} = 380\sqrt{2}\sin(\omega t + 30°)$V，试求电流。

【解】

因为负载对称，只需计算一相（A 相）即可。

由题意可知：$\dot{U}_{AB} = 380\angle 30°$V，则 $\dot{U}_A = \dfrac{380}{\sqrt{2}}\angle 0° = 220\angle 0°$V。

A 相电流

$$\dot{I}_A = \frac{\dot{U}_A}{Z_A} = \frac{\dot{U}_A}{R + jX_L} = \frac{220\angle 0°}{6 + j8}\text{A} = 22\angle -53°\text{A}$$

根据对称性可知，

$$\dot{I}_B = \dot{I}_A\angle -120° = 22\angle -173°\text{A}$$

$$\dot{I}_C = \dot{I}_A\angle 120° = 22\angle 67°\text{A}$$

所以，

$$i_A = 22\sqrt{2}\sin(\omega t - 53°)\text{A}$$

$$i_B = 22\sqrt{2}\sin(\omega t - 173°)\text{A}$$

$$i_C = 22\sqrt{2}\sin(\omega t + 67°)\text{A}$$

【*2017-11】 在如图 10-3-12 所示的对称正序三相电路中，负载阻抗 $Z = 38\angle -30°\Omega$，线电压 $\dot{U}_{BC} = 380\angle -90°$V，则线电流 $\dot{I}_A$ 等于（　　）。

A. $5.77\angle 30°$A   B. $5.77\angle 90°$A   C. $17.32\angle 30°$A   D. $17.32\angle 90°$A

【解】 C

根据等效电阻变换原理，将负载三角形连接变换为星形连接，如图 10-3-13 所示，等效阻抗为 $\dfrac{Z}{3} = \dfrac{38}{3}\angle -30°\Omega$。

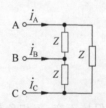

图 10-3-12 　*2017-11 题图 　　　图 10-3-13 　原电路的 Y 形等效电路

因此，线电压 $\dot{U} = 380\angle -90°$V；相电压 $\dot{U}_B = \dfrac{380}{\sqrt{3}}\angle -120°$V。

线电流等于相电流:

$$\dot{I}_A = \frac{\dot{U}_A}{Z/3} = \frac{\dot{U}_B \angle 120°}{Z/3} = \frac{380/\sqrt{3}\angle 0°}{38/3\angle -30°} = 17.32\angle 30° \text{A}$$

【*2016-16】 在对称三相电路中,已知每相负载电阻 $R = 60\Omega$,与感抗 $X_L = 80\Omega$ 串联而成,且三相负载是星形连接,电源的线电压 $u_{AB}(t) = 380\sqrt{2}\sin(314t + 30°)\text{V}$,则 A 相负载的线电流为( )。

A. $2.2\sqrt{2}\sin(314t + 37°)$ 　　　　B. $2.2\sqrt{2}\sin(314t - 37°)$

C. $2.2\sqrt{2}\sin(314t - 53°)$ 　　　　D. $2.2\sqrt{2}\sin(314t + 53°)$

【解】 C

由瞬时表达式得到线电压 $\dot{U}_{AB} = 380\angle 30°\text{V}$。

星形连接:线电压值是相电压的 $\sqrt{3}$ 倍,相位超前相电压 30°。

A 相的相电压为: $\dfrac{\dot{U}_{AB}}{\sqrt{3}}\angle -30° = 220\angle 0°\text{V}$。

A 相的相电流为: $\dfrac{220\angle 0°}{60 + j80} = \dfrac{220\angle 0°}{100\angle 53°} = 2.2\angle -53°\text{A}$。

根据星形连接线电流等于相电流,所以:A 相负载的线电流为 $2.2\angle -53°\text{A}$。

以瞬时表达式表示为 $2.2\sqrt{2}\sin(314t - 53°)$。因此,C 项正确。

【*2014-15】 在如图 10-3-14 所示的三相对称电路中,三相电源相电压有效值为 U,Z 为已知,则 $\dot{I}_1$ 为( )。

A. $\dfrac{\dot{U}_A}{Z}$ 　　B. 0 　　C. $\dfrac{\sqrt{3}\dot{U}_A}{Z}$ 　　D. $\dfrac{\dot{U}_A}{Z}\angle 120°$

【解】 A

结合图 10-3-14,在对称三相电路中,$\dot{I}_1$ 是 A 相的相电流,在 A 相计算电路中可得 $\dot{I}_1 = \dfrac{\dot{U}_A}{Z}$。

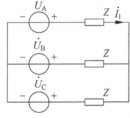

图 10-3-14　*2014-15 题图

微课 33　对称三相电路的计算

10.4　不对称三相电路的计算

10.3 节讨论了对称三相电路的计算,然而在实际应用中经常会出现不对称的三相电路。三相电路出现不对称,可能有两种情况:一种是三相电源不对称,一种是电路参数不对称。前者出现不对称的情况较少,一般在发电厂发电时,从系统上便保证了其对称性。后者出现较多,而且多是负载不对称的情况。本节所讨论的是第二种情况,电源对称,负载不对称的情况。本节将根据复杂交流电路的分析方法对不对称三相电路的电压、电流等物理量进行计算。

在如图 10-4-1 所示的三相电路中,三相负载 Z_a、Z_b、Z_c 均不相同,为不对称三相电路。利用弥尔曼定理分析电路中两中性点之间的电压 $U_{NN'}$:

$$\dot{U}_{\mathrm{N'N}} = \frac{\dot{U}_{\mathrm{AN}}/Z_{\mathrm{a}} + \dot{U}_{\mathrm{BN}}/Z_{\mathrm{b}} + \dot{U}_{\mathrm{CN}}/Z}{1/Z_{\mathrm{a}} + 1/Z_{\mathrm{b}} + 1/Z_{\mathrm{c}}} \neq 0$$

由于三相负载不对称,因此即使三相电源对称,电压 $\dot{U}_{\mathrm{NN'}}$ 也并不等于零。此时,负载各相电压:

$$\dot{U}_{\mathrm{AN'}} = \dot{U}_{\mathrm{AN}} - \dot{U}_{\mathrm{N'N}}$$

$$\dot{U}_{\mathrm{BN'}} = \dot{U}_{\mathrm{BN}} - \dot{U}_{\mathrm{N'N}}$$

$$\dot{U}_{\mathrm{CN'}} = \dot{U}_{\mathrm{CN}} - \dot{U}_{\mathrm{N'N}}$$

画出各相电压的相量图如图 10-4-2 所示。

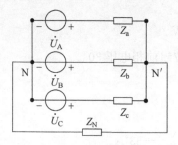
图 10-4-1 不对称的三相电路

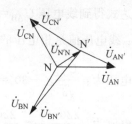
图 10-4-2 不对称三相电路的相量图

可以观察到电路中三相负载的中性点 N′ 与三相电源的中性点并不重合,我们称这种现象为中性点位移。在电源对称情况下,可以根据中点位移的情况来判断负载端不对称的程度。当中点位移较大时,会造成负载相电压严重不对称,使负载的工作状态不正常。

在不对称三相四线制电路中,考虑到负载的不对称,计算时应该每相均单独计算。对于图 10-4-1 所示的 Y-Y 连接电路,设电源电压 $\dot{U}_{\mathrm{A}}$ 为参考相量,则

$$\dot{U}_{\mathrm{A}} = U\angle 0°$$

$$\dot{U}_{\mathrm{B}} = U\angle -120°$$

$$\dot{U}_{\mathrm{C}} = U\angle 120°$$

忽略相线阻抗以及中性线阻抗 Z_{N},则电源的相电压即为负载的相电压。由于电源的相电压对称,因此负载的相电压也对称,故可求得负载的相电流为

$$\dot{I}_{\mathrm{A}} = \frac{\dot{U}_{\mathrm{A}}}{Z_{\mathrm{A}}} = \frac{U\angle 0°}{|Z_{\mathrm{A}}|\angle \varphi_{\mathrm{A}}} = I_{\mathrm{A}}\angle -\varphi_{\mathrm{A}}$$

$$\dot{I}_{\mathrm{B}} = \frac{\dot{U}_{\mathrm{B}}}{Z_{\mathrm{B}}} = \frac{U\angle -120°}{|Z_{\mathrm{B}}|\angle \varphi_{\mathrm{B}}} = I_{\mathrm{B}}\angle -120° - \varphi_{\mathrm{B}}$$

$$\dot{I}_{\mathrm{C}} = \frac{\dot{U}_{\mathrm{C}}}{Z_{\mathrm{C}}} = \frac{U\angle 120°}{|Z_{\mathrm{C}}|\angle \varphi_{\mathrm{C}}} = I_{\mathrm{C}}\angle 120° - \varphi_{\mathrm{C}}$$

其中,

$$Z_{\mathrm{A}} = R_{\mathrm{A}} + jX_{\mathrm{A}} = |Z_{\mathrm{A}}|\angle \varphi_{\mathrm{A}}$$

$$Z_B = R_B + jX_B = |Z_B| \angle \varphi_B$$
$$Z_C = R_C + jX_C = |Z_C| \angle \varphi_C$$

负载的相电流有效值分别为

$$I_A = \frac{U}{|Z_A|}$$

$$I_B = \frac{U}{|Z_B|}$$

$$I_C = \frac{U}{|Z_C|}$$

各相负载的电压与电流的相位差分别为

$$\varphi_A = \arctan \frac{X_A}{R_A}$$

$$\varphi_B = \arctan \frac{X_B}{R_B}$$

$$\varphi_C = \arctan \frac{X_C}{R_C}$$

中性线电流为

$$\dot{I}_N = \dot{I}_A + \dot{I}_B + \dot{I}_C$$

电压与电流的相量图如图 10-4-3 所示。在作相量图时,先画出以 $\dot{U}_A$ 为参考相量的电源相电压 $\dot{U}_A$、$\dot{U}_B$、$\dot{U}_C$ 的相量,再画出各相电流 $\dot{I}_A$、$\dot{I}_B$、$\dot{I}_C$ 的相量,最后画出中性线电流 $\dot{I}_N$ 的相量。

【*2018-5】 电源对称(星形连接)的负载不对称的三相电路如图 10-4-4 所示,$Z_1 = (150+j75)\Omega$,$Z_2 = 75\Omega$,$Z_3 = (45+j45)\Omega$,电源电压 220V,电源线电流 $\dot{I}_A$ 等于( )。

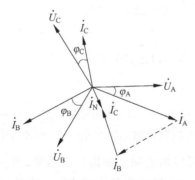

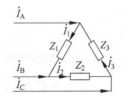

图 10-4-3 电压与电流的相量图　　图 10-4-4 *2018-5 题图

A. $\dot{I}_A = 6.8\angle -85.95° A$　　　　B. $\dot{I}_A = 5.67\angle -143.53° A$

C. $\dot{I}_A = 6.8\angle 85.95° A$　　　　D. $\dot{I}_A = 5.67\angle 143.53° A$

【解】 A

由于电源对称(星形连接),因此线电压 $\dot{U}_{AB} = 380\angle 0° V$,$\dot{U}_{CA} = 380\angle 120° V$。

各相电流为：

$$\dot{I}_1 = \dot{I}_{AB} = \frac{\dot{U}_{AB}}{Z_1} = \frac{380\angle 0°}{150 + j75} = 2.266\angle -26.565°A$$

$$\dot{I}_3 = \dot{I}_{CA} = \frac{\dot{U}_{CA}}{Z_3} = \frac{380\angle 120°}{45 + j45} = 5.971\angle 75°A$$

因此，电源线电流 $\dot{I}_A$ 为：

$$\dot{I}_A = \dot{I}_{AB} - \dot{I}_{CA} = 2.266\angle -26.565° - 5.971\angle 75° = 6.8\angle -85.95°A$$

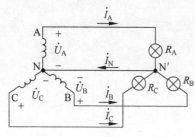

图 10-4-5　例题 10-4-1 图

【例题 10-4-1】　在如图 10-4-5 所示的电路中，电源电压对称，每相电压 $U_p = 220V$，负载为电灯组，在额定电压 220V 下其电阻分别为 $R_A = 5\Omega$，$R_B = 10\Omega$，$R_C = 20\Omega$。试求负载相电压、负载电流及中性线电流。

【解】

在负载不对称而有中性线的情况下，负载的相电压等于电源的相电压，也是对称的。设 A 相负载的相电压为参考相量，$\dot{U}_A = 220\angle 0°V$。则其他两相负载的相电压为

$$\dot{U}_B = 220\angle -120°V$$

$$\dot{U}_C = 220\angle 120°V$$

负载的相电流为

$$\dot{I}_A = \frac{\dot{U}_A}{R_A} = \frac{220\angle 0°}{5}A = 44\angle 0°A$$

$$\dot{I}_B = \frac{\dot{U}_B}{R_B} = \frac{220\angle -120°}{10}A = 22\angle -120°A$$

$$\dot{I}_C = \frac{\dot{U}_C}{R_C} = \frac{220\angle 120°}{20}A = 11\angle 120°A$$

中性线电流为

$$\dot{I}_N = \dot{I}_A + \dot{I}_B + \dot{I}_C = (44\angle 0° + 22\angle -120° + 11\angle 120°)A = 29.1\angle -19°A$$

根据前述分析，在三相四线制线路中，当负载对称时（$Z_a = Z_b = Z_c = Z$），中性线中的电流 $\dot{I}_N = \dot{I}_A + \dot{I}_B + \dot{I}_C = 0$，那么，中性线是否可以取消呢？根据以上结果，当三相完全对称时，中性线是可以取消的，变成三相三线制电路。如果负载不对称呢？中性线是否可以取消，也变为三相三线制电路呢？下面以如图 10-4-6(a)所示的照明电路为例来进一步分析中性线在电路中的作用。

在照明电路系统中，每层楼的灯相互并联，然后分别接至各相电压上。作为负载的灯采用星形连接，设电源电压为 $U_1 = 380V$，则每盏灯上都可得到额定的工作电压为相电压 $U_p = 220V$。

在图 10-4-6(b)中，现设置几种特殊情况来讨论中性线的作用，为便于分析，这里假设每一盏灯均视为一个电阻，且电阻值相等。

情况1：一楼、二楼、三楼接的灯一样多，A相发生短路，电路保护跳闸。

此时，对于B相和C相来说，这两个楼层的灯仍在接在各自的相电压上，并不受故障相的影响。

情况2：中性线断开；一楼、二楼、三楼接的灯一样多，A相发生短路，电路保护跳闸。

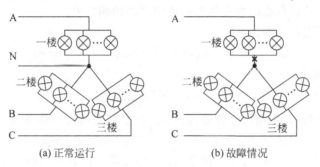

(a) 正常运行 　　　　　　　　　　(b) 故障情况

图10-4-6　照明电路

在中性线断开的情况下，当A相断开时，BC之间构成回路，所有灯接在BC之间的线电压上，$U_{BC}=380V$。当B、C两相负载对称时，每相负载上的电压为190V。其结果是二楼、三楼电灯全部变暗，均不能正常工作。

情况3：中性线断开；A相发生短路，电路保护跳闸，一楼断开；二楼和三楼两层楼灯的数量不等（设二楼灯的数量为三楼的1/4）。

在这种情况下仍然是BC之间构成回路，所有灯接在BC之间的线电压上，$U_{BC}=380V$。而由于此时二楼和三楼的灯数并不相等，这两层楼的灯将进行分压：

$$U_{R3}=\frac{1}{5}\times380=76(V)$$

$$U_{R2}=\frac{4}{5}\times380=304(V)$$

B相的电灯组上所加的电压超过电灯的额定电压（220V），灯泡被烧毁；而C相的电灯组上所加的电压低于电灯的额定电压（220V），灯不亮，这都是不允许的。

从以上几种情况的比较分析可以看出：

(1) 负载不对称而又没有中性线时，负载的相电压就不对称，这势必引起有的相的电压过高，高于负载的额定电压；有的相的电压过低，低于负载的额定电压。这都是不允许的，三相负载的相电压必须对称。

(2) 中性线的作用就在于使星形连接的不对称负载获得相同的相电压。为了保证相电压对称，就不应让中性线断开。为了确保中线在运行中不断开，其上不允许接保险丝，也不允许接刀闸。

因此，照明电路中绝对不能采用三相三线制供电，应采用三相四线制接线。

10.5　三相电路的功率

10.5.1　三相功率的计算

在第7章中介绍了单相正弦交流电路的功率计算，也就是三相电路中每一相的功率，而

三相电路总的有功功率便是各相的功率之和,即:

$$P = P_A + P_B + P_C = U_A I_A \cos\varphi_A + U_B I_B \cos\varphi_B + U_C I_C \cos\varphi_C$$

式中,P_A、P_B、P_C 分别为 A 相、B 相、C 相负载所吸收的有功功率;U_A、U_B、U_C 分别为 A 相、B 相、C 相负载的相电压;I_A、I_B、I_C 分别为 A 相、B 相、C 相负载的相电流;φ_A、φ_B、φ_C 分别为 A 相、B 相、C 相负载的相电压与相电流之间的相位差。

三相电路总的无功功率为

$$Q = U_A I_A \sin\varphi_A + U_B I_B \sin\varphi_B + U_C I_C \sin\varphi_C$$

这样,总的视在功率为

$$S = \sqrt{P^2 + Q^2}$$

在对称三相电路中,各相功率相等,因此,三相负载总的有功功率为

$$P = P_A + P_B + P_C = 3P_A = 3U_p I_p \cos\varphi_p$$

式中,U_p、I_p 分别为负载的相电压与相电流;φ 是负载的相电压与相电流之间的相位差,由负载性质决定。

当对称负载是星形连接时,$U_1 = \sqrt{3} U_p$,$I_1 = I_p$,有:

$$P = 3U_p I_p \cos\varphi = 3 \times \frac{U_1}{\sqrt{3}} I_1 \cos\varphi = \sqrt{3} U_1 I_1 \cos\varphi$$

当对称负载是三角形连接时,$U_1 = U_p$,$I_1 = \sqrt{3} I_p$,有:

$$P = 3U_p I_p \cos\varphi = 3 \times U_1 \frac{I_1}{\sqrt{3}} \cos\varphi = \sqrt{3} U_1 I_1 \cos\varphi$$

因此,不论对称负载是星形连接还是三角形连接,三相负载总的有功功率均为 $P = \sqrt{3} U_1 I_1 \cos\varphi$,与负载的连接方式无关。

同理,可得出三相负载总的无功功率与视在功率为

$$Q = 3U_p I_p \sin\varphi = \sqrt{3} U_1 I_1 \sin\varphi$$

$$S = 3U_p I_p = \sqrt{3} U_1 I_1$$

在三相负载对称的条件下,三相电路总功率的计算与接法无关。

【例题 10-5-1】 一个三相对称电路,每相的 $R = 6\Omega$,$X_L = 8\Omega$,电源线电压为 380V。试求:

(1) 负载星形连接时,求三相电路的三相平均功率、三相无功功率和三相视在功率;

(2) 负载三角形连接时,求三相电路的三相平均功率、三相无功功率和三相视在功率。

【解】

(1) 负载星形连接时,

$$U_p = \frac{U_1}{\sqrt{3}} = \frac{380}{\sqrt{3}} \text{V} = 220(\text{V})$$

每相负载的阻抗模

$$|Z| = \sqrt{R^2 + X_L^2} = \sqrt{6^2 + 8^2} \, \Omega = 10\Omega$$

则

$$I_p = I_1 = \frac{U_p}{|Z|} = 22\text{A}$$

$$\cos\varphi = \frac{R}{|Z|} = \frac{6}{10} = 0.6$$

$$\sin\varphi = 0.8$$

所以

$$P = \sqrt{3}U_1I_1\cos\varphi = \sqrt{3} \times 380 \times 22 \times 0.6 \approx 8.69(\text{kW})$$

$$Q = \sqrt{3}U_1I_1\sin\varphi = \sqrt{3} \times 380 \times 22 \times 0.8 \approx 11.58(\text{kvar})$$

$$S = \sqrt{3}U_1I_1 = \sqrt{3} \times 380 \times 22 \approx 14.48(\text{kV} \cdot \text{A})$$

（2）负载三角形连接时，

$$U_1 = U_p = 380\text{V}$$

$$I_p = \frac{U_p}{|Z|} = \frac{380}{10} = 38(\text{A})$$

$$I_1 = \sqrt{3}I_p = \sqrt{3} \times 38 \approx 66(\text{A})$$

所以

$$P = \sqrt{3}U_1I_1\cos\varphi = \sqrt{3} \times 380 \times 66 \times 0.6 = 26.06(\text{kW})$$

$$Q = \sqrt{3}U_1I_1\sin\varphi = \sqrt{3} \times 380 \times 66 \times 0.8 = 34.75(\text{kvar})$$

$$S = \sqrt{3}U_1I_1 = \sqrt{3} \times 380 \times 66\text{VA} = 43.44(\text{kV} \cdot \text{A})$$

上述计算表明，在相同的线电压下，负载三角形连接时的功率是星形连接时的 3 倍。

【例题 10-5-2】 对于如图 10-5-1 所示的电路，已知对称三相电路线电压 U_1，问负载接成星形和三角形各从电网获取多少功率？

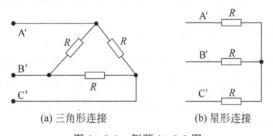

(a) 三角形连接　　　　(b) 星形连接

图 10-5-1　例题 10-5-2 图

【解】

负载接成三角形：$P_\triangle = \sqrt{3}U_1I_1 = \sqrt{3}U_1\dfrac{\sqrt{3}U_1}{R} = 3\dfrac{U_1^2}{R}$；

负载接成星形：$P_Y = \sqrt{3}U_1I_1 = \sqrt{3}U_1\dfrac{U_1}{\sqrt{3}R} = \dfrac{U_1^2}{R}$。

据此，可以得出以下结论：

（1）当负载由 Y 接改接成△接时，若线电压不变，则由于相电压与相电流增大 $\sqrt{3}$ 倍，所以功率增大 $\sqrt{3}$ 倍。

（2）若负载的相电压不变，则不论怎样连接其功率不变。

【*2014-18】 3 个相等的负载 $Z = (40 + j30)\Omega$，接成星形，其中点与电源中点通过阻抗为

$Z_N = (1+j0.9)\Omega$ 相连接,已知对称三相电源的线电压为380V,则负载的总功率 P 为(   )。

A. 1682.2W   B. 2323.2W   C. 1221.3W   D. 2432.2W

【解】 B

$$I = \frac{U}{|Z|} = \frac{\frac{380}{\sqrt{3}}}{\sqrt{30^2 + 40^2}} = 4.4(\text{A})$$

$$P = 3I^2R = 2323.2\text{W}$$

【*2013-10】 如图 10-5-2 所示的三相对称三线制电路中线电压为380V,且负载 $Z = 44\Omega$,则功率表的读数应为(   )。

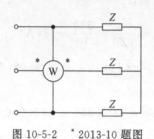

图 10-5-2 *2013-10 题图

A. 0   B. 2200W   C. 6600W   D. 4400W

【解】 A

令 $\dot{U}_A = 220\angle 0°\text{V}$,则 $\dot{U}_{AB} = 380\angle 30°\text{V}, \dot{U}_{CA} = 380\angle 150°\text{V}, \dot{U}_{AC} = 380\angle -30°\text{V}$。

相电流 $\dot{I}_A = 5\angle 0°\text{A}, \dot{I}_B = 5\angle -120°\text{A}$,则 $P = U_{AC}I_B\cos 90° = 0$。

10.5.2　三相功率的测量

根据功率的计算公式可以发现计算电路的功率需要获取所计算电路的电压、电流及相应的相位角,这就为功率的测量提供了思路,即需要设置一个电压线圈测量电路的电压相量和一个电流线圈测量电路的电流相量,最后根据电压、电流的大小及二者的相位差获得测量的功率,如图 10-5-3 所示。

三相功率的测量有以下基本方法:

(1) 一表法。在测量三相四线制接法的对称负载总功率时,可用一个功率表测量电路的功率,如图 10-5-4 所示。测量方法是将功率表的电流线圈串联在一相中,电压线圈的同名端接到其电流线圈所串的相线上,电压线圈的非同名端接到中性线上。三相电路的总功率为 $P = 3P_1$。

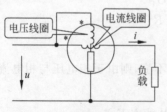

图 10-5-3　功率测量的原理

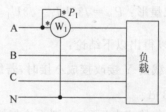

图 10-5-4　一表法测量的原理

（2）三表法。在测量三相四线制接法的不对称负载的总功率时,采用 3 个功率表测量,3 个功率表的电流线圈各串联在一相中,电压线圈的同名端接到其电流线圈所串的相线上,电压线圈的非同名端均接到中性线上,如图 10-5-5 所示。三相电路的总功率为 $P = P_1 + P_2 + P_3$。

（3）两表法。两表法适用于三相三线制接法的负载。测量线路的接法是将两个功率表的电流线圈串到任意两相中,电压线圈的同名端接到其电流线圈所串的线上,电压线圈的非同名端接到另一相没有串功率表的线上,如图 10-5-6 所示。三相电路的总功率为 $P = P_1 + P_2$。

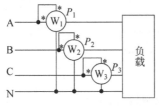

图 10-5-5　三表法测量的原理

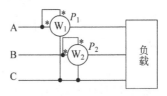

图 10-5-6　两表法测量的原理

可以证明两表法测量功率的原理:

$$p = u_A i_A + u_B i_B + u_C i_C$$
$$= i_A(u_A - u_C) + i_B(u_B - u_C)$$
$$= i_A u_{AC} + i_B u_{BC}$$

可见,两个功率表读数的代数和就等于三相电路的三相平均功率之和。

可以证明,在对称三相三线制电路中,两个功率表的读数分别为

$$P_1 = U_{AC} I_A \cos(\varphi - 30°)$$
$$P_2 = U_{BC} I_B \cos(\varphi + 30°)$$

式中,φ 为负载的阻抗角。应当注意,在一定的条件下（例如 $\varphi > 60°$）,两个功率表之一的读数可能为负,求代数和时该读数应取负值。一般来讲,单独一个功率表的读数是没有意义的。

两表法一般只适于测量三相三线制电路的有功功率。实验用的三相瓦特计实际上就是根据两表法的原理设计的。对于三相四线制电路的有功功率的测量则不能采取两表法,这是因为在一般情况下,$i_A + i_B + i_C \neq 0$。当负载不对称时,可使用一只功率表分别测量 A 相、B 相和 C 相电路的有功功率,取其总和就是三相四线制电路的有功功率。当负载对称时,只需测量单相功率,三相功率为单相功率的 3 倍。

微课 34　三相电路的功率

10.6　本章小结

本章主要介绍了 3 部分内容:三相电源、三相负载和三相功率。

（1）三相电源。三相对称电源是由 3 个频率相同、幅值相同、初相位依次相差 120° 的电压源组成的。三相电源电压的瞬时表达式之和以及相量之和均为零。三相电路中电源的连接方式分为两种——星形连接和三角形连接。星形连接分为有中线和无中线两种情况,有

中线的电路为三相四线制接线。

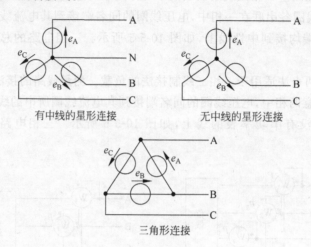

有中线的星形连接   无中线的星形连接

三角形连接

三相电源一般都是对称的,而且多用三相四线制接法。

（2）三相负载。三相电源接至三相负载,当三相负载阻抗相等时称为三相对称负载。负载的连接方式同样分为星形连接和三角形连接。

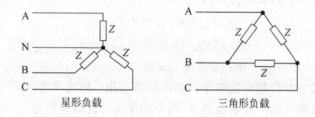

星形负载   三角形负载

负载对称时星形连接的特点是:

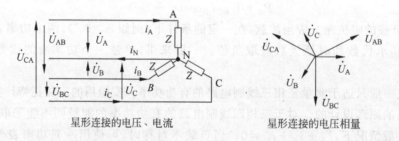

星形连接的电压、电流   星形连接的电压相量

① 线电压的大小是相电压的$\sqrt{3}$倍,线电压领先于相电压30°,即$\dot{U}_l = \sqrt{3}\dot{U}_p\angle 30°$。

② 线电流＝相电流,即$\dot{I}_l = \dot{I}_p$。

负载对称时三角形连接的特点是:

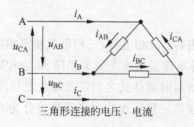

三角形连接的电压、电流

① 线电压等于相电压，即 $\dot{U}_1 = \dot{U}_p$。

② 线电流的大小等于相电流的 $\sqrt{3}$ 倍，线电压落后于相电压 30°，即 $\dot{I}_1 = \sqrt{3}\,\dot{I}_p\angle{-30°}$。

这里需要注意电路中规定的电流和电压的正方向。

在 Y-Y 连接的对称三相电路中，可采用 A 相计算电路法进行电路计算。不是 Y-Y 连接的对称电路，可以将原电路转换成 Y-Y 连接，再采用此方法计算。也可以在电路中直接计算。负载星形接法时的一般解题思路是通常线电压 u_1 为已知，则根据线电压得到相电压，然后在某一相中根据电压和负载求电流，即

$$u_1 \rightarrow u_p \rightarrow \dot{I}_1 = \dot{I}_p = \frac{\dot{U}_p}{Z}$$

如果电路为不对称电路，则需要在每一相中分别单独计算。

（3）三相功率。三相总功率为三相功率之和。当三相负载对称时，有：

$$P = \sqrt{3}\,U_1 I_1 \cos\varphi$$

$$Q = \sqrt{3}\,U_1 I_1 \sin\varphi$$

$$S = \sqrt{3}\,U_1 I_1$$

对称负载的总功率与负载的连接方式无关。

测量三相功率的方法有一表法、三表法、两表法等。

第10章 思维导图

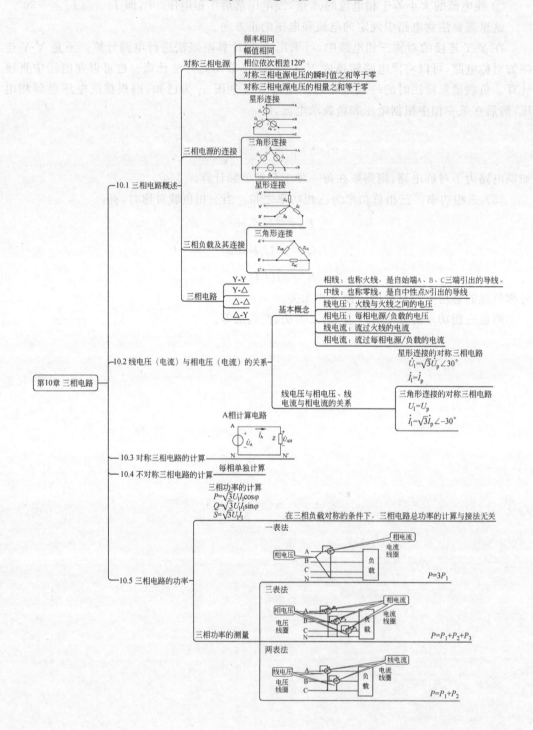

习　题

10-1　某三相交流发电机,频率为 50Hz,相电压的有效值为 220V,试写出三相相电压的瞬时值及相量表达式。

10-2　已知对称星形连接负载的每相电阻为 10Ω,感抗为 12Ω,对称线电压的有效值为 380V,试求此负载的相电流。

10-3　有一个对称星形三相负载,其功率为 12.2kW,线电压为 220V,功率因数为 0.87。求线电流,并计算负载阻抗的参数。

10-4　在题 10-3 中,如果负载接成三角形,试求线电流和功率。

10-5　已知对称三相电路的线电压 380V,三角形负载阻抗 $Z=15+j12\Omega$,端线阻抗 $Z_1=1+j1\Omega$。试求线电流和相电流,并作出电路的相量图。

10-6　对称三相电路的星形负载 $Z_1=1+j0.5\Omega$,端线阻抗 $Z=10+j8\Omega$,中线阻抗 $Z_N=1+j1\Omega$,线电压 380V。求负载相电流、相电压和线电压,并作出电路的相量图。

10-7　在相电压是 127V 的星形连接的三相发电机上连接一组接成三角形的负载,每相负载的电阻 $R=8\Omega$,电感 $X_L=6\Omega$。试求发电机每相电流和每相的输出功率,并作出电流和电压的相量图。

10-8　在题 10-8 图所示对称三相电路中,已知星形连接负载阻抗 $Z_1=(90-j27)\Omega$,线电压有效值为 $U_{ab}=380V$,三角形连接负载阻抗 $Z_2=(150+j51)\Omega$,线路阻抗 $Z_1=j2\Omega$。求线电流及电源端的线电压。

10-9　如题 10-9 图所示对称负载的线电压为 $U_{ab}=U_{bc}=U_{ca}=380V$,线电流为 2A,功率因数 $\cos\varphi=0.8$(感性),$Z_1=1+j4\Omega$,试求对称三相电源的线电压。

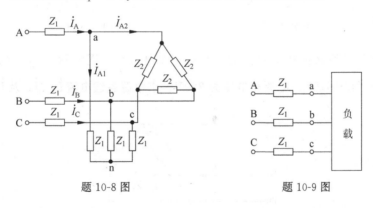

题 10-8 图　　　　　　　　题 10-9 图

10-10　两台三相异步电动机并连接于线电压为 380V 的对称三相电源,其中一台电动机为星形连接,每相复阻抗为 $Z=30+j17.3\Omega$;另一台电动机为三角形连接,每相阻抗为 $Z=16.6+j14.15\Omega$,试求线电流。

10-11　对称三相电路中,负载为三角形连接,电源为星形连接(如题 10-11 图所示)。已知负载各相阻抗为 $(8-j6)\Omega$,线路阻抗为 $j2\Omega$,电源线电压为 380V,试求电源和负载的相电流。

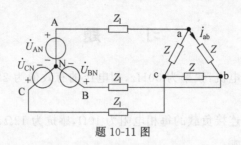

题 10-11 图

10-12 对称三相电源的相电压为 220V。A 相接入一只 220V、40W 的灯泡,B、C 相各接入一只 220V、100W 的灯泡,当中线断开后,试求各灯泡的电压。

10-13 三相发电机的线电压 $U_1 = 3300V$,经输电线供给星形连接的负载 $Z_A = Z_B = Z_C = 35 + j20\Omega$,每根端线的阻抗 $Z_1 = (5 + j10)\Omega$,试求线电流、三相发电机输出的功率及负载吸收的功率。

10-14 星形连接的负载与线电压为 380V 的对称三相电源相连接(如题 10-14 图所示),各相负载的电阻分别为 20Ω、24Ω、30Ω。电路无中线,试求各相电压。

10-15 如题 10-15 图所示为对称的 Y-Y 连接三相电路,负载阻抗 $Z = 30 + j20\Omega$,电源的相电压为 220V。求:

(1)图中电流表的读数;

(2)三相负载吸收的功率。

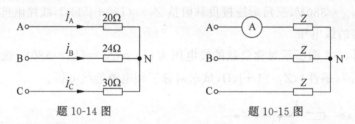

题 10-14 图　　　　　　　　　　题 10-15 图

10-16 电源对称而负载不对称的三相电路如题 10-16 图所示。$Z_1 = (150 + j75)\Omega$,$Z_2 = 75\Omega$,$Z_3 = (45 + j45)\Omega$,电源相电压为 220V。求电源各线电流 $\dot{I}_A$、$\dot{I}_B$ 及 $\dot{I}_C$。

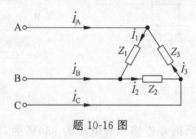

题 10-16 图

10-17 不对称三相四线制电路中的端线阻抗为零,对称三相电流的线电压为 380V,不对称的星形连接负载分别是 $Z_A = 6 + j8\Omega$,$Z_B = -j8\Omega$,$Z_C = j10\Omega$,试求各相电流、线电流及中线电流并画出相量图。

10-18 已知星形连接负载的各相阻抗为 $(30 + j45)\Omega$,所加对称的线电压为 380V。试求此负载的功率因数和吸收的平均功率。

10-19 如题 10-19 图所示,对称三相电路中 $U_{A'B'} = 380V$,三相电动机吸收的功率为 1.4kW,其功率因数 $Z_1 = -j55\Omega, \lambda = 0.866$(感性),求 U_{AB} 和电源端的功率因数 λ'。

10-20 某对称负载的功率因数为 $\lambda = 0.866$(感性),当接于线电压为 380V 的对称三相电源时,其平均功率为 45kW。试计算负载为星形连接时的每相等效阻抗。

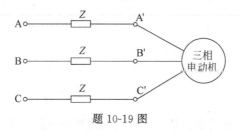

题 10-19 图

10-21 已知对称三相电路中,线电流 $\dot{I}_A = 5\angle 25°A$,线电压 $\dot{U}_{AB} = 380\angle 90°A$,试求此负载的功率因数和吸收的平均功率。

10-22 某负载各相阻抗 $Z = (3+j4)\Omega$,所加对称相电压时 220V,分别计算负载接成星形和三角形时所吸收的平均功率。

10-23 三相异步电动机的额定参数如下:$P = 7.5kW, \cos\varphi = 0.88$,线电压为 380V,试求题 10-23 图中两个功率表的读数。

10-24 三相负载接成三角形,如题 10-24 图所示。电源线电压为 220V,$Z = (20+j20)\Omega$。

(1) 求三相总有功功率。

(2) 若用两表法测三相总功率,其中一表已接好,画出另一功率表的接线图,并求出其读数。

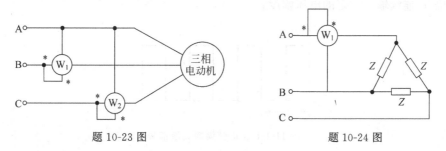

题 10-23 图   题 10-24 图

10-25 如题 10-25 图所示为对称的三相电路,电源为星形连接,$U_{AB} = 380V, Z = 27.5 + j47.64\Omega$。求:

(1) 图中功率表的读数及其代数和有无意义?

(2) 若开关 S 打开,再求(1)。

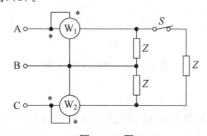

题 10-25 图

第11章
CHAPTER 11

非正弦周期信号电路

在生产实际中经常会遇到激励是非正弦周期信号的电路。在电子技术、自动控制、计算机和无线电技术等方面,电压和电流往往是周期性的非正弦波形。本章将介绍非正弦周期信号的概念、特点,以及将周期函数分解为傅里叶级数的方法。需要重点理解非正弦周期函数的有效值和平均功率的定义,并掌握非正弦周期电流电路的计算方法。

11.1 非正弦周期信号

非正弦周期交流信号具有如下特点:

(1) 不是正弦波;

(2) 按周期规律变化,满足 $f(t)=f(t+nT)$。其中,T 是信号变化的周期,n 取 1、2、3……

方波、三角波、锯齿波等均是非正弦周期交流信号,如图 11-1-1 所示的脉冲信号按一定时间间隔 T 连续输出一定的电压幅度。

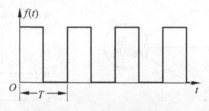

图 11-1-1 非正弦周期交流信号

【例题 11-1-1】 输入信号 u_i,如图 11-1-2(a)所示,经过图 11-1-2(b)的半波整流电路,画出其输出信号 u_o。

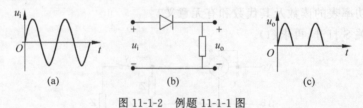

(a) (b) (c)

图 11-1-2 例题 11-1-1 图

【解】

将正弦周期信号输入半波整流电路,根据二极管的正向导通性,在正弦交流波形的正半波,二极管导通,输出 u_o;在正弦交流波形的负半波,二极管被截止,输出为 0。输出信号如

图 11-1-2(c)所示。

11.2　周期函数分解为傅里叶级数

当电路中有非正弦周期信号作用时,可利用傅里叶级数将其分解为一系列不同频率的正弦信号之和。然后根据叠加定理,将这一系列不同频率的正弦信号分别单独作用于电路中,计算每一频率的信号单独作用时所产生的正弦稳态响应分量,再把各个分量叠加,从而得到电路的非正弦稳态响应。

11.2.1　周期函数展开成傅里叶级数的条件

若周期函数满足狄利赫利条件:

(1) 周期函数极值点的数目为有限个;

(2) 间断点的数目为有限个;

(3) 在一个周期内绝对可积,即:

$$\int_0^T |f(t)|\,\mathrm{d}t < \infty$$

则该周期函数可展开成收敛的傅里叶级数。一般在电工电路里遇到的周期函数都能满足狄利赫利条件。

11.2.2　周期函数展开成傅里叶级数的方法

根据傅里叶级数的定义,一个周期函数 $f(t)$ 展开成傅里叶级数的形式为:

$$f(t) = A_0 + A_{1m}\cos(\omega_1 t + \varphi_1) + A_{2m}\cos(\omega_1 t + \varphi_2) + \cdots + A_{nm}\cos(n\omega_1 t + \varphi_n)$$

其中,A_0 是直流分量;$A_{1m}\cos(\omega_1 t + \varphi_1)$ 是基波分量,与原函数同频;$A_{2m}\cos(2\omega_1 t + \varphi_2)$ 是二次谐波,为原函数的 2 倍频;$A_{nm}\cos(n\omega_1 t + \varphi_n)$ 是高次谐波。这样,该周期函数可表示为

$$f(t) = A_0 + \sum_{k=1}^{\infty} A_{km}\cos(k\omega_1 t + \varphi_k) \tag{11-2-1}$$

由于 $A_{km}\cos(k\omega_1 t + \varphi_k) = a_k \cos k\omega_1 t + b_k \sin k\omega_1 t$,因此上式也可表示为

$$f(t) = a_0 + \sum_{k=1}^{\infty} [a_k \cos k\omega_1 t + b_k \sin k\omega_1 t] \tag{11-2-2}$$

对照式(11-2-1)和式(11-2-2),各系数之间的关系为

$$A_0 = a_0$$

$$A_{km} = \sqrt{a_k^2 + b_k^2}$$

$$a_k = A_{km}\cos\varphi_k$$

$$b_k = -A_{km}\sin\varphi_k$$

$$\varphi_k = \arctan\frac{-b_k}{a_k}$$

基于周期函数 $f(t)$ 可计算各系数:

$$A_0 = a_0 = \frac{1}{T}\int_0^T f(t)\mathrm{d}t$$

$$a_k = \frac{1}{\pi}\int_0^{2\pi} f(t)\cos(k\omega_1 t)\mathrm{d}(\omega_1 t) \qquad (11\text{-}2\text{-}3)$$

$$b_k = \frac{1}{\pi}\int_0^{2\pi} f(t)\sin(k\omega_1 t)\mathrm{d}(\omega_1 t)$$

将求得的 A_0、a_k、b_k 代入式(11-2-2)便可得到原函数 $f(t)$ 的傅里叶展开式。

11.2.3 周期函数展开成傅里叶级数的应用

观察 $f(t)$ 的傅里叶展开式可以发现,利用函数的对称性可简化系数的确定过程。本节主要讨论以下几种函数的傅里叶展开式。

1. 偶函数

对于图 11-2-1 所示的偶函数 $f(t)$,其函数关系满足 $f(t)=f(-t)$,则代入式(11-2-3)得系数 $b_k=0$。

2. 奇函数

当 $f(t)$ 是奇函数时,如图 11-2-2 所示,满足 $f(t)=-f(-t)$,则代入式(11-2-5)得系数 $a_k=0$。

3. 奇谐波函数

当 $f(t)$ 是奇谐波函数时,如图 11-2-3 所示,满足 $f(t)=f\left(-t+\dfrac{T}{2}\right)$,则可计算出系数 $a_{2k}=b_{2k}=0$。

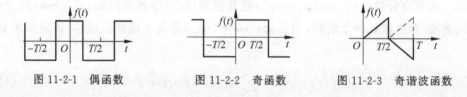

图 11-2-1　偶函数　　　　图 11-2-2　奇函数　　　　图 11-2-3　奇谐波函数

根据 $f(t)$ 的傅里叶展开式可以绘出该周期函数的幅度频谱图,即 $A_{km}\sim k\omega_1$ 的图形,如图 11-2-4 所示。图中横轴对应各次谐波的角频率,各次谐波的角频率是 ω 的整数倍。沿纵轴方向的每条线的高度代表该次频率谐波分量的振幅。从幅度频谱图中可直观地看出各频率的谐波分量振幅的相对大小。如果把各次谐波的初相位也用相应的线段表示,可以绘出相位频谱图。

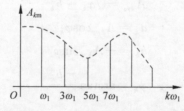

图 11-2-4　傅里叶展开的频谱图

【例题 11-2-1】 将如图 11-2-5 所示的周期性方波信号分解成傅里叶级数。

$$i_S(t) = \begin{cases} I_m, & 0 < t < \dfrac{T}{2} \\ 0, & \dfrac{T}{2} < t < T \end{cases}$$

【解】

根据式（11-2-3），图示方波电流在一个周期内的表达式为：

直流分量：$I_0 = \dfrac{1}{T}\int_0^T i_S(t)\,\mathrm{d}t = \dfrac{1}{T}\int_0^{T/2} I_m\,\mathrm{d}t = \dfrac{I_m}{2}$。

图 11-2-5　例题 11-2-1 图

谐波分量：

$$a_K = \frac{1}{\pi}\int_0^{2\pi} i_S(\omega t)\cos k\omega t\,\mathrm{d}(\omega t)$$

$$= \frac{I_m}{\pi}\frac{1}{k}\sin k\omega t\Big|_0^\pi = 0$$

$$b_K = \frac{1}{\pi}\int_0^{2\pi} i_S(\omega t)\sin k\omega t\,\mathrm{d}(\omega t)$$

$$= \frac{I_m}{\pi}\left(-\frac{1}{k}\cos k\omega t\right)\Big|_0^\pi = \begin{cases} 0, & k \text{ 为偶数} \\ \dfrac{2I_m}{k\pi}, & k \text{ 为奇数} \end{cases}$$

因此，$A_k = \sqrt{a_k^2 + b_k^2} = b_K = \dfrac{2I_m}{k\pi}$（$k$ 为奇数）。

这样，方波电流 i_S 的傅里叶展开式为

$$i_S = \frac{I_m}{2} + \frac{2I_m}{\pi}\left(\sin\omega t + \frac{1}{3}\sin 3\omega t + \frac{1}{5}\sin 5\omega t + \cdots\right) \tag{11-2-4}$$

式（11-2-4）的结论在分析电路时可直接利用。根据式（11-2-4），可以将周期性方波波形分解为表 11-2-1 所示的各次谐波分量的叠加。绘出各分量的波形如图 11-2-6 所示。

表 11-2-1　方波波形分解

方波分量	直流分量	基波分量	三次谐波分量	五次谐波分量	⋯
表达式	$I_{S0} = \dfrac{I_m}{2}$	$i_{S1} = \dfrac{2I_m}{\pi}\sin\omega t$	$i_{S3} = \dfrac{2I_m}{3\pi}\sin 3\omega t$	$i_{S5} = \dfrac{2I_m}{5\pi}\sin 5\omega t$	⋯

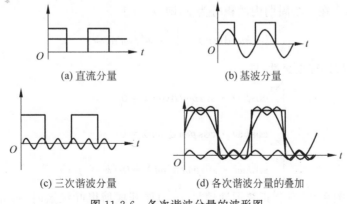

(a) 直流分量　　　　　(b) 基波分量

(c) 三次谐波分量　　　(d) 各次谐波分量的叠加

图 11-2-6　各次谐波分量的波形图

分析上述结果,周期性方波电流 i_S 可由独立的电流源叠加而成,根据该表达式,可将一个周期内的方波电流 i_S 等效为电流大小分别为 I_{S0}、i_{S1}、i_{S3}、i_{S5} 的电流源并联的等效电源电路,如图 11-2-7 所示。其频谱绘制于图 11-2-8 中。

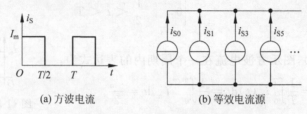

(a) 方波电流   (b) 等效电流源

图 11-2-7 方波电流的等效

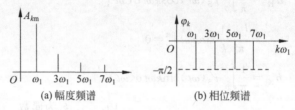

(a) 幅度频谱   (b) 相位频谱

图 11-2-8 方波电流的频谱

11.3 有效值、平均值和平均功率

11.3.1 三角函数的性质

沿着前面章节中讨论正弦交流信号、三相电路的思路,我们在分析交流信号时往往会借助电压、电流的有效值、平均功率等物理量进行体现。同样,在分析非正弦周期信号电路时,仍需沿用该思路。但非正弦周期信号的运算又比简单的正弦信号运算要复杂得多,涉及正弦或余弦函数的各种运算关系,因此,有必要先对这些三角函数的性质进行归纳,以利于运算。

(1) 正弦、余弦信号在一个周期内的积分为 0,即

$$\int_0^{2\pi} \sin k\omega t \, \mathrm{d}(\omega t) = \int_0^{2\pi} \cos k\omega t \, \mathrm{d}(\omega t) = 0, \quad k \text{ 为整数}$$

(2) $\sin^2$、$\cos^2$ 在一个周期内的积分为 π,即

$$\int_0^{2\pi} \sin^2 k\omega t \, \mathrm{d}(\omega t) = \int_0^{2\pi} \cos^2 k\omega t \, \mathrm{d}(\omega t) = \pi$$

(3) 三角函数具有正交性,即

$$\int_0^{2\pi} \cos k\omega t \cdot \sin p\omega t \, \mathrm{d}(\omega t) = 0$$

$$\int_0^{2\pi} \cos k\omega t \cdot \cos p\omega t \, \mathrm{d}(\omega t) = 0$$

$$\int_0^{2\pi} \sin k\omega t \cdot \sin p\omega t \, \mathrm{d}(\omega t) = 0 \ (k \neq p)$$

在计算各相关系数,对非正弦周期信号 $f(t)$ 展开成傅里叶级数时,可充分利用上述三

角函数的关系,简化计算过程。

11.3.2 非正弦周期函数的有效值

接下来,根据傅里叶级数展开的方法及三角函数的形式,首先计算非正弦周期函数的有效值。根据有效值的定义,若非正弦周期电流分解为傅里叶级数:

$$i(t) = I_0 + \sum_{k=1}^{\infty} I_{km} \cos(k\omega t + \varphi_k) \tag{11-3-1}$$

根据有效值的定义:

$$I = \sqrt{\frac{1}{T} \int_0^T i^2(\omega t) \mathrm{d}t}$$

将式(11-3-1)代入得:

$$I = \sqrt{\frac{1}{T} \int_0^T \left[I_0 + \sum_{k=1}^{\infty} I_{km} \cos(k\omega t + \varphi_k) \right]^2 \mathrm{d}t} \tag{11-3-2}$$

其中各系数:

$$I_0^2 = \frac{1}{T} \int_0^T I_0^2 \mathrm{d}t$$

$$I_k^2 = \frac{1}{T} \int_0^T I_{km}^2 \cos^2(k\omega t + \varphi_k) \mathrm{d}t$$

在计算系数 I_k 时,可利用三角函数的性质,得到:

$$\frac{1}{T} \int_0^T 2I_0 \cos(k\omega t + \varphi_k) \mathrm{d}t = 0$$

$$\frac{1}{T} \int_0^T 2I_{km} \cos(k\omega t + \varphi_k) I_{qm} \cos(q\omega t + \varphi_q) \mathrm{d}t = 0$$

上式中,$k \neq q$,该式也说明不同频率的正弦量乘积在一个周期内的平均值为零。将以上结果代入式(11-3-2)得到交流电流 $i(t)$ 的有效值 I 为

$$I = \sqrt{I_0^2 + \sum_{k=1}^{\infty} \frac{I_{km}^2}{2}} \tag{11-3-3}$$

将式(11-3-3)展开为

$$I = \sqrt{I_0^2 + I_1^2 + I_2^2 + \cdots}$$

即周期函数的有效值为直流分量及各次谐波分量有效值平方和的平方根。而且非正弦周期函数的有效值只与各谐波分量的有效值有关而与其相位无关。因此,当两个非正弦周期信号的幅度频谱相同而相位频谱不同时,它们所对应的有效值相等,但波形不一样,最大值也不相等。此结论可以推广应用到其他非正弦周期量。

11.3.3 非正弦周期函数的平均值

若非正弦周期电流分解为傅里叶级数:

$$i(t) = I_0 + \sum_{k=1}^{\infty} I_{km} \cos(k\omega t + \Phi_k)$$

则其直流值为

$$I = \frac{1}{T} \int_0^T i(\omega t) \, \mathrm{d}t = I_0$$

其平均值定义为

$$I_{\mathrm{av}} = \frac{1}{T} \int_0^T |i(\omega t)| \, \mathrm{d}t \tag{11-3-4}$$

即非正弦周期电流的平均值等于该电流绝对值的平均。根据式(11-3-4)计算正弦量的平均值为

$$I_{\mathrm{av}} = \frac{1}{T} \int_0^T |I_{\mathrm{m}} \cos\omega t| \, \mathrm{d}t = 0.898I$$

需要注意的是:

(1) 测量非正弦周期电流或电压的有效值需要用电磁系或电动系仪表,测量非正弦周期量的平均值要用磁电系仪表。

(2) 非正弦周期量的有效值和平均值没有固定的比例关系,它们随着波形的不同而不同。

11.3.4　非正弦周期交流电路的平均功率

假设任意一端口电路的非正弦周期电压和电流信号可以分解为傅里叶级数:

$$u(t) = U_0 + \sum_{k=1}^{\infty} U_{k\mathrm{m}} \cos(k\omega t + \varphi_{uk})$$

$$i(t) = I_0 + \sum_{k=1}^{\infty} I_{k\mathrm{m}} \cos(k\omega t + \varphi_{uk})$$

则该电路的平均功率为

$$P = \frac{1}{T} \int_0^T u \cdot i \, \mathrm{d}t$$

将电压、电流信号的傅里叶展开式代入平均功率,并利用三角函数的正交性,得:

$$\begin{aligned}
P &= U_0 I_0 + \sum_{k=1}^{\infty} U_k I_k \cos\varphi_k \\
&= U_0 I_0 + U_1 I_1 \cos\varphi_1 + U_2 I_2 \cos\varphi_2 + \cdots \\
&= P_0 + P_1 + P_2 + \cdots
\end{aligned}$$

式中,$\varphi_k = \varphi_{uk} - \varphi_{ik}$。由此可以得出结论:平均功率=直流分量的功率+各次谐波的平均功率。

【*2014-19】 在如图 11-3-1 所示的电路中,$u(t) = [20 + 40\cos\omega t + 14.1\cos(3\omega t + 60°)]$V,$R = 16\Omega$,$\omega L = 2\Omega$,$\frac{1}{\omega C} = 18\Omega$,电路中的有功功率 P 为(　　)。

图 11-3-1　*2014-19 题图

A. 122.85W   B. 61.45W   C. 31.25W   D. 15.65W

【解】 C

电源电压的直流分量 20V 作用时,电路开路,电阻上没有电流流过,功率 $P_1=0$;

基波分量 $u_1(t)=40\cos\omega t$ 作用时,电路阻抗 $Z=R+j\left(\omega L+\dfrac{1}{\omega C}\right)=16\sqrt{2}\angle-45°\,\Omega$,功率 $P_2=I_2^2R=25\mathrm{W}$;

三次谐波分量 $u_3(t)=14.1\cos(3\omega t+60°)$ 作用时,功率 $P_3=I_3^2R=6.25\mathrm{W}$;

因此,总的有功功率 $P-P_1+P_2+P_3=31.25\mathrm{W}$。

11.4 含有非正弦周期信号电流电路的分析

在分析含有非正弦周期信号电路时,可遵循以下步骤进行:

(1) 利用傅里叶级数,将非正弦周期函数展开成若干不同频率的谐波信号;

(2) 对各次谐波分别应用相量法计算(注意:交流各谐波的 X_L、X_C 不同,对于直流信号,电容 C 相当于开路、电感 L 相于短路);

(3) 将以上计算结果转换为瞬时值进行叠加。

【例题 11-4-1】 在如图 11-4-1 所示的方波信号 i_S 激励的电路中,已知:$R=20\Omega$、$L=1\mathrm{mH}$、$C=1000\mathrm{pF}$、$I_m=157\mu\mathrm{A}$、$T=6.28\mu\mathrm{s}$。求电路中的电压 u。

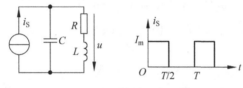

图 11-4-1 例题 11-4-1 图

【解】

(1) 根据式(11-2-4),方波信号的展开式为:

$$i_S=\frac{I_m}{2}+\frac{2I_m}{\pi}\left(\sin\omega t+\frac{1}{3}\sin3\omega t+\frac{1}{5}\sin5\omega t+\cdots\right)$$

代入数据 $I_m=157\mu\mathrm{A}$、$T=6.28\mu\mathrm{s}$ 得

直流分量:$I_0=\dfrac{I_m}{2}=\dfrac{157}{2}=78.5(\mu\mathrm{A})$;

基波最大值:$I_{1m}=\dfrac{2I_m}{\pi}=\dfrac{2\times1.57}{3.14}=100(\mu\mathrm{A})$;

三次谐波最大值:$I_{3m}=\dfrac{1}{3}I_{1m}=33.3(\mu\mathrm{A})$;

五次谐波最大值:$I_{5m}=\dfrac{1}{5}I_{1m}=20(\mu\mathrm{A})$;

角频率:$\omega=\dfrac{2\pi}{T}=\dfrac{2\times3.14}{6.28\times10^{-6}}=10^6(\mathrm{rad/s})$。

代入展开式,可以来计算得到电流源各频率的谐波分量为:

$$I_{S0} = 78.5(\mu A), \quad i_{S1} = 100\sin10^6 t(\mu A),$$

$$i_{S3} = \frac{100}{3}\sin3 \cdot 10^6 t(\mu A), \quad i_{S5} = \frac{100}{5}\sin5 \cdot 10^6 t(\mu A)$$

（2）基于叠加定理,对上述各次谐波分量单独作用时的电路分别进行计算。

① 直流分量 $I_{S0} = 78.5\mu A$ 单独作用。

在直流电流作用下,电容视为断路,电感视为短路,因此,电路可等效为如图 11-4-2 所示。

在该电路中,计算所求电压的直流分量为：$U_0 = RI_{S0} = 20 \times 78.5 \times 10^{-6} = 1.57(mV)$。

② 基波分量 $i_{S1} = 100\sin10^6 t(\mu A)$ 单独作用。

基波分量作用下的电路如图 11-4-3 所示。

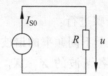

图 11-4-2　直流分量作用的电路 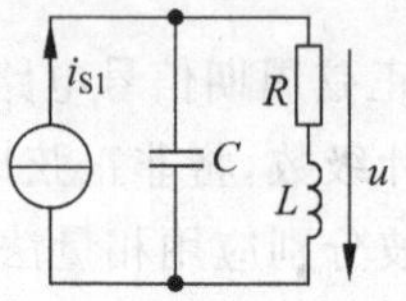　　图 11-4-3　基波分量作用的电路

在基波频率下,电容的容抗和电感感抗分别为

$$-\frac{1}{\omega_1 C} = \frac{1}{10^6 \times 1000 \times 10^{-12}} = -1(k\Omega)$$

$$\omega_1 L = 10^6 \times 10^{-3} = 1(k\Omega)$$

电路的阻抗为

$$Z(\omega_1) = \frac{(R + jX_L) \cdot (jX_C)}{R + j(X_L + X_C)} \approx -\frac{X_L X_C}{R} = \frac{L}{RC} = 50k\Omega \quad (X_L \gg R)$$

因此,所求的电压相量为

$$\dot{U}_1 = \dot{I}_1 Z(\omega_1) = \frac{100 \times 10^{-6}}{\sqrt{2}} \times 50 = \frac{5000}{\sqrt{2}}(mV)$$

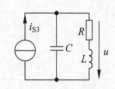

③ 三次谐波电流 $i_{S3} = \frac{100}{3}\sin3 \cdot 10^6 t \ \mu A$ 单独作用。

三次谐波分量作用下的电路如图 11-4-4 所示。

在三次谐波频率下,电容的容抗和电感感抗分别为

图 11-4-4　三次谐波分量
作用的电路

$$\frac{1}{3\omega_1 C} = \frac{1}{3 \times 10^6 \times 1000 \times 10^{-12}} = 0.33(k\Omega),$$

$$3\omega_1 L = 3 \times 10^6 \times 10^{-3} = 3(k\Omega)$$

电路的阻抗为

$$Z(3\omega_1) = \frac{(R + jX_{L3}) \cdot (-jX_{C3})}{R + j(X_{L3} - X_{C3})} = 374.5\angle -89.19°\Omega$$

因此,所求的电压相量为

$$\dot{U}_3 = \dot{I}_{S3} \cdot Z(3\omega_1) = 33.3 \times \frac{10^{-6}}{\sqrt{2}} \times 374.5\angle -89.19°$$

$$= \frac{12.47}{\sqrt{2}} \angle -89.2°(\mathrm{mV})$$

④ 五次谐波电流 $i_{\mathrm{S5}} = \frac{100}{5} \sin 5 \cdot 10^6 t$ μA 单独作用。

五次谐波分量作用下的电路如图 11-4-5 所示。

在五次谐波频率下,电容的容抗和电感感抗分别为

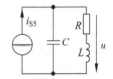

$$\frac{1}{5\omega_1 C} = \frac{1}{5 \times 10^6 \times 1000 \times 10^{-12}} = 0.2(\mathrm{k}\Omega)$$

$$5\omega_1 L = 5 \times 10^6 \times 10^{-3} = 5(\mathrm{k}\Omega)$$

电路的阻抗为

图 11-4-5 五次谐波分量
作用的电路

$$Z(5\omega_1) = \frac{(R + jX_{\mathrm{L5}}) \cdot (-jX_{\mathrm{C5}})}{R + j(X_{\mathrm{L5}} - X_{\mathrm{C5}})} = 208.3 \angle -89.53° \Omega$$

因此,所求的电压相量为

$$\dot{U}_5 = \dot{I}_{\mathrm{S5}} \cdot Z(5\omega_1) = 20 \times \frac{10^{-6}}{\sqrt{2}} \times 208.3 \angle -89.53°$$

$$= \frac{4.166}{\sqrt{2}} \angle -89.53°(\mathrm{mV})$$

(3) 综上,列出各谐波分量的计算结果:

$$\dot{U}_0 = 1.57\mathrm{mV}$$

$$\dot{U}_1 = \frac{5000}{\sqrt{2}}\ \mathrm{mV}$$

$$\dot{U}_3 = \frac{12.47}{\sqrt{2}} \angle -89.2°\mathrm{mV}$$

$$\dot{U}_5 = \frac{4.166}{\sqrt{2}} \angle -89.53°\mathrm{mV}$$

将谐波分量转换成瞬时值,并进行叠加得到:

$$u = u_0 + u_1 + u_3 + u_5 \approx 1.57 + 5000\sin\omega t + 12.47\sin(3\omega t - 89.2°) +$$

$$4.166\sin(5\omega t - 89.53°)\mathrm{mV}$$

【例题 11-4-2】 已知图 11-4-6 所示电路两端的非正弦周期电压信号为:$u = 30 + 120\cos 1000t + 60\cos\left(2000t + \frac{\pi}{4}\right)\mathrm{V}$,求电路中各表读数。

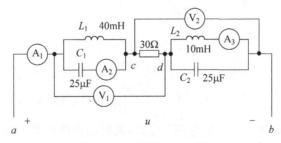

图 11-4-6 例题 11-4-2 图

【解】

首先应该清楚的一点是,问题中所要求的计算的电路中各仪表的读数指的是该电压或电流的有效值,那么便可以利用 11.3.2 节的方法进行计算。

根据叠加定理,将电压信号的各分量分别单独作用,最后取代数和。

(1) $u_0 = 30$V 作用于电路,此时 L_1、L_2 短路,C_1、C_2 开路,电路如图 11-4-7 所示。

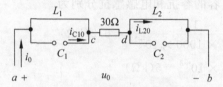

图 11-4-7 直流分量作用的电路

在该电路中,分别计算各表读数得:

$$i_0 = i_{L20} = u_0/R = 30/30 = 1\text{A}$$

$$i_{C10} = 0$$

$$u_{ad0} = u_{cb0} = u_0 = 30\text{V}$$

(2) $u_1 = 120\cos 1000t$ V 作用于电路,此时的电路如图 11-4-8 所示。

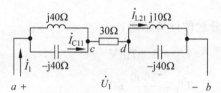

图 11-4-8 基波分量作用的电路

在基波频率作用下,各电感、电容元件的阻抗为

$$\omega L_1 = 1000 \times 40 \times 10^{-3} = 40(\Omega)$$

$$\omega L_2 = 1000 \times 10 \times 10^{-3} = 10(\Omega)$$

$$\frac{1}{\omega C_1} = \frac{1}{\omega C_2} = \frac{1}{1000 \times 25 \times 10^{-6}} = 40(\Omega)$$

由于 $\omega L_1 = \dfrac{1}{\omega C_1}$,则 a、c 部分电感电容发生并联谐振。

由于 $\dot{U}_1 = 120\angle 0°$V,因此:

$$\dot{I}_1 = \dot{I}_{L21} = 0$$

$$\dot{U}_{cb1} = 0$$

$$\dot{U}_{ad1} = \dot{U}_1 = 120\angle 0°\text{V}$$

$$\dot{I}_{C11} = j\omega C_1 \dot{U}_1 = \frac{120\angle 0°}{-j40} = 3\angle 90°\text{A}$$

(3) $u_2 = 60\cos(2000t + \pi/4)$V 作用于电路,此时的电路如图 11-4-9 所示。

在二次谐波频率作用下,各电感、电容元件的阻抗为:

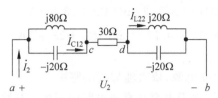

图 11-4-9 二次谐波分量作用的电路

$$2\omega L_1 - 2000 \times 40 \times 10^{-3} = 80(\Omega)$$

$$2\omega L_2 = 2000 \times 10 \times 10^{-3} = 20(\Omega)$$

$$\frac{1}{2\omega C_1} = \frac{1}{2\omega C_2} = \frac{1}{2000 \times 25 \times 10^{-6}} = 20(\Omega)$$

由于 $2\omega L_2 = \dfrac{1}{2\omega C_2}$,则 d、b 部分电感电容发生并联谐振。

由于 $\dot{U}_2 = 60\angle 45°\text{V}$,因此:

$$\dot{I}_2 = \dot{I}_{C12} = 0$$

$$\dot{U}_{ad2} = 0$$

$$\dot{U}_{cb2} = \dot{U}_2 = 60\angle 45°\text{V}$$

$$\dot{I}_{L22} = \frac{\dot{U}_1}{j2\omega L_2} = \frac{60\angle 45°}{j20} = 3\angle -45°\text{(A)}$$

综上,将各电压和电流的相量表达式转化为瞬时表达式,可以得到所求电压、电流的瞬时值为

$$i = i_0 + i_1 + i_2 = 1\text{A}$$

$$i_{C1} = i_{C10} + i_{C11} + i_{C12} = 3\cos(1000t + 90°)\text{A}$$

$$i_{L1} = i_{L20} + i_{L21} + i_{L22} = 1 + 3\cos(2000t - 45°)\text{A}$$

$$u_{ad} = u_{ad0} + u_{ad1} + u_{ad2} = 30 + 120\cos 1000t\ \text{V}$$

$$u_{cb} = u_{cb0} + u_{cb1} + u_{cb2} = 30 + 60\cos(2000)1000t\ \text{V}$$

根据非正弦周期信号有效值的定义,各仪表的读数为

表 A_1 的读数:$I = 1\text{A}$;

表 A_2 的读数:$3/\sqrt{2} = 2.12\text{A}$;

表 A_3 的读数:$\sqrt{1^2 + (3/\sqrt{2})^2} = 2.35\text{A}$;

表 V_1 的读数:$\sqrt{30^2 + (120/\sqrt{2})^2} = 90\text{A}$;

表 V_2 的读数:$\sqrt{30^2 + (60/\sqrt{2})^2} = 52\text{A}$。

【*2016-13】 在 RLC 串联电路中,已知 $R = 10\Omega$,$L = 0.05\text{H}$,$C = 50\mu\text{F}$,电源电压为 $u(t) = 20 + 90\sin(314t) + 30\sin(942t + 45°)\text{V}$,该电路中的电路 $i(t)$ 为( )。

A. $1.32\sin(314t - 78.2°) + 0.77\sqrt{2}\sin(942t - 23.9°)\text{A}$

B. $1.3\sqrt{2}\sin(314t + 78.2°) + 0.77\sqrt{2}\sin(942t - 23.9°)\text{A}$

C. $1.32\sin(314t+78.2°)+0.77\sqrt{2}\sin(942t+23.9°)$A

D. $1.3\sqrt{2}\sin(314t-78.2°)+0.77\sqrt{2}\sin(942t+23.9°)$A

【解】 B

总电源电压包括 3 个独立电源,依次施加到电路中:

(1) 施加直流源 20V 时,由于电容在直流电路中相当于开路,则电路不通,电流为零;

(2) 施加 $90\sin(314t)$,此时电路阻抗为 $R+j\omega L-j\dfrac{1}{\omega C}=10+j314\times0.05-$

$j\dfrac{1}{314\times50\times10^{-6}}=10-48j=49\angle-78.2°$,电流的最大值:$90/49=1.8367=1.3\sqrt{2}$,电流的相位角:$0°-(-78.2°)=78.2°$;

(3) 施加 $30\sin(942t+45°)$V,此时电路阻抗为 $10+j942\times0.05-j\dfrac{1}{942\times50\times10^{-6}}=$

$10+25.87j$,阻抗相位角 $\arctan\left(\dfrac{25.87}{10}\right)=68.9°$,电流的相位角:$45°-68.9°=-23.9°$。

因此,B 项正确。

11.5 本章小结

非正弦周期信号是不按正弦规律做周期性变化的电压或电流信号。在工程实际中常见的非正弦周期信号如方波、锯齿波、三角波、半波整流波形等。在满足狄利赫利条件的情况下,非正弦周期信号可展开成傅里叶级数,其傅里叶级数展开式为

$$f(t)=a_0+\sum_{k=1}^{\infty}\left[a_k\cos k\omega_1 t+b_k\sin k\omega_1 t\right]$$

式中的各系数为

$$a_0=\frac{1}{T}\int_0^T f(t)\mathrm{d}t$$

$$a_k=\frac{1}{\pi}\int_0^{2\pi}f(t)\cos(k\omega_1 t)\mathrm{d}(\omega_1 t)$$

$$b_k=\frac{1}{\pi}\int_0^{2\pi}f(t)\sin(k\omega_1 t)\mathrm{d}(\omega_1 t)$$

非正弦周期函数的有效值为直流分量及各次谐波分量有效值平方和的方根;非正弦周期电流的平均值等于该电流绝对值的平均;非正弦周期函数的平均功率为直流分量的功率与各次谐波平均功率之和,即

$$I=\sqrt{I_0^2+I_1^2+I_2^2+\cdots}$$

$I_{\mathrm{av}}=\dfrac{1}{T}\int_0^T|i(\omega t)|\mathrm{d}t$,其中正弦量的平均值为:$I_{\mathrm{av}}=0.898I$。

$$P=U_0 I_0+U_1 I_1\cos\Phi_1+U_2 I_2\cos\Phi_2+\cdots$$

在分析含有非正弦周期信号电路时,利用非正弦周期函数的傅里叶展开式,基于叠加定理,可令各次频率的谐波信号分别作用于电路进行分析,最后将各个独立计算的结果转换为瞬时值进行叠加。

第11章 思维导图

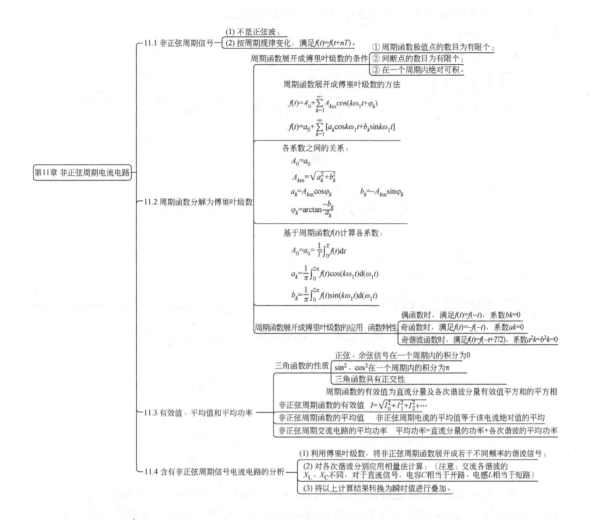

习　题

11-1　试将如题 11-1 图所示各信号展开成傅里叶级数。

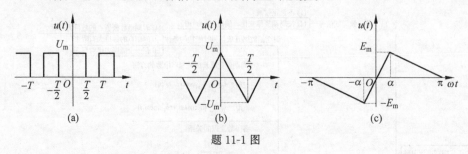

题 11-1 图

11-2　求如题 11-2 图所示波形的有效值和平均值。

11-3　将如题 11-2 图所示的方波信号作用在 RLC 串联电路中,已知:$R=10\Omega$、$L=0.05\mathrm{H}$、$C=22.5\mu\mathrm{F}$、$U_\mathrm{m}=80\mathrm{V}$、$T=0.02\mathrm{s}$,求电路中的电流。

11-4　有一 RC 并联电路,已知:$R=1\mathrm{k}\Omega$、$C=50\mu\mathrm{F}$,$i=1.5+\sqrt{2}\sin6280t$ mA,求:各支路中的电流和两端电压。

11-5　电路如题 11-5 图所示,已知 $R=25\Omega$,$\omega L=30\Omega$,$\dfrac{1}{\omega C_1}=120\Omega$,$\dfrac{1}{\omega C_2}=40\Omega$,$u(t)=[75+50\sqrt{2}\cos(\omega t)+10\sqrt{2}\cos(2\omega t)]\mathrm{V}$,试求电流 $i(t)$ 的有效值 I,电流 $i_\mathrm{L}(t)$ 及其有效值 I_L。

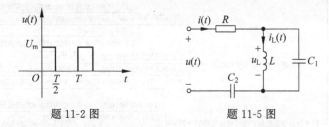

题 11-2 图　　　　　　　　　题 11-5 图

11-6　有一 RLC 串联电路,已知 $R=11\Omega$,$L=15\mathrm{mH}$,$C=70\mu\mathrm{F}$,外施电压 $u(t)=11+141.4\cos10^3t-35.4\sin2\times10^3t$ V,试求电路中电流 $i(t)$ 及以及电路所消耗的平均功率。

11-7　电路如题 11-7 图所示。已知电源电压为 $u_\mathrm{S}(t)=[10+100\sqrt{2}\sin1000t+50\sqrt{2}\sin(3000t+30°)]\mathrm{V}$,求各支路电流及电源发出的功率。

11-8　电路如题 11-8 图所示,电压 $u(t)$ 含有基波和三次谐波分量,已知基波角频率 $\omega=10^4\mathrm{rad/s}$。若要求电容电压 $u_\mathrm{C}(t)$ 中不含基波,仅含与 $u(t)$ 完全相同的三次谐波分量,且知 $R=1\mathrm{k}\Omega$,$L=1\mathrm{mH}$,求电容 C_1 和 C_2 值。

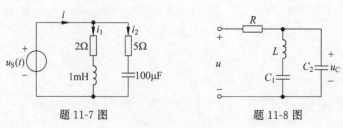

题 11-7 图　　　　　　　　　题 11-8 图

11-9 如题 11-9 图所示电路为低通滤波器,输入电压为 $u_1(t) = [400 + 100\sin - 20\sin(6 \times 314t)]$V,求负载电压 $u_2(t)$。

11-10 电路如题 11-10 图所示,$R = 20\Omega$,$\omega L_1 = 0.625\Omega$,$\frac{1}{\omega C} = 45\Omega$,$\omega L_2 = 5\Omega$,外加电压为 $u(t) = [100 + 276\sin(\omega t) + 100\sin(3\omega t) + 50\sin(9\omega t)]$V,求电流 $i(t)$ 和它的有效值。

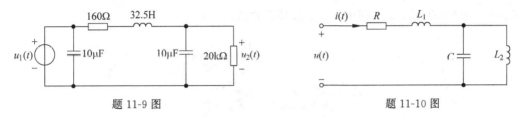

题 11-9 图　　　　　　　　　　　　题 11-10 图

11-11 电路如题 11-11 图所示,已知 $u_{S1} = 50\sqrt{2}\cos(1000t - 45°)$V,$u_{S2} = 10$V,求:电流 i_1、i_2 及有效值,并求两电源各自发出的功率。

11-12 电路如题 11-12 图所示,已知:$u_1 = [2 + 2\cos(2t)]$V,$u_2 = 3\sin(2t)$V,$R = 1\Omega$,$L = 1$H,$C = 0.25$F,求电阻上的电压 u_R 及其消耗的功率。

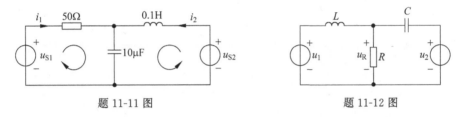

题 11-11 图　　　　　　　　　　　　题 11-12 图

11-13 如题 11-13 图所示无源二端电路 N 的电压和电流为
$$u(t) = 100\cos 314t + 50\cos(942t - 30°)\text{V}$$
$$i(t) = 10\cos 314t + 1.755\cos(942t + \theta)\text{A}$$
如果 N 可以看作 R、L、C 串联电路,试求:

(1) R、L、C 的值;

(2) θ 的值;

(3) 电路消耗的平均功率。

11-14 电路如题 11-14 图所示,$u(t) = [100 + 80\sqrt{2}\cos(\omega t + 30°) + 18\sqrt{2}\cos(3\omega t)]$V,$R = 6k\Omega$,$\omega L = 2k\Omega$,$\frac{1}{\omega C} = 18k\Omega$,求交流电流表、电压表及功率表的读数。

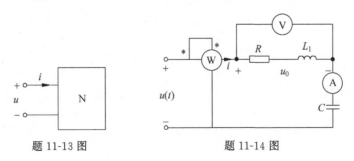

题 11-13 图　　　　　　　　　　　　题 11-14 图

11-15 在如题 11-15 图所示的电路中,已知:

$$u_1 = U + U\sin(\omega t - 90°)\,\text{V}$$

$$u_2 = 220\sqrt{2}\sin(\omega t + 90°) + 220\sqrt{2}\sin 3\omega t\,\text{V}$$

$R = 220\sqrt{2}\,\Omega$,功率表 W 的读数为 $220\sqrt{2}$ W,$\omega = 10^4\,\text{rad/s}$,$\omega M = 110\,\Omega$,$\omega L_1 = \omega L_2 = \omega L_3 = \dfrac{1}{\omega C} = 220\,\Omega$,求:$a$、$b$ 间电压 u_{ab} 及其有效值。

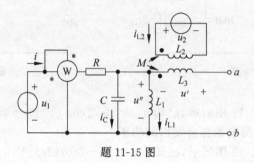

题 11-15 图

线性动态电路的
复频域分析

在前面的章节中学习了一阶和二阶线性动态电路中,通过建立电压、电流的微分方程,在一定的初始条件下求解微分方程得到电路响应的方法。该方法是分析线性动态电路的经典法。对于具有多个动态元件的复杂电路,用直接求解微分方程的方法比较困难。拉普拉斯变换和傅里叶变换都是积分变换,但拉普拉斯变换比傅里叶变换有更广泛的适用性,所以拉普拉斯变换法是求解高阶复杂动态电路的有效而重要的方法。本章将介绍采用拉普拉斯变换法分析线性动态电路的方法。

拉普拉斯变换简称拉氏变换,是一种数学积分变换,其核心是把时间函数 $f(t)$ 与复变函数 $F(s)$ 联系起来,把时域问题通过数学变换为复频域问题,把时域的高阶微分方程变换为频域的代数方程以便求解。本章重点理解拉普拉斯变换的基本原理和性质,掌握用拉普拉斯变换分析线性电路的方法和步骤。

12.1 拉普拉斯变换的定义

在解决实际问题时,变换的思想经常被用到。例如,常见的变换有:

(1) 对数变换。将 $A \times B = AB$ 的等式两边取对数,得

$$\lg A + \lg B = \lg AB$$

利用对数变换,将乘法运算变换为加法运算。

(2) 相量法。将时域的正弦量 $i_1 + i_2 = i$ 做相量变换,得

$$\dot{I}_1 + \dot{I}_2 = \dot{I}$$

利用相量法,将时域的正弦运算变换为复数运算,求解过程更加方便直接。

12.1.1 拉普拉斯变换的定义

定义 $[0_-, \infty)$ 区间内原函数 $f(t)$ 的拉普拉斯变换式:

$$F(s) = \int_{0_-}^{+\infty} f(t) e^{-st} \, dt$$

由 $f(t)$ 计算 $F(s)$ 的过程称为拉普拉斯正变换(简称拉氏正变换),通常可以 $L[\ ]$ 符号表示对方括号里的时域函数作拉氏变换,简写为 $F(s) = L[f(t)]$。

积分的结果不再是 t 的函数,而是复变量 s 的函数。拉氏变换便是将时域的函数 $f(t)$

变换为频域的复变函数 $F(s)$。$f(t)$ 称为原函数，$F(s)$ 称为原函数的象函数，$f(t)$ 与 $F(s)$ 是一一对应的，这里的 $s = \sigma + j\omega$，对应着复频率。应用拉氏变换进行电路分析称为电路的复频域分析法，又称运算法。

$$f(t) = \frac{1}{2\pi j} \int_{c-j\infty}^{c+j\infty} F(s) e^{st} ds$$

由 $F(s)$ 得到 $f(t)$ 的过程称为拉氏逆变换，用符号 $L^{-1}[\ ]$ 表示对方括号里的复变函数作拉氏逆变换，简写为 $f(t) = L^{-1}[F(s)]$。

在运用拉氏变换法时，需要注意以下几点：

(1) 积分域。将 0 时刻细分为 $(0_-, 0_+)$，那么当拉氏变换的积分下限从 0_- 开始时，称之为 0_- 拉氏变换；同样，若拉氏变换的积分下限从 0_+ 开始，则称之为 0_+ 拉氏变换。

本书中讨论的均为 0_- 拉氏变换，即

$$F(s) = \int_{0_-}^{+\infty} f(t) e^{-st} dt = \int_{0_-}^{0_+} f(t) e^{-st} dt + \int_{0_+}^{+\infty} f(t) e^{-st} dt$$

(2) 象函数 $F(s)$ 存在的条件是

$$\int_{0_-}^{\infty} |f(t) e^{-st}| dt < \infty$$

如果存在有限常数 M 和 c 使函数 $f(t)$ 满足

$$|f(t)| \leqslant M e^{ct}, \quad t \in [0, \infty)$$

可以得到 $\int_{0_-}^{\infty} |f(t)| e^{-st} dt \leqslant \int_{0_-}^{\infty} M e^{-(s-c)t} dt = \dfrac{M}{s-c}$，则 $f(t)$ 的拉氏变换式 $F(s)$ 总存在，因为总可以找到一个合适的 s 值使上式积分为有限值。

(3) 象函数 $F(s)$ 用大写字母表示，如 $I(s)$，$U(s)$；原函数 $f(t)$ 用小写字母表示，如 $i(t)$、$u(t)$ 等。

12.1.2 典型函数的拉普拉斯变换

下面根据拉氏变换的定义，计算几种典型函数的拉氏变换，其他函数的拉氏变换可以利用典型函数拉氏变换的结果变换得到。

1. 单位阶跃函数的象函数

对于单位阶跃函数 $f(t) = \varepsilon(t)$，其拉氏变换为

$$F(s) = L[\varepsilon(t)] = \int_{0_-}^{\infty} \varepsilon(t) e^{-st} dt = \int_{0_-}^{\infty} e^{-st} dt = -\frac{1}{s} e^{-st} \Big|_{0_-}^{\infty} = \frac{1}{s}$$

2. 单位冲激函数的象函数

对于单位冲激函数 $f(t) = \delta(t)$，其拉氏变换为

$$F(s) = L[\delta(t)] = \int_{0_-}^{\infty} \delta(t) e^{-st} dt = \int_{0_-}^{0_+} \delta^{-st} dt = e^{-s0} = 1$$

3. 指数函数的象函数

对于指数函数 $f(t) = e^{at}$，其拉氏变换为

$$F(s) = L[e^{at}] = \int_{0_-}^{\infty} e^{at} e^{-st} dt = -\frac{1}{s-a} e^{-(s-a)t} \Big|_{0_-}^{\infty} = \frac{1}{s-a}$$

12.2　拉普拉斯变换的基本性质

拉氏变换具有线性性质、微分性质、积分性质、延迟性质、位移性质等基本性质,利用这些性质并结合 12.1 节中典型函数的拉氏变换,可有效地进行拉氏变换的相关运算。

12.2.1　线性性质

拉氏变换的线性性质指的是:若 $L[f_1(t)]=F_1(s)$、$L[f_2(t)]=F_2(s)$,则有

$$L[A_1 f_1(t) + A_2 f_2(t)] = A_1 L[f_1(t)] + A_2 L[f_2(t)] = A_1 F_1(s) + A_2 F_2(s)$$

证明:

$$
\begin{aligned}
L[A_1 f_1(t) + A_2 f_2(t)] &= \int_{0_-}^{\infty} [A_1 f_1(t) + A_2 f_2(t)] e^{-st}\,dt \\
&= \int_{0_-}^{\infty} A_1 f_1(t) e^{-st}\,dt + \int_{0_-}^{\infty} A_2 f_2(t) e^{-st}\,dt \\
&= A_1 F_1(s) + A_2 F_2(s)
\end{aligned}
$$

证毕。

由此可以得出结论:根据拉氏变换的线性性质,求函数与常数相乘及几个函数相加减的象函数时,可以先求各函数的象函数再进行相乘及加减计算。

【例题 12-2-1】　求原函数 $f(t)=K(1-e^{-at})$ 的象函数。

【解】

利用拉氏变换的线性性质得:

$$F(s) = L[K] - L[Ke^{-at}] = \frac{K}{s} - \frac{K}{s+\alpha} = \frac{K\alpha}{s(s+\alpha)}$$

【例题 12-2-2】　求原函数 $f(t)=\sin(\omega t)$ 的象函数。

【解】

对于 $f(t)=\sin(\omega t)$ 直接进行拉氏变换有些复杂,可将其用欧拉公式替换,进而利用拉氏变换的线性性质:

$$F(s) = L[\sin(\omega t)] = L\left[\frac{1}{2j}(e^{j\omega t} - e^{-j\omega t})\right] = \frac{1}{2j}\left[\frac{1}{s-j\omega} - \frac{1}{s+j\omega}\right] = \frac{\omega}{s^2+\omega^2}$$

12.2.2　微分性质

拉氏变换的微分性质指的是:

若 $L[f(t)]=F(s)$,则有 $L\left[\dfrac{df(t)}{dt}\right] = sF(s) - f(0_-)$。

该性质可以利用 $\int u\,dv = uv - \int v\,du$ 的性质进行证明:

$$
\begin{aligned}
L\left[\frac{df(t)}{dt}\right] &= \int_{0_-}^{\infty} \frac{df(t)}{dt} e^{-st}\,dt \\
&= \int_{0_-}^{\infty} e^{-st}\,df(t)
\end{aligned}
$$

$$= e^{-st} f(t) \Big|_{0_-}^{\infty} - \int_{0_-}^{\infty} f(t)(-s e^{-st}) \, dt$$

上式中由于 $s = \sigma + j\omega$，若实部 σ 足够大，则 $e^{-st} f(t) \Big|_{0_-}^{\infty} \to 0$，于是有 $L\left[\dfrac{df(t)}{dt}\right] = -f(0_-) + sF(s)$。证毕。

【例题 12-2-3】 利用导数性质求函数 $f(t) = \cos(\omega t)$ 的象函数。

【解】

由于 $\dfrac{d\sin(\omega t)}{dt} = \omega \cos(\omega t)$，将其变换一下得到：

$$\cos(\omega t) = \frac{1}{\omega} \frac{d(\sin \omega t)}{dt}$$

利用微分性质，有

$$L[\cos(\omega t)] = L\left[\frac{1}{\omega} \frac{d}{dt}(\sin(\omega t))\right]$$

$$= \frac{1}{\omega}\left(s \frac{\omega}{s^2 + \omega^2} - 0\right)$$

$$= \frac{s}{s^2 + \omega^2}$$

当然，对于 $f(t) = \cos(\omega t)$ 的象函数也可以借助 12.2.1 节中的线性性质来计算，读者可自行完成计算过程。

12.2.3 积分性质

拉氏变换的微分性质是指：

若 $L[f(t)] = F(s)$，则有 $L\left[\displaystyle\int_{0_-}^{t} f(\xi) d\xi\right] = \dfrac{1}{s} F(s)$。

证明：令 $L\left[\displaystyle\int_{0_-}^{t} f(t) dt\right] = \phi(s)$，由于 $L[f(t)] = L\left[\dfrac{d}{dt}\displaystyle\int_{0^-}^{t} f(t) dt\right]$，则应用微分性质可得到

$$F(s) = s\phi(s) - \int_{0_-}^{t} f(t) dt \Big|_{t=0_-}^{0}$$

由于 $\displaystyle\int_{0_-}^{t} f(t) dt \Big|_{t=0}^{0} \to 0$，因此，$\phi(s) = \dfrac{F(s)}{s}$。证毕。

【例题 12-2-4】 求：$f(t) = t\varepsilon(t)$ 和 $f(t) = t^2 \varepsilon(t)$ 的象函数。

【解】

利用积分性质进行计算：

$$L[t\varepsilon(t)] = L\left[\int_{0_-}^{\infty} \varepsilon(t) dt\right] = \frac{1}{s} \cdot \frac{1}{s} = \frac{1}{s^2}$$

$$L[t^2 \varepsilon(t)] = L\left[2\int_{0}^{t} t \, dt\right] = \frac{2}{s^3}$$

12.2.4　延迟性质

拉氏变换的延迟性质是指：

若 $L[f(t)]=F(s)$，则 $L[f(t-t_0)\varepsilon(t-t_0)]=\mathrm{e}^{-st_0}F(s)$。

证明：

$$L[f(t-t_0)\varepsilon(t-t_0)]=\int_{0_-}^{\infty}f(t-t_0)\varepsilon(t-t_0)\mathrm{e}^{-st}\mathrm{d}t=\int_{0_-}^{\infty}f(t-t_0)\mathrm{e}^{-st}\mathrm{d}t$$

令 $t-t_0=\tau$，则

$$L[f(t-t_0)\varepsilon(t-t_0)]=\int_{0_-}^{\infty}f(\tau)\mathrm{e}^{-s(\tau+t_0)}\mathrm{d}\tau$$

$$=\mathrm{e}^{-st_0}\int_{0_-}^{\infty}f(\tau)\mathrm{e}^{-s\tau}\mathrm{d}\tau$$

$$=\mathrm{e}^{-st_0}F(s)$$

其中 e^{-st_0} 称为延迟因子。

【例题 12-2-5】　求图 12-2-1 所示矩形脉冲的象函数。

【解】

根据函数图像，可以写出函数表达式：$f(t)=\varepsilon(t)-\varepsilon(t-T)$。

根据延迟性质得：$F(s)=\dfrac{1}{s}-\dfrac{1}{s}\mathrm{e}^{-sT}$。

【例题 12-2-6】　求如图 12-2-2 所示三角波的象函数。

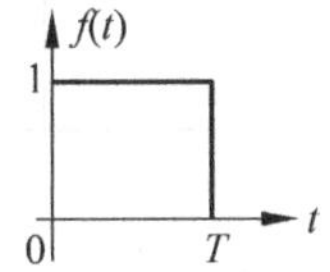

图 12-2-1　例题 12-2-5 图 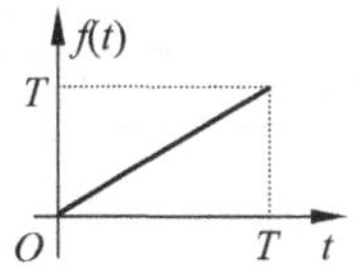　　　图 12-2-2　例题 12-2-6 图

【解】

图 12-2-2 中三角波的函数表达式可写作：$f(t)=\varepsilon(t)-\varepsilon(t-T)$。将 $f(t)$ 进行变换：$f(t)=t\varepsilon(t)-(t-T)\varepsilon(t-T)-T\varepsilon(t-T)$。根据拉氏变换的线性性质及延迟性质可得：

$$F(s)=\frac{1}{s}-\frac{1}{s}\mathrm{e}^{-sT}-\frac{T}{s}\mathrm{e}^{-sT}$$

12.2.5　位移性质

拉氏变换的延迟性质是指：

若 $L[f(t)]=F(s)$，则 $L[\mathrm{e}^{\alpha t}f(t)]=F(s-\alpha)$。

【例题 12-2-7】　求 $f(t)=\mathrm{e}^{\alpha t}\sin(\omega t)$ 的象函数。

【解】

在前面的计算过程中已经计算过：$L[\sin(\omega t)]=\dfrac{\omega}{s^2+\omega^2}$，这里直接利用此结论。

根据位移性质,原函数的象函数为 $F(s) = \dfrac{\omega}{(s-\alpha)^2 + \omega^2}$。

根据拉氏变换的定义及基本性质,可以计算出一些常用的时域函数的象函数,见表 12-2-1。

表 12-2-1　常用函数的拉氏变换表

原函数 $f(t)$	象函数 $F(s)$	原函数 $f(t)$	象函数 $F(s)$
$A\delta(t)$	A	$e^{-at}\cos(\omega t)$	$\dfrac{s+\alpha}{(s+\alpha)^2 + \omega^2}$
$A\varepsilon(t)$	$\dfrac{A}{s}$	te^{-at}	$\dfrac{1}{(s+\alpha)^2}$
Ae^{-at}	$\dfrac{A}{s+\alpha}$	t	$\dfrac{1}{s^2}$
$1-e^{-at}$	$\dfrac{\alpha}{s(s+\alpha)}$	$\sinh(\alpha t)$	$\dfrac{\alpha}{s^2 - \alpha^2}$
$\sin(\omega t)$	$\dfrac{\omega}{s^2 + \omega^2}$	$\cosh(\alpha t)$	$\dfrac{s}{s^2 - \alpha^2}$
$\cos(\omega t)$	$\dfrac{s}{s^2 + \omega^2}$	$(1-\alpha t)e^{-at}$	$\dfrac{s}{(s+\alpha)^2}$
$\sin(\omega t + \varphi)$	$\dfrac{s\sin\varphi + \omega\cos\varphi}{s^2 + \omega^2}$	$\dfrac{1}{2}t^2$	$\dfrac{1}{s^3}$
$\cos(\omega t + \varphi)$	$\dfrac{s\cos\varphi - \omega\sin\varphi}{s^2 + \omega^2}$	$\dfrac{1}{n!}t^n$	$\dfrac{1}{s^{n+1}}$
$e^{-at}\sin(\omega t)$	$\dfrac{\omega}{(s+\alpha)^2 + \omega^2}$	$\dfrac{1}{n!}t^n e^{-at}$	$\dfrac{1}{(s+\alpha)^{n+1}}$

12.3　拉普拉斯逆变换

用拉氏变换求解线性电路的时域响应时,需要把求得的拉氏变换式的复频域响应逆变换到时域,这时便需要进行拉氏逆变换。

由象函数求原函数的方法有以下 3 种:

(1) 利用拉氏逆变换的公式: $f(t) = \dfrac{1}{2\pi j} \displaystyle\int_{c-j\infty}^{c+j\infty} F(s)e^{st}\,ds$;

(2) 对于简单形式的 $F(s)$ 可以查拉氏变换表得到其原函数;

(3) 利用部分分式展开法,把 $F(s)$ 分解为简单项的组合,即

$$F(s) = F_1(s) + F_2(s) + \cdots + F_n(s)$$

这样,每一项可对应写出其时域表达式: $f(t) = f_1(t) + f_2(t) + \cdots + f_n(t)$。

象函数的一般形式为

$$F(s) = \frac{N(s)}{D(s)} = \frac{a_0 s^m + a_1 s^{m-1} + \cdots + a_m}{b_0 s^m + b_1 s^{m-1} + \cdots + b_m}, \quad n \geqslant m$$

下面将分几种情况对其进行讨论:

(1) 若分母 $D(s)=0$ 有 n 个单根，分别为 $p_1,p_2,\cdots,p_n$，利用部分分式可将 $F(s)$ 分解为

$$F(s)=\frac{K_1}{s-p_1}+\frac{K_2}{s-p_2}+\cdots+\frac{K_n}{s-p_n} \tag{12-3-1}$$

于是可以写出原函数：$f(t)=K_1\mathrm{e}^{p_1t}+K_2\mathrm{e}^{p_2t}+\cdots+K_n\mathrm{e}^{p_nt}$。

对于原函数表达式中待定常数的确定，有两种方法。

【方法 1】

以系数 K_1 为例，在式(12-3-1)的两边同时乘以 $(s-p_1)$ 得：

$$(s-p_1)F(s)=K_1+(s-p_1)\left(\frac{K_2}{s-p_2}+\cdots+\frac{K_n}{s-p_n}\right)$$

令 $s=p_1$，则等式右侧"＋"号后面的项均为 0，便可得到 K_1。于是，各系数可计算为

$$K_i=F(s)(s-p_i)\mid_{s=p_i}\quad i=1,2,3,\cdots,n$$

【方法 2】

采用求极限的方法，即

$$K_i=\lim_{s\to p_i}\frac{N(s)(s-p_i)}{D(s)}$$

$$=\lim_{s\to p_i}\frac{N'(s)(s-p_i)+N(s)}{D(s)}$$

于是有 $K_i=\dfrac{N(p_i)}{D'(p_i)}$。

可见，两种方法得到的结果是一致的。

【例题 12-3-1】

求 $F(s)=\dfrac{4s+5}{s^2+5s+6}$ 的原函数。

【解 1】

将象函数分解为简单的部分分式之和：

$$F(s)=\frac{4s+5}{s^2+5s+6}=\frac{K_1}{s+2}+\frac{K_2}{s+3}$$

则：

$$K_1=\frac{4s+5}{s+3}\mid_{s=-2}=-3$$

$$K_2=\frac{4s+5}{s+3}\mid_{s=-3}=7$$

【解 2】

采用求极限的方法：

$$K_1=\frac{N(p_1)}{D'(p_1)}=\frac{4s+5}{2s+5}\mid_{s=-2}=-3$$

$$K_2=\frac{N(p_2)}{D'(p_2)}=\frac{4s+5}{2s+5}\mid_{s=-3}=-7$$

因此,所求原函数为 $f(t) = -3e^{-2t}\varepsilon(t) + 7e^{-3t}\varepsilon(t)$。

可以总结出原函数的一般形式为

$$f(t) = \frac{N(p_1)}{D'(p_1)}e^{p_1 t} + \frac{N(p_2)}{D'(p_2)}e^{p_2 t} + \cdots + \frac{N(p_n)}{D'(p_n)}e^{p_n t}$$

(2) 若 $D(s)=0$ 具有共轭复根 $\begin{cases} p_1 = \alpha + j\omega \\ p_2 = \alpha - j\omega \end{cases}$,此时,象函数可表示为

$$F(s) = \frac{N(s)}{D(s)} = \frac{N(s)}{(s-\alpha-j\omega)(s-\alpha+j\omega)D_1(s)}$$

$$= \frac{K_1}{s-\alpha-j\omega} + \frac{K_2}{s-\alpha+j\omega} + \frac{N_1(s)}{D_1(s)}$$

其中,$\dfrac{N_1(s)}{D_1(s)}$ 为除去共轭复根之外的部分,设其原函数为 $f_1(t)$。可以得到:

$$K_{1,2} = [F(s)(s-\alpha \mp j\omega)]_{s-\alpha \mp j\omega} = \frac{N(s)}{D'(s)} \Big|_{s-\alpha \mp j\omega}$$

需要注意的是 K_1、K_2 也是一对共轭复数。这里,设 $K_1 = |K|e^{j\theta}$,$K_2 = |K|e^{-j\theta}$,则

$$f(t) = [K_1 e^{(\alpha+j\omega)t} + K_2 e^{(\alpha-j\omega)t}] + f_1(t)$$

$$= [|K|e^{j\theta}e^{(\alpha+j\omega)t} + |K|e^{-j\theta}e^{(\alpha-j\omega)t}] + f_1(t)$$

$$= |K|e^{\alpha t}[e^{j(\omega t+\theta)} + e^{-j(\omega t+\theta)}] + f_1(t)$$

$$= 2|K|e^{\alpha t}\cos(\omega t + \theta) + f_1(t)$$

上式中,α 为共轭复根的实部,ω 为共轭复根虚部的绝对值,θ 为共轭复根的相位角。

【例题 12-3-2】

求 $F(s) = \dfrac{s+3}{s^2+2s+5}$ 的原函数 $f(t)$。

【解】

$s^2+2s+5=0$ 具有两个复根:$P_{1,2} = -1 \pm j2$。

因此,

$$K_1 = \frac{s+3}{s-(-1-2j)} \Big|_{s=-1+j2} = 0.5\sqrt{2}\underline{/-45°}$$

$$K_2 = \frac{s+3}{s-(-1+2j)} \Big|_{s=-1-j2} = 0.5\sqrt{2}\underline{/45°}$$

或

$$K_1 = \frac{N(s)}{D'(s)} = \frac{s}{2s+2} \Big|_{s=-1+j2} = 0.5\sqrt{2}\underline{/-45°}$$

于是有 $f(t) = \sqrt{2}e^{-t}\cos(2t-45°)$。

(3) 若 $D(s)=0$ 具有重根。

设 $F(s) = \dfrac{a_0 s^m + a_1 s^{m-1} + \cdots + a_m}{(s-p_1)^n}$,将其表示成部分分式的形式:

$$F(s) = \frac{K_{11}}{s-p_1} + \frac{K_{12}}{(s-p_2)^2} + \cdots + \frac{K_{1n-1}}{(s-p_n)^{n-1}} + \frac{K_{1n}}{(s-p_n)^n}$$

则相关的系数：

$$K_{1n}=\left[(s-p_1)^n F(s)\right]\big|_{s=p_1}$$

$$K_{1(n-1)}=\left[\frac{\mathrm{d}}{\mathrm{d}s}(s-p_1)^n F(s)\right]\bigg|_{s=p_1}$$

$$\vdots$$

$$K_{11}=\left[\frac{1}{(n-1)!}\frac{\mathrm{d}^{n-1}}{\mathrm{d}s^{n-1}}(s-p_1)^n F(s)\right]\bigg|_{s=p_1}$$

【例题 12-3-3】

求 $F(s)=\dfrac{s+3}{s^2+2s+5}$ 的原函数 $f(t)$。

【解】

将象函数展开成部分分式的形式 $F(s)=\dfrac{s+4}{s(s+1)^2}=\dfrac{K_1}{s}+\dfrac{K_{21}}{(s+1)}+\dfrac{K_{22}}{(s+1)^2}$，则

$$K_1=\frac{s+4}{(s+1)^2}\bigg|_{s=0}=4$$

$$K_{22}=\frac{s+4}{s}\bigg|_{s=-1}=-3$$

$$K_{21}=\frac{\mathrm{d}}{\mathrm{d}s}\left[(s+1)^2 F(s)\right]\big|_{s=-1}=\frac{\mathrm{d}}{\mathrm{d}s}\left[\frac{s+4}{s}\right]\bigg|_{s=-1}=-4$$

因此，原函数 $f(t)=4-4\mathrm{e}^{-t}-3t\mathrm{e}^{-t}$。

基于以上过程，总结由 $F(s)$ 求 $f(t)$ 的步骤为

① $n=m$ 时将 $F(s)$ 化成真分式和多项式之和：

$$F(s)=A+\frac{N_0(s)}{D(s)}$$

② 求真分式分母的根，将真分式展开成部分分式的形式：

$$F(s)=A+\frac{K_1}{s-p_1}+\frac{K_2}{s-p_2}+\cdots+\frac{K_n}{s-p_n}$$

③ 求各部分分式的系数。

④ 对各部分分式和多项式逐项求拉氏逆变换。

【例题 12-3-4】

求 $F(s)=\dfrac{s^2+9s+11}{s^2+5s+6}$ 的原函数。

【解】

$$\begin{aligned}
F(s)&=\frac{s^2+9s+11}{s^2+5s+6}\\
&=1+\frac{4s+5}{s^2+5s+6}\\
&=1+\frac{-3}{s+2}+\frac{7}{s+3}
\end{aligned}$$

对应的原函数为：$f(t)=\delta(t)+(7\mathrm{e}^{-3t}-3\mathrm{e}^{-2t})$。

12.4 线性动态电路的运算电路

拉氏变换的方法在复频域中分析电路,利用复频域中的代数方程分析动态电路,可以使电路的分析得到简化。本节将介绍运算电路的变换方法。

12.4.1 基尔霍夫定律的运算形式

时域中的基尔霍夫定律表示为:

对任一结点 $\sum i(t)=0$;

对任一回路 $\sum u(t)=0$。

对上述表达式应用拉氏变换,并应用拉氏变换的线性性质,得到运算形式的基尔霍夫定律为:

对任一结点 $\sum I(s)=0$;

对任一回路 $\sum U(s)=0$。

12.4.2 电路元件的运算形式

1. 电阻 R 的运算形式

在图 12-4-1(a)所示的时域电路中: $u(t)=Ri(t)$。

对时域的 VCR 方程两端取拉氏变换得 $U(s)=RI(s)$ 或者 $I(s)=GU(s)$。

由此可以得出电阻元件的运算形式是 $Z(s)=R$,$Y(s)=G$,运算电路如图 12-4-1(b)所示。也就是说,电阻元件的运算电路仍是电阻 R。

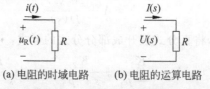

(a) 电阻的时域电路   (b) 电阻的运算电路

图 12-4-1 电阻 R 的运算形式

2. 电感 L 的运算形式

对于图 12-4-2 所示时域电路中的电感元件,其 VCR 表示为 $u=L\dfrac{\mathrm{d}i}{\mathrm{d}t}$,对此取拉氏变换,并且由微分性质得:

$$U(s)=L(sI(s)-i(0_-))=sLI(s)-Li(0_-)=Z(s)I(s)-Li(0_-)$$

$$I(s)=\frac{U(s)}{sL}+\frac{i(0_-)}{s}=Y(s)U(s)+\frac{i(0_-)}{s}$$

其中,$Z(s)=sL$,$Y(s)=1/sL$。

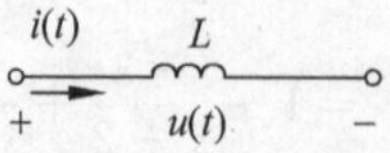

图 12-4-2 电感 L 的时域电路

基于上述表达形式,画出电感 L 的电压源形式的运算电路和电流源形式的运算电路,如图 12-4-3 所示。在图 12-4-3(a)所示电路中,电感元件的运算电路变为电感 sL 串联 $Li(0_-)$ 的电压源,且电压源的方向与电路中电压和电流的参考方向相反,$i(0_-)$ 是电感电流的初始值。

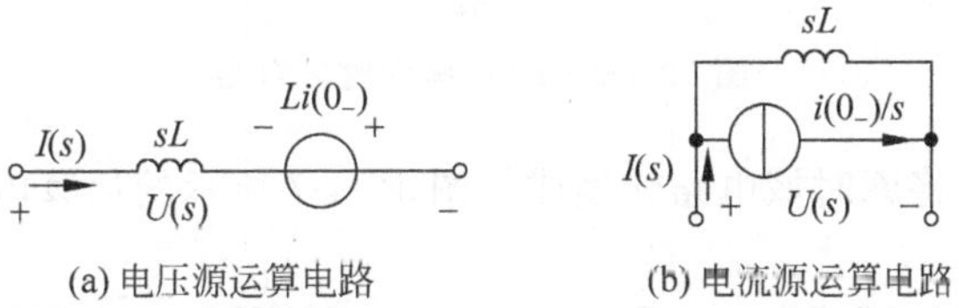

(a) 电压源运算电路　　　　　　　(b) 电流源运算电路

图 12-4-3　电感 L 的运算电路

3. 电容 C 的运算形式

在如图 12-4-4 所示电容的时域电路中,其 VCR 表示为:$u = u(0_-) + \dfrac{1}{C}\displaystyle\int_{0_-}^{t} i(\xi)\mathrm{d}\xi$。

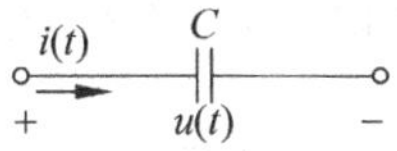

图 12-4-4　电容 C 的时域电路

对其两端取拉氏变换,由积分性质得:

$$U(s) = \frac{1}{sC}I(s) + \frac{u(0_-)}{s} = Z(s)I(s) + \frac{u(0_-)}{s}$$

$$I(s) = sCU(s) - Cu(0_-) = Y(s)U(s) - Cu(0_-)$$

其中,$Z(s) = 1/sC$,$Y(s) = sC$。与上述表达形式相对应,画出电容 C 的电压源形式的运算电路和电流源形式的运算电路,如图 12-4-5 所示。图 12-4-5(a)所示电路中,电容元件的运算电路变为 $1/sC$ 的电容串联 $u_C(0_-)/s$ 的电压源,且电压源的方向与电路中电压、电流的参考方向一致。$u_C(0_-)$ 是电容两端电压的初始值。

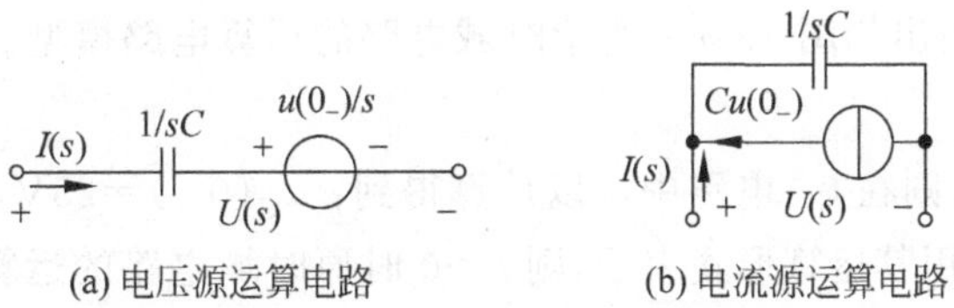

(a) 电压源运算电路　　　　　　　(b) 电流源运算电路

图 12-4-5　电容 C 的运算电路

12.4.3　RLC 串联电路的运算形式

12.4.2 节中分别推导、分析了 R、L、C 三个元件的运算电路,现将各元件连接至电路中,形成如图 12-4-6 所示的 RLC 串联电路,在该电路中分析时域形式的 VCR:

$$u = iR + L\frac{\mathrm{d}i}{\mathrm{d}t} + \frac{1}{C}\int_{0_-}^{t} i_C \mathrm{d}t$$

若 $u_C(0_-) \neq 0$,$i_L(0_-) \neq 0$,则其运算表达式为

$$U(s) = I(s)R + sLI(s) - Li(0_-) + \frac{1}{sC}I(s) + \frac{u_C(0_-)}{s} \tag{12-4-1}$$

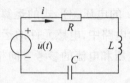

图 12-4-6　RLC 串联时域电路

根据式(12-4-1)可将原时域电路转换成如图 12-4-7 所示的运算电路。

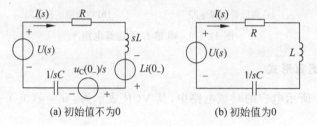

(a) 初始值不为0　　　　(b) 初始值为0

图 12-4-7　原电路的运算电路

若 $u_C(0_-)=0, i_L(0_-)=0$，则其运算电路：

$$U(s) = I(s)R + sLI(s) + \frac{1}{sC}I(s) = I(s)\left(R + sL + \frac{1}{sC}\right) = I(s)Z(s)$$

即 $U(s)=Z(s)I(s), I(s)=Y(s)U(s)$。这就是运算形式的欧姆定律。

基于以上过程，可以总结出电路的运算形式表示方式是：

(1) 将电压、电流用象函数形式；

(2) 将元件用运算阻抗或运算导纳表示；

(3) 将电容电压和电感电流初始值用附加电源表示。

12.4.4　运算电路的应用

【例题 12-4-1】　画出如图 12-4-8 所示时域电路的运算电路模型。

【解】

$t=0$ 时开关打开，则在 0_- 电路中可以计算得到：$u_C(0_-)=25\text{V}, i_L(0_-)=5\text{A}$。

由此，将各个元件用其运算形式表示，则 $t>0$ 时原时域电路的运算电路转化为图 12-4-9 所示的运算电路形式：

微课 35　拉普
拉斯变换的
运算电路

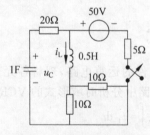

图 12-4-8　例题 12-4-1 图

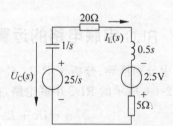

图 12-4-9　原电路的运算电路

图 12-4-9 中需注意附加电源的表示方式。

12.5 应用拉普拉斯变换法分析线性电路

在第 6 章中学习的相量法是把正弦量变换为相量（复数），从而把求解线性电路的正弦稳态问题归结为以相量为变量的线性代数方程。而运算法是把时间函数变换为对应的象函数，从而把问题归结为求解以象函数为变量的线性代数方程。

当电路的所有独立初始条件为零时，电路元件 VCR 的相量形式与运算形式是类似的，加之 KCL 和 KVL 的相量形式与运算形式也是类似的，所以对于同一电路列出的相量方程和零状态下的运算形式的方程在形式上相似。在非零状态条件下，电路方程的运算形式中还应考虑附加电源的作用。当电路中的非零独立初始条件考虑成附加电源之后，电路方程的运算形式仍与相量方程类似。可见相量法中各种计算方法和定理在形式上完全可以移用于运算法。

应用运算电路法分析电路的计算步骤为：

（1）由换路前的 0_- 电路计算 $u_C(0_-)$、$i_L(0_-)$；

（2）画出时域电路的运算电路模型，应注意运算阻抗的表示和附加电源的作用；

（3）应用前面各章介绍的各种计算方法列方程求所求量的象函数；

（4）进行拉氏逆变换求原函数。

【例题 12-5-1】 图 12-5-1 所示电路已处于稳态，$t = 0$ 时开关闭合，试用运算法求电流 $i(t)$。

【解】

（1）在 0_- 电路中计算初值：$u_C(0_-) = 1\mathrm{V}$，$i_L(0_-) = 0$。

（2）画出其运算电路，如图 12-5-2 所示。

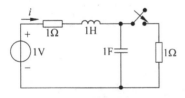

图 12-5-1 例题 12-5-1 图

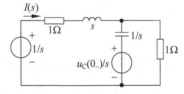

图 12-5-2 原电路的运算电路

其中，$sL = 1s$，$\dfrac{1}{sC} = \dfrac{1}{s \times 1} = \dfrac{1}{s}$。

（3）选图 12-5-2 中的两个网孔应用回路电流法列方程，左侧网孔电流为 $I_1(s)$，右侧网孔电流为 $I_2(s)$，回路电流方向均设为顺时针方向。

$$\begin{cases} \left(1 + s + \dfrac{1}{s}\right) I_1(s) - \dfrac{1}{s} I_2(s) = \dfrac{1}{s} - \dfrac{u_C(0_-)}{s} = 0 \\ -\dfrac{1}{s} I_1(s) + \left(1 + \dfrac{1}{s}\right) I_2(s) = \dfrac{u_C(0_-)}{s} = \dfrac{1}{s} \end{cases}$$

求解方程可得所求电流的象函数为：$I_1(s) = I(s) = \dfrac{1}{s(s^2 + 2s + 2)}$。

（4）利用拉氏逆变换求原函数：

$D(s) = s(s^2 + 2s + 2) = 0$ 有 3 个根：$P_1 = 0, P_2 = -1 + j, P_3 = -1 - j$。

因此，设 $I(s) = \dfrac{K_1}{s} + \dfrac{K_2}{s + 1 - j} + \dfrac{K_3}{(s + 1 + j)}$。其中：

$$K_1 = I(s)s \mid_{s=0} = \frac{1}{2}$$

$$K_2 = I(s)(s + 1 - j) \mid_{s = -1 + j} = -\frac{1}{2(1 + j)}$$

$$K_3 = I(s)(s + 1 - j) \mid_{s = -1 - j} = -\frac{1}{2(1 - j)}$$

将以上系数代入 $I(s)$ 得：

$$I(s) = \frac{1/2}{s} - \frac{1/2(1 + j)}{s + 1 - j} - \frac{1/2(1 - j)}{(s + 1 + j)}$$

对上式应用拉氏逆变换得时域表示式：

$$i(t) = L^{-1} I(s) = \frac{1}{2}(1 - e^{-t}\cos t - e^{-t}\sin t)$$

【例题 12-5-2】 图 12-5-3 所示电路中 $i_S = \delta(t)$，$u_C(0_-) = 0$，求 $u_C(t)$、$i_C(t)$。

【解】

根据各电路元件参数及电路的初始值，画出时域电路的运算电路如图 12-5-4 所示。

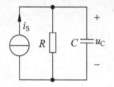
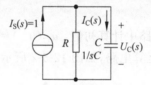

图 12-5-3　例题 12-5-2 图　　　　图 12-5-4　原电路的运算电路

该电路中计算所求电压和电流的象函数得：

$$U_C(s) = \frac{R}{R + 1/sC} I_S(s) \frac{1}{sC} = \frac{R}{RC(s + 1/RC)}$$

$$I_C(s) = U_C(s)sC = \frac{RsC}{RsC + 1} = 1 - \frac{1}{RsC + 1}$$

对它们分别取拉氏逆变换得：

$$u_C = \frac{1}{C} e^{-t/RC}, \quad t \geqslant 0$$

$$i_C = \delta(t) - \frac{1}{RC} e^{-t/RC}, \quad t \geqslant 0$$

【例题 12-5-3】 $t = 0$ 时打开开关，求如图 12-5-5 所示电路中的电感电流和电压。

【解】

（1）在 0_- 电路中计算初值得：$i_1(0_-) = 5A$，$i_2(0_-) = 0$。

（2）根据各电路参数和以上电流的初值，画出运算电路如图 12-5-6 所示。

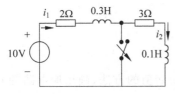
图 12-5-5 例题 12-5-3 图

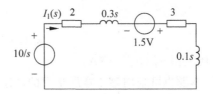
图 12-5-6 原电路的运算电路

计算串联电路中时域电流的象函数：

$$I_1(s) = \frac{\dfrac{10}{s} + 1.5}{5 + 0.4s} = \frac{10 + 1.5s}{(5 + 0.4s)s} = \frac{25 + 3.75s}{(s + 12.5)s} = \frac{2}{s} + \frac{1.75}{s + 12.5}$$

经拉氏逆变换得：

$$i_1 = 2 + 1.75e^{-12.5t} = i_2$$

继续在该电路中计算电感电压的象函数。需要注意的是，如在 12.4 节中的推导过程，在运算电路中，电感电压并非仅仅是电感元件两端的电压，还包含其串联的反向电压源的电压，即

$$U_{L1}(s) = 0.3sI_1(s) - 1.5 = -\frac{6.56}{s + 12.5} - 0.375$$

$$U_{L2}(s) = 0.1sI(s) = 0.375 - \frac{2.19}{s + 12.5}$$

可得电感电压的原函数为

$$u_{L1}(t) = -0.375\delta(t) - 6.56e^{-12.5t}$$

$$u_{L2}(t) = 0.375\delta(t) - 2.19e^{-12.5t}$$

【*2013-21】 在如图 12-5-7 所示的电路中 $u_C(0_-) = 0$，在 $t = 0$ 时闭合开关 S 后，$t = 0_+$ 时刻的 $i_C(0_+)$ 应为（　　）。

A. 3A　　　　　B. 6A　　　　　C. 2A　　　　　D. 18A

【解】

原时域电路对应的运算电路如图 12-5-8 所示。

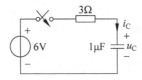
图 12-5-7 *2013-21 题图

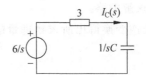
图 12-5-8 原电路的运算电路

在运算电路中列出电容电流象函数的表达式：

$$LI_C(s) + \frac{10^6}{3S}I_C(s) = \frac{6}{s}$$

解之得到：

$$I_C(s) = \frac{18}{6s + 10^6}$$

因此

$$i_C(t) = 3e^{-\frac{10^6}{6}t}$$

将 $t=0_+$ 代入得,$i_C(0_+)=3\text{A}$。

此外,本题也可采用第 5 章所学习的动态电路初始值的方法,画出原电路的 0_+ 等效电路计算 $i_C(0_+)$。

12.6 本章小结

本章介绍了拉氏变换与拉氏逆变换的定义,推导了典型函数的拉氏变换,分析了拉氏变换的性质,同时还详细介绍了拉氏逆变换的几种情况。

(1) $n=m$ 时将 $F(s)$ 化成真分式和多项式之和:

$$F(s) = A + \frac{N_0(s)}{D(s)}$$

(2) 求真分式分母的根,将真分式展开成部分分式:

$$F(s) = A + \frac{K_1}{s-p_1} + \frac{K_2}{s-p_2} + \cdots + \frac{K_n}{s-p_n}$$

可以将电路中的元件分别表示成其运算形式:

(1) 电压、电流用象函数形式;

(2) 元件用运算阻抗或运算导纳表示;

(3) 电容电压和电感电流初始值用附加电源表示。

进而可以利用运算电路法求电路的时域响应:

(1) 计算 $u_C(0_-)$ 和 $i_L(0_-)$。

(2) 画出运算电路图。

需要注意的是:

① 电感和电容的附加电压源;

② 各元件的参数:电阻参数不变,电感参数为 sL,电容参数为 $1/sC$;

③ 原电路中的电源进行拉氏变换。

(3) 列方程,求解电路。

(4) 通过拉氏逆变换得出所求物理量的时域解。

第12章　思维导图

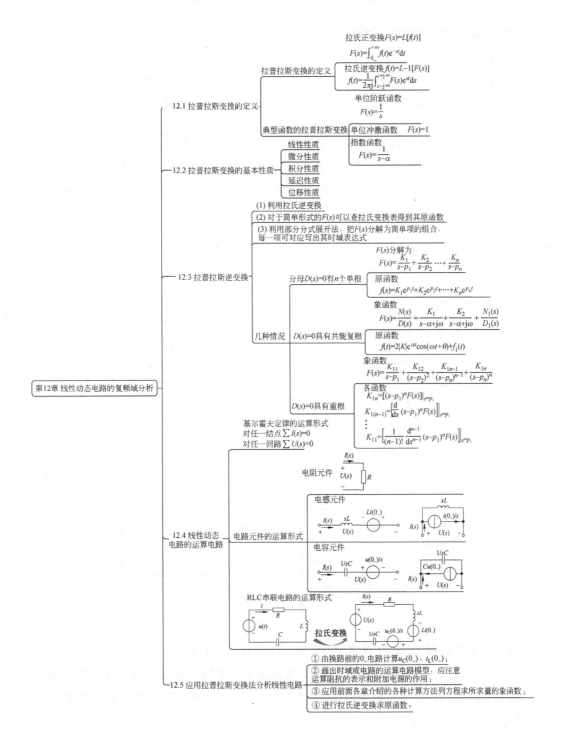

习 题

12-1 求下列各函数的象函数。

(1) $f(t) = e^{-at} + at - 1$

(2) $f(t) = t^2$

(3) $f(t) = \sin(\omega t + \varphi)$

(4) $f(t) = \cos(\omega t + \varphi)$

(5) $f(t) = t\cos(\alpha t)$

(6) $f(t) = \sinh(\alpha t)$

(7) $f(t) = e^{-at}(1 - \alpha t)$

(8) $f(t) = \dfrac{1}{\alpha}(1 - e^{-at})$

(9) $f(t) = 3\delta(t - 3) - 5e^{-at}$

(10) $f(t) = 2 + t + 3\delta(t)$

(11) $f(t) = 3e^{-t} + 4\varepsilon(t-1)e^{-(t-1)} + 6\delta(t-2)$

(12) $f(t) = (3t - 15)e^{-2(t-5)} \cdot \varepsilon(t-5)$

12-2 求下列各函数的原函数。

(1) $F(s) = \dfrac{(s+1)(s+3)}{s(s+2)(s+4)}$

(2) $F(s) = \dfrac{2s^2 + 16}{(s+12)(s^2 + 5s + 6)}$

(3) $F(s) = \dfrac{2s + 1}{s^2 + 5s + 6}$

(4) $F(s) = \dfrac{4s + 2}{s^3 + 3s^2 + 2s}$

(5) $F(s) = \dfrac{2s^2 + 6s + 9}{s^2 + 3s + 2}$

(6) $F(s) = \dfrac{s^2}{s^2 + 3s + 2}$

(7) $F(s) = \dfrac{3s^2 + 9s + 5}{(s+3)(s^2 + 2s + 2)}$

(8) $F(s) = \dfrac{2s + 5}{s^2 + 6s + 34}$

(9) $F(s) = \dfrac{1}{(s+1)(s+2)^2}$

(10) $F(s) = \dfrac{s^2 + 4s + 1}{s(s+1)^2}$

12-3 如题 12-3 图所示各电路已达稳态，$t = 0$ 时闭合开关 K，分别画出对应的运算电路图。

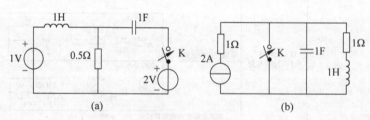

题 12-3 图

12-4 电路如题 12-4 图所示，已知 $R = 4\Omega, L = 1\text{H}, C = 1/3\text{F}, u_S(t) = 2\varepsilon(t)\text{V}$，$U_C(0_-) = 6\text{V}, i_L(0_-) = 4\text{A}$。试求 $t > 0$ 时电感电流的零输入响应，零状态响应和全响应。

12-5 如题 12-5 图所示电路已稳定，且 $u_{C2}(0_-) = 0, t = 0$ 时，合上开关 S，用拉氏变换法，求电压 u_{C1} 与 $u_{C2}(t \geq 0)$。

12-6 电路如题 12-6 图所示，已知 $U_S(t) = 12\varepsilon(t)\text{V}, U_C(0_-) = 8\text{V}, i_L(0_-) = 4\text{A}$。试求 $t > 0$ 时电感电流的全响应。

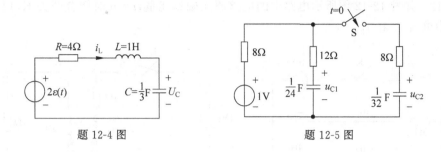

題 12-4 图　　　　題 12-5 图

12-7　如題 12-7 图所示电路的初始状态为 $i_L(0_-)=10\text{A}$，$u_C(0_-)=5\text{V}$，试用运算法求电流 $i(t)$。

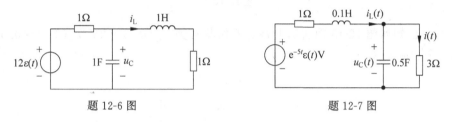

題 12-6 图　　　　題 12-7 图

12-8　如題 12-8 图所示电路在换路前已达稳态。$t=0$ 时开关接通，利用运算法求 $t>0$ 时的 $i_L(t)$。

12-9　如題 12-9 图所示电路已达稳态，$t=0$ 时，合上开关 S，用拉氏变换法求电流 $i(t\geqslant0)$。

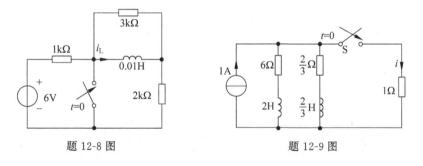

題 12-8 图　　　　題 12-9 图

12-10　已知如題 12-10 图所示电路的原始状态为 $i_L(0_-)=30\text{A}$，$u_C(0_-)=2\text{V}$。试用运算法求电流 $u_C(t)$。

12-11　在如題 12-11 图所示的电路中，$i_1(0_-)=2\text{A}$，$i_2(0_-)=0$，画出其拉氏变换运算电路（s 域模型）。

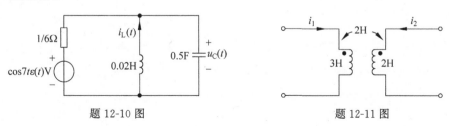

題 12-10 图　　　　題 12-11 图

12-12　如题 12-12 图所示电路中的电感原无磁场能量，$t=0$ 时闭合开关 K，用运算法求电感中电流 i_1 和 i_2。

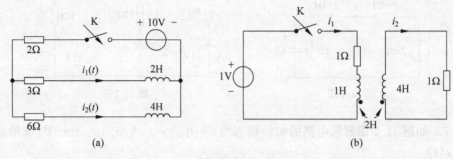

题 12-12 图

12-13　已知如题 12-13 图所示电路的原始状态为 $u_C(0_-)=2\text{V}$，$i_L(0_-)=0.5\text{A}$。试求电路的全响应 $u_C(t)$。

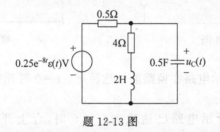

题 12-13 图

第 13 章

CHAPTER 13

二端口网络

本章主要介绍二端口网络的理论,重点介绍二端口的参数和方程、二端口的等效电路以及二端口的转移函数。

13.1 二端口网络的概念

电路与电路之间通过端子相互连接,一对端子构成一个端口,如图 13-1-1 所示。端口满足如下条件:在任意时刻,从一个端子流入的电流等于从另一个端子流出的电流,端口处的净电流为零。只有满足了该端口条件才能称之为一个端口。在前面章节中所学习的戴维南等效电路就是把一个线性有源一端口网络进行电源等效变换的方法。

当一个电路与外部电路通过两个端口连接时,称此电路为二端口网络,如图 13-1-2(a)所示。在工程实际中研究信号及能量的传输、变换或控制时,经常遇到如图 13-1-2(b)、(c)、(d)、(e)、(f)所示的放大器、滤波器、三极管、传输线、变压器等二端口网络。

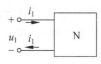

图 13-1-1　端口

在二端口网络的基础上,当研究电路特性时,根据二端口网络的连接方式和相关参数就可以分析其端口的电压、电流特性,而无须知道二端口网络内部的结构。

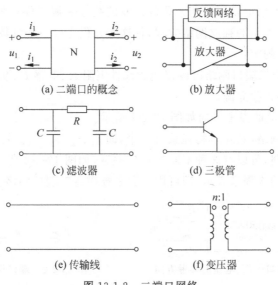

(a) 二端口的概念　(b) 放大器

(c) 滤波器　(d) 三极管

(e) 传输线　(f) 变压器

图 13-1-2　二端口网络

这里需要注意的是：

（1）二端口网络中存在两对端子满足端口条件，当电流从左侧端口的一个端子流入时，从另一个端子流出；同样，从右侧端口的一个端子流入时，也必然会从右侧的另外一个端子流出。而如果4个端子不满足上述端口条件，则不能构成二端口网络，而是一个四端网络，如图13-1-3所示。

（2）二端口的两个端口间若有外部连接，则会破坏原二端口的端口条件。如图13-1-4所示，在端子3、4之间接有外部的电路，此时：

$$\begin{cases} i'_1 = i_1 + i \neq i_1 \\ i_2 = i_2 - i \neq i_2 \end{cases}$$

那么，该电路中的 1-1'、2-2' 是二端口，而 3-3'、4-4' 并不是二端口，而是四端网络。

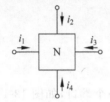

图 13-1-3　四端网络

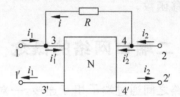

图 13-1-4　二端口网络的外部连接

研究二端口网络的意义在于，基于二端口的分析方法很容易推广应用于 n 端口网络；在一些比较复杂的大网络中分析电路时可能比较困难，可将大网络分割成许多子网络（二端口网络）进行分析；同时，仅研究端口特性时，可以用二端口网络的电路模型进行研究。

13.2　二端口网络的方程和参数

二端口网络分析的前提是讨论初始条件为零的线性无源二端口网络，通过分析找出包含两个端口电压、电流关系的独立网络方程，将这些方程通过一些参数来表示。在建立二端口方程时，首先做如下约定：

（1）本章所讨论的二端口网络范围仅包含线性电阻 R、电感 L、互感 M、电容 C 以及线性受控源等元件，但不含独立源。

（2）端口电压、电流的参考方向如图 13-2-1 所示。

对于一个二端口网络，其端口物理量有 4 个，即 i_1、i_2、u_1、u_2。针对这 4 个物理量作为输入或输出构成的电路，可以有 3 种不同的对应关系，如图 13-2-2 所示。因此端口电压、电流就可以有 6 种不同的方程来表示，即可用 6 套参数描述二端口网络。

图 13-2-1　端口电压、电流的参考方向

$$i_1 \Leftrightarrow u_1 \qquad u_1 \Leftrightarrow u_2 \qquad u_1 \Leftrightarrow i_1$$
$$i_2 \Leftrightarrow u_2 \qquad i_1 \Leftrightarrow i_2 \qquad i_2 \Leftrightarrow u_2$$

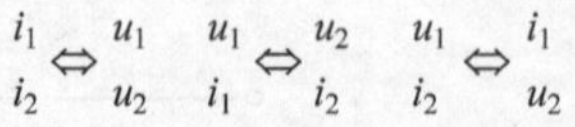

图 13-2-2　端口物理量的对应关系

13.2.1 Y 参数

1. Y 参数方程

如图 13-2-3 所示,采用正弦稳态信号的相量形式,将两个端口各施加一个电压源,则根据叠加定理,端口电流可视为电压源单独作用时产生的电流之和,即:

$$\begin{cases} \dot{I}_1 = Y_{11}\dot{U}_1 + Y_{12}\dot{U}_2 \\ \dot{I}_2 = Y_{21}\dot{U}_1 + Y_{22}\dot{U}_2 \end{cases} \quad\quad (13\text{-}2\text{-}1)$$

该方程称为 Y 参数方程。

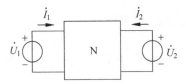

图 13-2-3　端口施加电压源的电路

将式(13-2-1)写成矩阵形式为

$$\begin{bmatrix} \dot{I}_1 \\ \dot{I}_2 \end{bmatrix} = \begin{bmatrix} Y_{11} & Y_{12} \\ Y_{21} & Y_{22} \end{bmatrix} \begin{bmatrix} \dot{U}_1 \\ \dot{U}_2 \end{bmatrix}$$

其中,Y 参数矩阵为

$$[Y] = \begin{bmatrix} Y_{11} & Y_{12} \\ Y_{21} & Y_{22} \end{bmatrix}$$

矩阵中的 Y 参数值是由内部元件参数及连接关系决定的。

2. Y 参数的物理意义

Y 参数矩阵中的各参数可通过令电压源的作用分别置零,即在某一个电压源短路的条件下计算或测量得到,此时也体现出 Y 参数的物理意义。

如图 13-2-4(a)所示,令 $\dot{U}_2 = 0$,即电压源 $\dot{U}_2$ 短路,仅有电压源 $\dot{U}_1$ 作用,则

$$Y_{11} = \frac{\dot{I}_1}{\dot{U}_1} \bigg|_{\dot{U}_2 = 0},\ \text{称为输入导纳};$$

$$Y_{21} = \frac{\dot{I}_2}{\dot{U}_1} \bigg|_{\dot{U}_2 = 0},\ \text{称为转移导纳}。$$

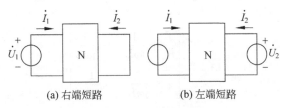

(a) 右端短路　　　　　　　　(b) 左端短路

图 13-2-4　一端电压源短路

如图 13-2-4(b)所示,令 $\dot{U}_1=0$,即电压源 $\dot{U}_1$ 短路,仅有电压源 $\dot{U}_2$ 作用,则

$Y_{12}=\dfrac{\dot{I}_1}{\dot{U}_2}|\dot{U}_1=0$,称为转移导纳;

$Y_{22}=\dfrac{\dot{I}_2}{\dot{U}_2}|\dot{U}_1=0$,称为输入导纳。

因此,Y 参数也称为短路导纳参数。

【**例题 13-2-1**】 求如图 13-2-5 所示二端口网络的 Y 参数。

【**解**】

根据 Y 参数矩阵中各参数的定义,可得:

$$Y_{11}=\frac{\dot{I}_1}{\dot{U}_1}|\dot{U}_2=0=Y_a+Y_b, \quad Y_{12}=\frac{\dot{I}_1}{\dot{U}_2}|\dot{U}_1=0=-Y_b$$

$$Y_{21}=\frac{\dot{I}_2}{\dot{U}_1}|\dot{U}_2=0=-Y_b, \quad Y_{22}=\frac{\dot{I}_2}{\dot{U}_2}|\dot{U}_1=0=Y_b+Y_c$$

因此,Y 参数矩阵写为:

$$[Y]=\begin{bmatrix} Y_{11} & Y_{12} \\ Y_{21} & Y_{22} \end{bmatrix}=\begin{bmatrix} Y_a+Y_b & -Y_b \\ -Y_b & Y_b+Y_c \end{bmatrix}$$

【**例题 13-2-2**】 求如图 13-2-6 所示二端口网络的 Y 参数。

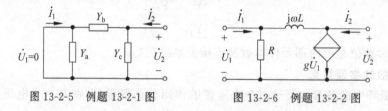

图 13-2-5 例题 13-2-1 图 　　　图 13-2-6 例题 13-2-2 图

【**解**】

根据如图 13-2-6 示的二端口网络的电路连接,直接列方程求解:

$$\dot{I}_1=\frac{\dot{U}_1}{R}+\frac{\dot{U}_1-\dot{U}_2}{j\omega L}=\left(\frac{1}{R}+\frac{1}{j\omega L}\right)\dot{U}_1-\frac{1}{j\omega L}\dot{U}_2$$

$$I_2=g\dot{U}_1+\frac{\dot{U}_2-\dot{U}_1}{j\omega L}=\left(g-\frac{1}{j\omega L}\right)\dot{U}_1+\frac{1}{j\omega L}\dot{U}_2$$

因此,Y 参数矩阵为:

$$[Y]=\begin{bmatrix} \dfrac{1}{R}+\dfrac{1}{j\omega L} & -\dfrac{1}{j\omega L} \\ g-\dfrac{1}{j\omega L} & \dfrac{1}{j\omega L} \end{bmatrix}$$

上式中,如果 $g=0$,则有 $Y_{12}=Y_{21}=-\dfrac{1}{j\omega L}$。

3. 互易二端口

对于 $Y_{12} = \dfrac{\dot{I}_1}{\dot{U}_2}|\dot{U}_1 = 0$ 和 $Y_{21} = \dfrac{\dot{I}_2}{\dot{U}_1}|\dot{U}_2 = 0$，当 $\dot{U}_1 = \dot{U}_2$ 时，$\dot{I}_1 = \dot{I}_2$，使得 $Y_{12} = Y_{21}$。

如例题 13-2-1 中，有 $Y_{12} = Y_{21} = -Y_b$。在例题 13-2-2 中，当 $g = 0$ 时，即二端口网络内部不含有受控源，而仅含有线性电阻 R、电感 L、互感 M 和电容 C 等元件时，该二端口网络称为互易二端网络，此时只需 3 个参数就可以确定该二端口网络的外部特性。互易二端口网络的 4 个参数中只有 3 个是独立的。

4. 对称二端口

除 $Y_{12} = Y_{21}$ 外，还满足 $Y_{11} = Y_{22}$ 的二端口网络称为对称二端口。如例题 13-2-1 中，当 $Y_a = Y_c = Y$ 时，$Y_{11} = Y_{22} = Y + Y_b$，便是对称二端口。

对于对称二端口，需要注意的是：

(1) 对称二端口只有两个参数是独立的。

(2) 对称二端口是指两个端口电气特性上对称。

(3) 电路结构左右对称的一般为对称二端口。

(4) 结构不对称的二端口，其电气特性可能是对称的，这样的二端口也是对称二端口。

【例题 13-2-3】 求如图 13-2-7 所示二端口网络的 Y 参数。

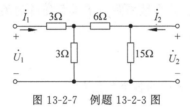

图 13-2-7 例题 13-2-3 图

【解】

$$Y_{11} = \frac{\dot{I}_1}{\dot{U}_1}|\dot{U}_2 = \frac{1}{3//6 + 3} = 0.2\text{S}, \quad Y_{22} = \frac{\dot{I}_2}{\dot{U}_2}|\dot{U}_1 = 0.2\text{S}$$

$$Y_{21} = \frac{\dot{I}_2}{\dot{U}_1}|\dot{U}_2 = -0.0667\text{S}, \quad Y_{12} = \frac{\dot{I}_1}{\dot{U}_2}|\dot{U}_2 = -0.0667\text{S}$$

可以发现 $Y_{11} = Y_{22}$、$Y_{21} = Y_{12}$，因此可以判断该二端口是对称二端口。

13.2.2 Z 参数

1. Z 参数方程

如图 13-2-8 所示，将两个端口各施加一个电流源，则端口电压可视为电流源单独作用时产生的电压之和。即

$$\begin{cases} \dot{U}_1 = Z_{11}\dot{I}_1 + Z_{12}\dot{I}_2 \\ \dot{U}_2 = Z_{21}\dot{I}_1 + Z_{22}\dot{I}_2 \end{cases} \tag{13-2-2}$$

该方程称为 Z 参数方程。

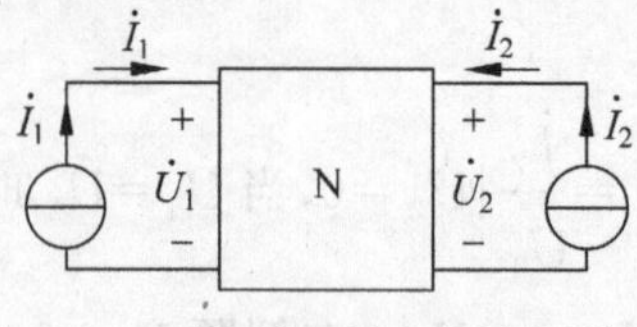

图 13-2-8 两个端口施加电流源的电路

当然,也可以根据电路由 Y 参数方程 $\begin{cases} \dot{I}_1 = Y_{11}\dot{U}_1 + Y_{12}\dot{U}_2 \\ \dot{I}_2 = Y_{21}\dot{U}_1 + Y_{22}\dot{U}_2 \end{cases}$ 解出 $\dot{U}_1$ 和 $\dot{U}_2$。即

$$\begin{cases} \dot{U}_1 = \dfrac{Y_{22}}{\Delta}\dot{I}_1 + \dfrac{-Y_{12}}{\Delta}\dot{I}_2 = Z_{11}\dot{I}_1 + Z_{12}\dot{I}_2 \\ \dot{U}_2 = \dfrac{-Y_{21}}{\Delta}\dot{I}_1 + \dfrac{Y_{11}}{\Delta}\dot{I}_2 = Z_{21}\dot{I}_1 + Z_{22}\dot{I}_2 \end{cases}$$

从而得到 Z 参数方程。其中 $\Delta = Y_{11}Y_{22} - Y_{12}Y_{21}$。

Z 参数方程的矩阵形式为: $\begin{bmatrix} \dot{U}_1 \\ \dot{U}_2 \end{bmatrix} = \begin{bmatrix} Z_{11} & Z_{12} \\ Z_{21} & Z_{22} \end{bmatrix} \begin{bmatrix} \dot{I}_1 \\ \dot{I}_2 \end{bmatrix} = [Z]\begin{bmatrix} \dot{I}_1 \\ \dot{I}_2 \end{bmatrix}$。其中,$[Z] = \begin{bmatrix} Z_{11} & Z_{12} \\ Z_{21} & Z_{22} \end{bmatrix}$ 称为 Z 参数矩阵。Z 参数矩阵与 Y 参数矩阵的关系是 $[Z] = [Y]^{-1}$,二者为互逆矩阵。

2. Z 参数的物理意义

根据 Z 参数方程,图 13-2-8 中的各个参数有:

$Z_{11} = \dfrac{\dot{U}_1}{\dot{I}_1}\Big|_{\dot{I}_2 = 0}$,称为输入阻抗;

$Z_{21} = \dfrac{\dot{U}_2}{\dot{I}_1}\Big|_{\dot{I}_2 = 0}$,称为转移阻抗;

$Z_{12} = \dfrac{\dot{U}_1}{\dot{I}_2}\Big|_{\dot{I}_1 = 0}$ 称为转移阻抗;

$Z_{22} = \dfrac{\dot{U}_2}{\dot{I}_2}\Big|_{\dot{I}_1 = 0}$ 称为输入阻抗。

由于各参数为相应的电流源开路时测得的阻抗参数,因此 Z 参数也称为开路阻抗参数。

3. 互易性和对称性

对于互易二端口网络,满足 $Z_{12} = Z_{21}$;而对于电气特性对称的二端口网络,除满足 $Z_{12} = Z_{21}$ 之外,还需满足 $Z_{11} = Z_{22}$。

【例题 13-2-4】 求如图 13-2-9 所示二端口网络的 Z 参数。

【解 1】

根据各参数的定义:

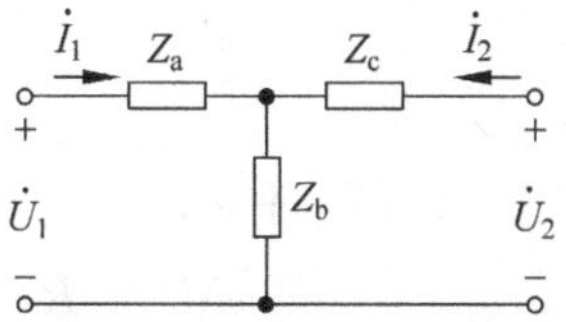

$$\dot{I}_1 \quad Z_a \quad Z_c \quad \dot{I}_2$$

图 13-2-9　例题 13-2-4 电路

$$Z_{11} = \frac{\dot{U}_1}{\dot{I}_1} \bigg| \dot{I}_2 = 0 = Z_a + Z_b$$

$$Z_{12} = \frac{\dot{U}_1}{\dot{I}_2} \bigg| \dot{I}_1 = 0 = Z_b$$

$$Z_{21} = \frac{\dot{U}_2}{\dot{I}_1} \bigg| \dot{I}_2 = 0 = Z_b$$

$$Z_{22} = \frac{\dot{U}_2}{\dot{I}_2} \bigg| \dot{I}_1 = 0 = Z_b + Z_c$$

得到：$[Z] = \begin{bmatrix} Z_a + Z_b & Z_b \\ Z_b & Z_b + Z_c \end{bmatrix}$。

【解 2】

对于左、右两个回路分别列 KVL 方程得：

$$\dot{U}_1 = Z_a \dot{I}_1 + Z_b (\dot{I}_1 + \dot{I}_2) = (Z_a + Z_b) \dot{I}_1 + Z_b \dot{I}_2$$

$$\dot{U}_2 = Z_c \dot{I}_2 + Z_b (\dot{I}_1 + \dot{I}_2) = Z_b \dot{I}_1 + (Z_b + Z_c) \dot{I}_2$$

因此，$[Z] = \begin{bmatrix} Z_a + Z_b & Z_b \\ Z_b & Z_b + Z_c \end{bmatrix}$。

【例题 13-2-5】　求如图 13-2-10 所示二端口网络的 Z 参数。

【解】

对二端口网络所在的回路列 KVL 方程：

$$\dot{U}_1 = Z_a \dot{I}_1 + Z_b (\dot{I}_1 + \dot{I}_2) = (Z_a + Z_b) \dot{I}_1 + Z_b \dot{I}_2$$

$$\dot{U}_2 = Z_c \dot{I}_2 + Z_b (\dot{I}_1 + \dot{I}_2) + Z \dot{I}_1 = (Z_b + Z) \dot{I}_1 + (Z_b + Z_c) \dot{I}_2$$

由此得：$[Z] = \begin{bmatrix} Z_a + Z_b & Z_b \\ Z_b + Z & Z_b + Z_c \end{bmatrix}$。

【例题 13-2-6】　求如图 13-2-11 所示二端口网络的 Z、Y 参数。

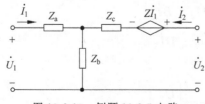

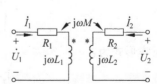

图 13-2-10　例题 13-2-5 电路　　　　图 13-2-11　例题 13-2-6 电路

【解】

对于耦合电感电路,其参数:

$$[Y] = [Z]^{-1} = \frac{\begin{bmatrix} R_2 + j\omega L_2 & -j\omega M \\ -j\omega M & R_1 + j\omega L_1 \end{bmatrix}}{\begin{bmatrix} R_1 + j\omega L_1 & j\omega M \\ j\omega M & R_2 + j\omega L_2 \end{bmatrix}}$$

需要注意的是,并非所有的二端口网络均有 Z、Y 参数。如图 13-2-12 所示电路,对于图 13-2-12(a),其端口的电压、电流关系为

$$I_1 = -\dot{I}_2 = \frac{\dot{U}_1 - \dot{U}_2}{Z}$$

因为

$$[Y] = \begin{bmatrix} \dfrac{1}{Z} & -\dfrac{1}{Z} \\ -\dfrac{1}{Z} & \dfrac{1}{Z} \end{bmatrix}$$

因此,$[Z] = [Y]^{-1}$ 并不存在。

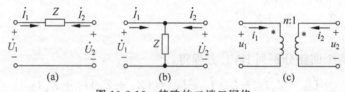

图 13-2-12 特殊的二端口网络

对于图 13-2-12(b),列出端口电压电流的关系为:$\dot{U}_1 = \dot{U}_2 = Z(\dot{I}_1 + \dot{I}_2)$,可得:

$$[Z] = \begin{bmatrix} Z & Z \\ Z & Z \end{bmatrix}$$

因此,$[Y] = [Z]^{-1}$ 也不存在。

对于图 13-2-12(c),列出端口电压电流的关系为:$\dot{U}_1 = n\dot{U}_2$,$\dot{I}_1 = -\dot{I}_2/n$,此时,$[Y]$ 和 $[Z]$ 均不存在。

13.2.3 T 参数

1. T 参数方程

根据如图 13-2-13 所示的网络,定义:

$$\begin{cases} \dot{U}_1 = A\dot{U}_2 - B\dot{I}_2 \\ \dot{I}_1 = C\dot{U}_2 - D\dot{I}_2 \end{cases}$$

将其写成矩阵形式为:

$$\begin{bmatrix} \dot{U}_1 \\ \dot{I}_1 \end{bmatrix} = [T] \begin{bmatrix} \dot{U}_2 \\ -\dot{I}_2 \end{bmatrix}$$

其中，$[T] = \begin{bmatrix} A & B \\ C & D \end{bmatrix}$，称为 T 参数矩阵。在电力线路传输中，经常用到该方程所表示的端口电压和电流关系，该方程也称为传输方程。T 参数也称为传输参数，它反映了二端口网络输入与输出之间的关系。

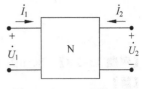

图 13-2-13 T 参数电路

2. T 参数的物理意义

对于各参数的计算，有

$$\left. \begin{aligned} A &= \frac{\dot{U}_1}{\dot{U}_2} \Big|\ \dot{I}_2 = 0 \\[2mm] C &= \frac{\dot{I}_1}{\dot{U}_2} \Big|\ \dot{I}_2 = 0 \end{aligned} \right\}$$ 为转移电压比，称为开路参数转移导纳。

$$\left. \begin{aligned} B &= \frac{\dot{U}_1}{-\dot{I}_2} \Big|\ \dot{U}_2 = 0 \\[2mm] D &= \frac{\dot{I}_1}{-\dot{I}_2} \Big|\ \dot{U}_2 = 0 \end{aligned} \right\}$$ 为转移电流比，称为转移阻抗短路参数。

3. 互易性和对称性

将式(13-2-1)的 Y 参数方程进行变换得到：

$$\dot{U}_1 = -\frac{Y_{22}}{Y_{21}}\dot{U}_2 + \frac{1}{Y_{21}}\dot{I}_2, \quad \dot{I}_1 = \left(Y_{12} - \frac{Y_{11}Y_{22}}{Y_{21}}\right)\dot{U}_2 + \frac{Y_{11}}{Y_{21}}\dot{I}_2$$

分别令

$$A = -\frac{Y_{22}}{Y_{21}}, \quad B = \frac{-1}{Y_{21}}, \quad C = \frac{Y_{12}Y_{21} - Y_{11}Y_{22}}{Y_{21}}, \quad D = -\frac{Y_{11}}{Y_{21}}$$

则

当该端口为互易二端口时：$Y_{12} = Y_{21}$，有 $AD - BC = 1$。

当该端口为对称二端口时：$Y_{11} = Y_{22}$，有 $A = D$。

【例题 13-2-7】 求如图 13-2-14 所示电路的 T 参数矩阵。

【解】

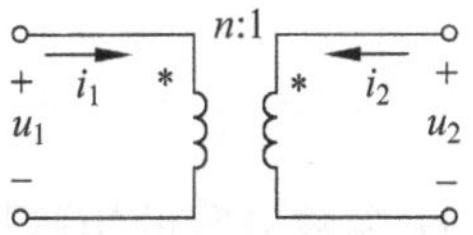

电路二端口间电压、电路的方程为：

$$\begin{cases} u_1 = nu_2 \\ i_1 = -\dfrac{1}{n}i_2 \end{cases}$$

图 13-2-14 例题 13-2-7 图

即 $\begin{bmatrix} u_1 \\ i_1 \end{bmatrix} = \begin{bmatrix} n & 0 \\ 0 & \dfrac{1}{n} \end{bmatrix} \begin{bmatrix} u_2 \\ -i_2 \end{bmatrix}$。

可以得到：

$$[T] = \begin{bmatrix} n & 0 \\ 0 & \dfrac{1}{n} \end{bmatrix}$$

【例题 13-2-8】 求如图 13-2-15 所示电路的 T 参数矩阵。

【解】

根据各参数的定义,可以计算得到:

$$A = \frac{U_1}{U_2}\Big|_{I_2=0} = 1.5, \quad B = \frac{U_1}{-I_2}\Big|_{U_2=0} = 4\Omega,$$

$$C = \frac{I_1}{U_2}\Big|_{I_2=0} = 0.5\text{S}, \quad D = \frac{I_1}{-I_2}\Big|_{U_2=0} = 2$$

因此,T 参数矩阵为:$[T] = \begin{bmatrix} A & B \\ C & D \end{bmatrix} = \begin{bmatrix} 1.5 & 4 \\ 0.5 & 2 \end{bmatrix}$。

【*2014-17】 在如图 13-2-16 所示的理想变压器电路中,已知负载电阻 $R = 1/\omega C$,则输入端电流 i 和输入端电压 u 间的相位差为（ ）。

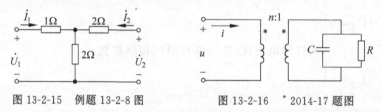

图 13-2-15 例题 13-2-8 图   图 13-2-16 *2014-17 题图

A. $-\dfrac{\pi}{2}$ B. $\dfrac{\pi}{2}$ C. $-\dfrac{\pi}{4}$ D. $\dfrac{\pi}{4}$

【解】 D

由 $\dfrac{\dot{I}}{\dot{U}} = n^2 Y = n^2 \dfrac{1}{R}(1+\text{j})$ 得,其相位差为 $\dfrac{\pi}{4}$。

13.2.4　H 参数

H 参数也称为混合参数,常用于晶体管等效电路。

1. H 参数方程

列出二端口网络的电压、电流相量方程:

$$\begin{cases} \dot{U}_1 = H_{11}\dot{I}_1 + H_{12}\dot{U}_2 \\ \dot{I}_2 = H_{21}\dot{I}_1 + H_{22}\dot{U}_2 \end{cases}$$

H 参数方程的矩阵形式为:

$$\begin{bmatrix} \dot{U}_1 \\ \dot{I}_2 \end{bmatrix} = \begin{bmatrix} H_{11} & H_{12} \\ H_{21} & H_{22} \end{bmatrix} \begin{bmatrix} \dot{I}_1 \\ \dot{U}_2 \end{bmatrix} = [H] \begin{bmatrix} \dot{I}_1 \\ \dot{U}_2 \end{bmatrix}$$

2. H 参数的物理意义

令 $\dot{U}_2 = 0$,为短路参数,有:

$$H_{11} = \frac{\dot{U}_1}{\dot{I}_1} \Big|_{\dot{U}_2=0}$$ 称为输入阻抗，$$H_{12} = \frac{\dot{I}_1}{\dot{I}_1} \Big|_{\dot{U}_2=0}$$ 称为电流转移比。

令 $\dot{I}_1 = 0$，为开路参数，有：

$$H_{12} = \frac{\dot{U}_1}{\dot{U}_2} \Big|_{\dot{I}_1=0}$$ 称为电压转移比，$$H_{22} = \frac{\dot{I}_2}{\dot{U}_2} \Big|_{\dot{I}_1=0}$$ 称为入端导纳。

3. 互易性和对称性

当 $H_{12} = -H_{21}$ 时，该二端口为互易二端口；

当 $H_{11}H_{22} - H_{12}H_{21} = 1$ 时，该二端口为对称二端口。

【例题 13-2-9】 求如图 13-2-17 所示二端口的 H 参数。

【解】

列出该电路的 H 参数方程：

$$\begin{cases} \dot{U}_1 = H_{11}\dot{I}_1 + H_{12}\dot{U}_2 \\ \dot{I}_2 = H_{21}\dot{I}_1 + H_{22}\dot{U}_2 \end{cases}$$

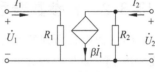

图 13-2-17　例题 13-2-9 图

其中，$\dot{U}_1 = R_1\dot{I}_1$，$\dot{I}_2 = \beta\dot{I}_1 + \dfrac{1}{R_2}\dot{U}_2$，则其 H 参数为：

$$[H] = \begin{bmatrix} R_1 & 0 \\ \beta & 1/R_2 \end{bmatrix}$$

13.3　二端口网络的等效电路

为便于分析，一个无源二端口网络可以用一个简单的二端口等效模型来代替，但二者等效的条件是等效模型的方程与原二端口网络的方程相同。根据不同的网络参数和方程可以得到结构完全不同的等效电路。

13.3.1　Z 参数表示的等效电路

如图 13-3-1 所示的二端口网络，根据式(13-2-2)所列的 Z 参数方程对其进行二端口电路等效，主要有两种方法。

【方法 1】 直接由参数方程得到等效电路，如图 13-3-2 所示。

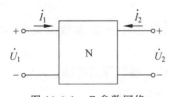

图 13-3-1　Z 参数网络

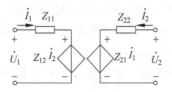

图 13-3-2　Z 参数等效电路

【方法 2】 采用等效变换的方法。

将原来的 Z 参数方程进行变换得到：

$$\dot{U}_1 = Z_{11}\dot{I}_1 + Z_{12}\dot{I}_2 = (Z_{11} - Z_{12})\dot{I}_1 + Z_{12}(\dot{I}_1 + \dot{I}_2)$$

$$\dot{U}_2 = Z_{21}\dot{I}_1 + Z_{22}\dot{I}_2 = Z_{12}(\dot{I}_1 + \dot{I}_2) + (Z_{22} - Z_{12})\dot{I}_2 + (Z_{21} - Z_{12})\dot{I}_1$$

由此可得其等效电路,如图 13-3-3 所示。如果网络是互易的,则如图 13-3-3 所示电路便变为 T 形等效电路。

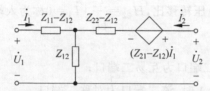

图 13-3-3　Z 参数方程转换的 T 形等效电路

13.3.2　Y 参数表示的等效电路

根据式(13-2-1)所列的 Y 参数方程,同样可采用下列两种方法得到其等效电路。

【方法 1】　直接由参数方程得到等效电路,如图 13-3-4 所示。

【方法 2】　采用等效变换的方法。

将原来的 Y 参数方程进行变换得到:

$$\dot{I}_1 = Y_{11}\dot{U}_1 + Y_{12}\dot{U}_2 = (Y_{11} + Y_{12})\dot{U}_1 - Y_{12}(\dot{U}_1 - \dot{U}_2)$$

$$\dot{I}_2 = Y_{21}\dot{U}_1 + Y_{22}\dot{U}_2 = -Y_{12}(\dot{U}_2 - \dot{U}_1) + (Y_{21} + Y_{12})\dot{U}_2 + (Y_{21} - Y_{12})\dot{U}_1$$

由此可得其等效电路,如图 13-3-5 所示。如果网络是互易的,则如图 13-3-5 所示电路变为 π 形等效电路。

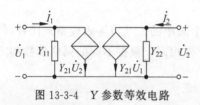

图 13-3-4　Y 参数等效电路

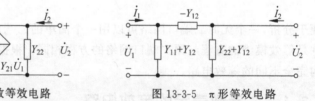

图 13-3-5　π 形等效电路

在变换二端口等效电路时,需要注意:

(1) 等效只对两个端口的电压、电流关系成立。对端口间电压则不一定成立。

(2) 一个二端口网络在满足相同网络方程的条件下,其等效电路模型不是唯一的。

(3) 若网络对称,则等效电路也对称。

(4) π 形和 T 形等效电路可以互换,根据其他参数与 Y、Z 参数的关系,可以得到用其他参数表示的 π 形和 T 形等效电路。

【例题 13-3-1】　绘出给定的 Y 参数的任意一种二端口等效电路。

$$[Y] = \begin{bmatrix} 5 & -2 \\ -2 & 3 \end{bmatrix}$$

【解】

由矩阵可知:$Y_{12} = Y_{21}$,则该二端口是互易的,故可用无源 π 形二端口网络作为等效电路：

$$Y_a = Y_{11} + Y_{12} = 5 - 2 = 3$$
$$Y_c = Y_{22} + Y_{12} = 3 - 2 = 1$$
$$Y_b = -Y_{12} = 2$$

则其 π 形等效电路如图 13-3-6 所示。通过 π 形到 T 形变换，也可得 T 形等效电路。

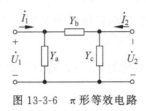

图 13-3-6 π 形等效电路

13.4 二端口的连接

一个复杂二端口网络可以看作是由若干简单的二端口按某种方式连接而成，这将使电路分析得到简化。二端口连接的方式主要有级联、并联、串联等。

13.4.1 级联

级联也称链联，如图 13-4-1 所示。由多个二端口逐级相连而成。

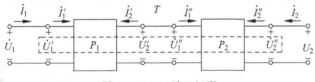

图 13-4-1 二端口级联

设级联的两个二端口网络 T 参数分别为 $[T'] = \begin{bmatrix} A' & B' \\ C' & D' \end{bmatrix}$ 和 $[T''] = \begin{bmatrix} A'' & B'' \\ C'' & D'' \end{bmatrix}$，即 T 参数方程为：

$$\begin{bmatrix} U'_1 \\ I'_1 \end{bmatrix} = \begin{bmatrix} A' & B' \\ C' & D' \end{bmatrix} \begin{bmatrix} U'_2 \\ -I'_2 \end{bmatrix}, \qquad \begin{bmatrix} U''_1 \\ I''_1 \end{bmatrix} = \begin{bmatrix} A'' & B'' \\ C'' & D'' \end{bmatrix} \begin{bmatrix} U''_2 \\ -I''_2 \end{bmatrix}$$

将两部分级联后得到：

$$\begin{bmatrix} \dot{U}_1 \\ \dot{I}_1 \end{bmatrix} = \begin{bmatrix} \dot{U}'_1 \\ \dot{I}'_1 \end{bmatrix}, \qquad \begin{bmatrix} \dot{U}'_2 \\ -\dot{I}'_2 \end{bmatrix} = \begin{bmatrix} \dot{U}''_1 \\ \dot{I}''_1 \end{bmatrix}, \qquad \begin{bmatrix} \dot{U}''_2 \\ -\dot{I}''_2 \end{bmatrix} = \begin{bmatrix} \dot{U}_2 \\ -\dot{I}_2 \end{bmatrix}$$

代入 T 参数方程得到：

$$\begin{bmatrix} \dot{U}_1 \\ \dot{I}_1 \end{bmatrix} = \begin{bmatrix} \dot{U}'_1 \\ \dot{I}'_1 \end{bmatrix} = \begin{bmatrix} A' & B' \\ C' & D' \end{bmatrix} \begin{bmatrix} \dot{U}'_2 \\ -\dot{I}'_2 \end{bmatrix} = \begin{bmatrix} A' & B' \\ C' & D' \end{bmatrix} \begin{bmatrix} A'' & B'' \\ C'' & D'' \end{bmatrix} \begin{bmatrix} \dot{U}_2 \\ -\dot{I}_2 \end{bmatrix} = \begin{bmatrix} A & B \\ C & D \end{bmatrix} \begin{bmatrix} \dot{U}_2 \\ -\dot{I}_2 \end{bmatrix}$$

因此，

$$\begin{bmatrix} A & B \\ C & D \end{bmatrix} = \begin{bmatrix} A' & B' \\ C' & D' \end{bmatrix} \begin{bmatrix} A'' & B'' \\ C'' & D'' \end{bmatrix} = \begin{bmatrix} A'A'' + B'C'' & A'B'' + B'D'' \\ C'A'' + D'C'' & C'B'' + D'D'' \end{bmatrix} \tag{13-4-1}$$

即$[T] = [T'][T'']$。

由此可以得出结论，即级联后所得的复合二端口 T 参数矩阵等于级联的二端口 T 参数矩阵相乘。上述结论可推广到 n 个二端口级联的关系。

需要注意的是：

(1) 级联时 T 参数是矩阵相乘的关系，不是对应元素相乘。根据式(13-4-1)，显然 $A = A'A'' + B'C'' \neq A'A''$。

(2) 级联时各二端口的端口条件不会被破坏。

【例题 13-4-1】 求如图 13-4-2 所示二端口的 T 参数。

【解】

将原二端口电路表示为 3 个二端口的级联，如图 13-4-3 所示。

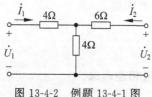

图 13-4-2 例题 13-4-1 图 　　　图 13-4-3 二端口级联等效电路

则可以求出：

$$[T_1] = \begin{bmatrix} 1 & 4 \\ 0 & 1 \end{bmatrix}, \quad [T_2] = \begin{bmatrix} 1 & 0 \\ 0.25 & 1 \end{bmatrix}, \quad [T_3] = \begin{bmatrix} 1 & 6 \\ 0 & 1 \end{bmatrix}$$

因此，二端口的 T 参数为：

$$[T] = [T_1][T_2][T_3] = \begin{bmatrix} 1 & 4 \\ 0 & 1 \end{bmatrix} \begin{bmatrix} 1 & 0 \\ 0.25 & 1 \end{bmatrix} \begin{bmatrix} 1 & 6 \\ 0 & 1 \end{bmatrix} = \begin{bmatrix} 2 & 16 \\ 0.25 & 2.5 \end{bmatrix}$$

13.4.2 并联

图 13-4-4 所示为二端口的并联，由两个二端口对应的端子分别相连得到。

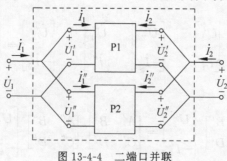

图 13-4-4 二端口并联

对于并联二端口电路,可采用 Y 参数更方便地表示:

$$\begin{bmatrix} \dot{I}'_1 \\ \dot{I}'_2 \end{bmatrix} = \begin{bmatrix} Y'_{11} & Y'_{12} \\ Y'_{21} & Y'_{22} \end{bmatrix} \begin{bmatrix} \dot{U}'_1 \\ \dot{U}'_2 \end{bmatrix}, \quad \begin{bmatrix} \dot{I}''_1 \\ \dot{I}''_2 \end{bmatrix} = \begin{bmatrix} Y''_{11} & Y''_{12} \\ Y''_{21} & Y''_{22} \end{bmatrix} \begin{bmatrix} \dot{U}''_1 \\ \dot{U}''_2 \end{bmatrix}$$

由于并联后

$$\begin{bmatrix} \dot{U}_1 \\ \dot{U}_2 \end{bmatrix} = \begin{bmatrix} \dot{U}'_1 \\ \dot{U}'_2 \end{bmatrix} = \begin{bmatrix} \dot{U}''_1 \\ \dot{U}''_2 \end{bmatrix}, \quad \begin{bmatrix} \dot{I}_1 \\ \dot{I}_2 \end{bmatrix} = \begin{bmatrix} \dot{I}'_1 \\ \dot{I}'_2 \end{bmatrix} + \begin{bmatrix} \dot{I}''_1 \\ \dot{I}''_2 \end{bmatrix}$$

则并联后的 Y 参数方程为

$$\begin{bmatrix} \dot{I}_1 \\ \dot{I}_2 \end{bmatrix} = \begin{bmatrix} \dot{I}'_1 \\ \dot{I}'_2 \end{bmatrix} + \begin{bmatrix} \dot{I}''_1 \\ \dot{I}''_2 \end{bmatrix} = \begin{bmatrix} Y'_{11} & Y'_{12} \\ Y'_{21} & Y'_{22} \end{bmatrix} \begin{bmatrix} \dot{U}'_1 \\ \dot{U}'_2 \end{bmatrix} + \begin{bmatrix} Y''_{11} & Y''_{12} \\ Y''_{21} & Y''_{22} \end{bmatrix} \begin{bmatrix} \dot{U}''_1 \\ \dot{U}''_2 \end{bmatrix}$$

$$= \left\{ \begin{bmatrix} Y'_{11} & Y'_{12} \\ Y'_{21} & Y'_{22} \end{bmatrix} + \begin{bmatrix} Y''_{11} & Y''_{12} \\ Y''_{21} & Y''_{22} \end{bmatrix} \right\} \begin{bmatrix} \dot{U}_1 \\ \dot{U}_2 \end{bmatrix}$$

$$= \begin{bmatrix} Y'_{11}+Y''_{11} & Y'_{12}+Y''_{12} \\ Y'_{21}+Y''_{21} & Y'_{22}+Y''_{22} \end{bmatrix} \begin{bmatrix} \dot{U}_1 \\ \dot{U}_2 \end{bmatrix}$$

$$= [Y] \begin{bmatrix} \dot{U}_1 \\ \dot{U}_2 \end{bmatrix}$$

由此可得 $[Y] = [Y'] + [Y'']$。

因此,二端口并联所得复合二端口的 Y 参数矩阵等于两个二端口 Y 参数矩阵相加。

需要注意的是:

(1) 如图 13-4-5 所示的两个二端口并联时,其端口条件可能被破坏,此时上述关系式将不成立。

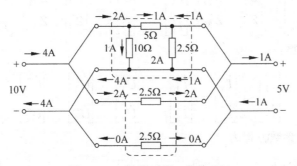

图 13-4-5　并联后端口条件破坏

(2) 具有公共端的二端口(三端网络形成的二端口),将公共端并在一起将不会破坏端口条件,如图 13-4-6(a)所示,该情况的应用举例如图 13-4-6(b)所示。

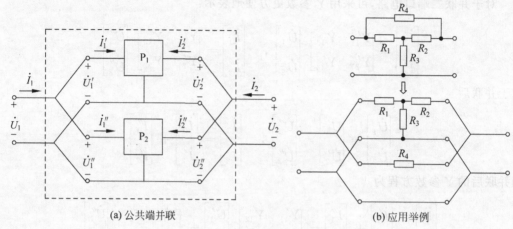

(a) 公共端并联   (b) 应用举例

图 13-4-6　公共端并联在一起

13.4.3 串联

二端口网络串联的电路形式如图 13-4-7 所示。

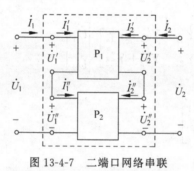

图 13-4-7　二端口网络串联

对于串联的电路采用 Z 参数更方便运算。串联的两个二端口网络的 Z 参数方程分别为

$$\begin{bmatrix} \dot{U}'_1 \\ \dot{U}'_2 \end{bmatrix} = \begin{bmatrix} Z'_{11} & Z'_{12} \\ Z'_{21} & Z'_{22} \end{bmatrix} \begin{bmatrix} \dot{I}'_1 \\ \dot{I}'_2 \end{bmatrix}, \quad \begin{bmatrix} \dot{U}''_1 \\ \dot{U}''_2 \end{bmatrix} = \begin{bmatrix} Z''_{11} & Z''_{12} \\ Z''_{21} & Z''_{22} \end{bmatrix} \begin{bmatrix} \dot{I}''_1 \\ \dot{I}''_2 \end{bmatrix}$$

根据电路的串联,可得:

$$\begin{bmatrix} \dot{I}_1 \\ \dot{I}_2 \end{bmatrix} = \begin{bmatrix} \dot{I}'_1 \\ \dot{I}'_2 \end{bmatrix} = \begin{bmatrix} \dot{I}''_1 \\ \dot{I}''_2 \end{bmatrix}, \quad \begin{bmatrix} \dot{U}_1 \\ \dot{U}_2 \end{bmatrix} = \begin{bmatrix} \dot{U}'_1 \\ \dot{U}'_2 \end{bmatrix} + \begin{bmatrix} \dot{U}''_1 \\ \dot{U}''_2 \end{bmatrix}$$

因此,串联电阻的 Z 参数方程为

$$\begin{bmatrix} \dot{U}_1 \\ \dot{U}_2 \end{bmatrix} = \begin{bmatrix} \dot{U}'_1 \\ \dot{U}'_2 \end{bmatrix} + \begin{bmatrix} \dot{U}''_1 \\ \dot{U}''_2 \end{bmatrix} = [Z'] \begin{bmatrix} \dot{I}'_1 \\ \dot{I}'_2 \end{bmatrix} + [Z''] \begin{bmatrix} \dot{I}''_1 \\ \dot{I}''_2 \end{bmatrix} = \{[Z'] + [Z'']\} \begin{bmatrix} \dot{I}_1 \\ \dot{I}_2 \end{bmatrix} = [Z] \begin{bmatrix} \dot{I}_1 \\ \dot{I}_2 \end{bmatrix}$$

则 $[Z] = [Z'] + [Z'']$。

由此可得出结论：二端口串联后复合二端口 Z 参数矩阵等于原二端口 Z 参数矩阵相加。可推广到 n 端口串联。

需要注意的是：

（1）串联后端口条件可能被破坏，此时上述关系式将不成立，需检查端口条件，如图 13-4-8 所示。

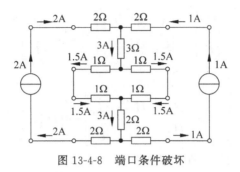

图 13-4-8 端口条件破坏

（2）如图 13-4-9(a)所示的具有公共端的二端口网络，将公共端串联时将不会破坏端口条件。该情况举例如图 13-4-9(b)所示。

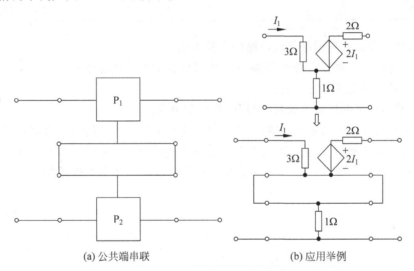

(a) 公共端串联　　　　　　　(b) 应用举例

图 13-4-9 端口条件不会破坏

13.5 本章小结

（1）可用不同的参数表示以不同的方式连接的二端口。

① Y 参数方程

$$\begin{bmatrix} \dot{I}_1 \\ \dot{I}_2 \end{bmatrix} = \begin{bmatrix} Y_{11} & Y_{12} \\ Y_{21} & Y_{22} \end{bmatrix} \begin{bmatrix} \dot{U}_1 \\ \dot{U}_2 \end{bmatrix} = [Y] \begin{bmatrix} \dot{U}_1 \\ \dot{U}_2 \end{bmatrix}$$

② Z 参数方程

$$\begin{bmatrix} \dot{U}_1 \\ \dot{U}_2 \end{bmatrix} = \begin{bmatrix} Z_{11} & Z_{12} \\ Z_{21} & Z_{22} \end{bmatrix} \begin{bmatrix} \dot{I}_1 \\ \dot{I}_2 \end{bmatrix} = [Z] \begin{bmatrix} \dot{I}_1 \\ \dot{I}_2 \end{bmatrix}$$

③ T 参数方程

$$\begin{bmatrix} \dot{U}_1 \\ \dot{I}_1 \end{bmatrix} = \begin{bmatrix} A & B \\ C & D \end{bmatrix} \begin{bmatrix} \dot{U}_2 \\ \dot{I}_2 \end{bmatrix} = [T] \begin{bmatrix} \dot{U}_2 \\ \dot{I}_2 \end{bmatrix}$$

④ H 参数方程

$$\begin{bmatrix} \dot{U}_1 \\ \dot{I}_2 \end{bmatrix} = \begin{bmatrix} H_{11} & H_{12} \\ H_{21} & H_{22} \end{bmatrix} \begin{bmatrix} \dot{I}_1 \\ \dot{U}_2 \end{bmatrix} = [H] \begin{bmatrix} \dot{I}_1 \\ \dot{U}_2 \end{bmatrix}$$

（2）线性无源二端口的互易性和对称性。

	Y 参数方程	Z 参数方程	T 参数方程	H 参数方程
互易二端口	$Y_{12} = Y_{21}$	$Z_{12} = Z_{21}$	$AD - BC = 1$	$H_{12} = -H_{21}$
对称二端口	$Y_{11} = Y_{22}$	$Z_{11} = Z_{22}$	$A = D$	$H_{11} H_{22} - H_{12} H_{21} = 1$

（3）线性无源二端口网络等效电路的变换方法。

方法 1，直接由参数方程得到 Z 参数或 Y 参数表示的等效电路；

方法 2，采用等效变换的方法。

（4）二端口网络的连接方式包括级联、并联和串联。

① 二端口级联所得的复合二端口 T 参数矩阵等于级联的二端口 T 参数矩阵相乘。

② 二端口并联所得复合二端口的 Y 参数矩阵等于两个二端口 Y 参数矩阵相加。

③ 二端口串联后复合二端口 Z 参数矩阵等于原二端口 Z 参数矩阵相加。

第13章 思维导图

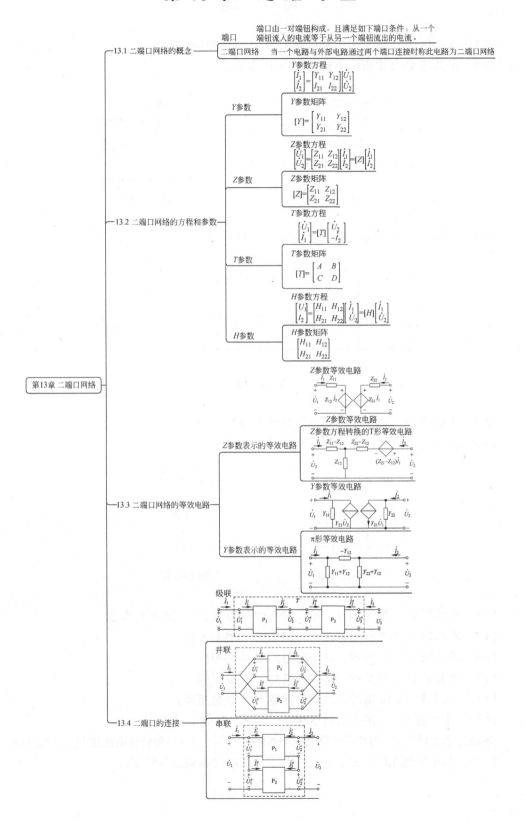

习　题

13-1　求如题 13-1 图所示二端口网络的 H 参数矩阵。

13-2　求如题 13-2 图所示电路的 $ABCD$ 参数。

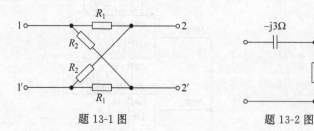

题 13-1 图　　　　　　　题 13-2 图

13-3　求如题 13-3 图所示各二端口网络的 H 参数矩阵。

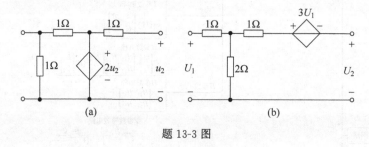

题 13-3 图

13-4　求如题 13-4 图所示二端口网络的 Y 参数。

13-5　求如题 13-5 图所示二端口网络的 Z 参数。

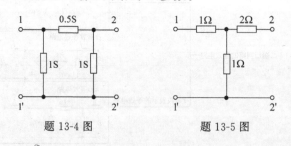

题 13-4 图　　　　　　　题 13-5 图

13-6　求如题 13-6 图所示各二端口网络的 Y 参数、Z 参数和 T 参数。

13-7　求如题 13-7 图所示各二端口网络的 T 参数矩阵。

13-8　求如题 13-8 图所示二端口网络的 Z 参数矩阵。

13-9　求如题 13-9 图所示二端口网络的 Y 参数矩阵。

13-10　求如题 13-10 图所示二端口网络的 Z 参数矩阵。

13-11　求如题 13-11 图所示网络在 $\omega = 2\mathrm{rad/s}$ 时的 Z 参数。

13-12　求如题 13-12 图所示电路的驱动点阻抗 $U_1(s)/I_1(s)$ 和转移电压比 $U_2(s)/U_1(s)$。

13-13　写出如题 13-13 图所示电路中 a、b 两端的驱动点导纳 $Y(s)$。

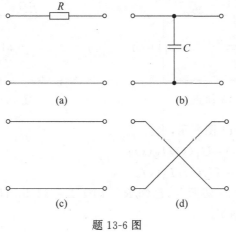

题 13-6 图

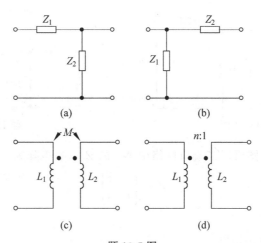

题 13-7 图

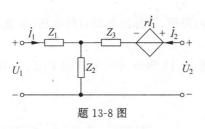

题 13-8 图

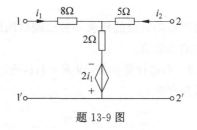

题 13-9 图

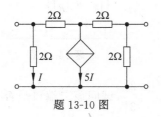

题 13-10 图

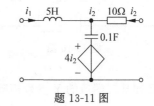

题 13-11 图

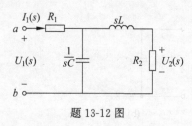

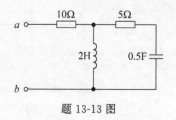

题 13-12 图　　　　　　　　题 13-13 图

13-14　电路如题 13-14 图所示，求：

(1) 驱动点阻抗 $Z_i(s)=U_1(s)/I_S(s)$；

(2) 转移阻抗 $Z_t(s)=U_2(s)/I_S(s)$。

13-15　电路如题 13-15 图所示，已知 $R=10\Omega, L=62.5\text{mH}, C=0.25\text{F}, g=3\text{S}, \omega=4\text{rad/s}$，求电路的输入导纳 Y。

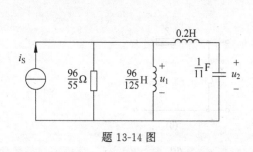

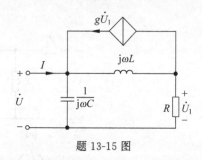

题 13-14 图　　　　　　　　题 13-15 图

13-16　如题 13-16 图所示二端口网络中 N_0 的 Z 参数矩阵为

$$Z=\begin{bmatrix} 2 & 3 \\ 3 & 3 \end{bmatrix}$$

求 U_2/U_S。

13-17　已知短路导纳矩阵

$$Y=\begin{bmatrix} 5 & -2 \\ 0 & 3 \end{bmatrix}$$

试绘出与此矩阵对应的任意一种二端口网络的电路图，并标出各端口的电压、电流参考方向以及元件的参数值。

13-18　不必计算参数，设 $R=1\Omega$，确定如题 13-18 图中所示电路的 Y、Z、T 及 H 四组参数是否都存在。

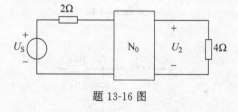

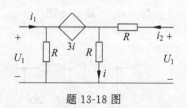

题 13-16 图　　　　　　　　题 13-18 图

13-19　已知某二端口的 Y 参数矩阵为 $Y=\begin{bmatrix} 5 & -2 \\ 0 & 3 \end{bmatrix}$，试问该二端口是否有受控源，并求它的 π 形等效电路。

13-20 对于如题 13-20 图所示的二端口网络,有

$$[H] = \begin{bmatrix} 16 & 3 \\ -2 & 0.01 \end{bmatrix}$$

求 $(1)V_2/V_1$;$(2)I_2/I_1$;$(3)I_1/V_1$;$(4)V_2/I_1$。

13-21 如题 13-21 图所示二端口网络的 N_0 的 Y 参数矩阵为

$$\begin{bmatrix} 3 & -1 \\ 20 & 2 \end{bmatrix}$$

求 $\dot{U}_2/\dot{U}_S$。

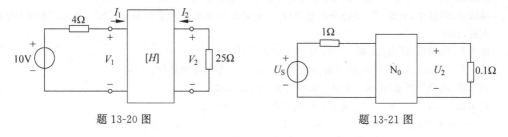

题 13-20 图　　　　　　　　　　题 13-21 图

13-22 已知题 13-22 图中二端口网络的短路导纳参数矩阵

$$Y = \begin{bmatrix} 1 & -0.25 \\ -0.25 & 0.5 \end{bmatrix}$$

该网络 1-1′端口接 4V 电压源,2-2′端口接电阻 R,试问 R 取何值时可获得最大功率? 此时 R 的最大功率为多少?

13-23 电路如题 13-23 图所示,二端口网络 N 的 Y 参数矩阵为 $Y = \begin{bmatrix} 2 & 1 \\ 2 & 2 \end{bmatrix}$ Ω,试求电压 $\dot{U}_1$、$\dot{U}_2$。

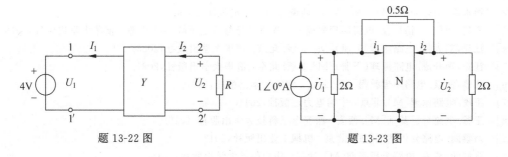

题 13-22 图　　　　　　　　　　题 13-23 图

参 考 文 献

[1] 尼尔森,里德尔.电路[M].周玉坤,等译.10 版.北京：电子工业出版,2015.

[2] 艾伯特·马尔维诺,戴维 J 贝茨.电子电路原理[M].8 版.北京：机械工业出版社,2019.

[3] 蔡伟建.电路原理(应用型本科)[M].2 版.杭州：浙江大学出版社,2021.

[4] 陈海洋.电路分析基础[M].西安：西安电子科技大学出版社,2018.

[5] 陈洪亮,田社平,吴雪,等.电路分析基础(电子信息学科基础课程系列教材)[M].北京：清华大学出版社,2009.

[6] 陈晓平.电路原理[M].3 版.北京：机械工业出版社,2018.

[7] 陈长兴,李敬社,段不虎.电路分析基础[M].北京：高等教育出版社,2014.

[8] 董翠莲.电路分析基础[M].北京：机械工业出版社,2019.

[9] 范承志.电路原理[M].4 版.北京：机械工业出版社,2014.

[10] 韩冬.电路原理(应用型本科规划教材)[M].上海：上海科学技术出版社,2019.

[11] 吉培荣,佘小莉.电路原理[M].北京：中国电力出版社,2016.

[12] 江缉光,刘秀成.电路原理[M].2 版.北京：清华大学出版社,2007.

[13] 李华,吴建华,王安娜,等.电路原理[M].4 版.北京：机械工业出版社,2020.

[14] 李玉玲.电路原理学习指导与习题解析[M].北京：机械工业出版社,2017.

[15] 刘朝阳,张丽红.电路原理[M].2 版.北京：电子工业出版社,2013.

[16] 刘陈.电路分析基础[M].4 版.北京：人民邮电出版社,2015.

[17] 刘健.电路分析[M].3 版.北京：电子工业出版社,2016.

[18] 马世豪.电路原理[M].北京：科学出版社,2017.

[19] 邱关源.电路[M].5 版.北京：高等教育出版社,2006.

[20] 施娟,周茜.电路分析基础[M].西安：西安电子科技大学出版社,2013.

[21] 宋文龙.电路分析基础[M].北京：中国林业出版社,2014.

[22] 谭永霞.电路分析[M].3 版.成都：西南交通大学出版社,2019.

[23] 汪建,何仁平,杨红权.电路原理教程——学习指导与习题题解[M].北京：清华大学出版社,2018.

[24] 汪建,刘大伟.电路原理(上册)[M].3 版.北京：清华大学出版社,2020.

[25] 汪建,李开成.电路原理(下册)[M].3 版.北京：清华大学出版社,2021.

[26] 汪建,汪泉.电路原理教程[M].北京：清华大学出版社,2017.

[27] 王玫.电路原理[M].北京：中国电力出版社,2011.

[28] 王源.电路分析基础[M].西安：西安电子科技大学出版社,2019.

[29] 翁黎朗.电路分析基础[M].北京：机械工业出版社,2017.

[30] 张荆沙,葛蓁.电路分析基础[M].武汉：华中科技大学出版社,2019.

[31] 张雪菲.电路分析基础(中英文)[M].北京：北京邮电大学出版社,2020.

[32] 朱桂萍,于歆杰,陆文娟,等.电路原理导学导教及习题解答[M].北京：清华大学出版社,2021.

[33] 俎云霄.电路分析基础[M].3 版.北京：电子工业出版社,2020.

图 书 资 源 支 持

感谢您一直以来对清华大学出版社图书的支持和爱护。为了配合本书的使用，本书提供配套的资源，有需求的读者请扫描下方的"书圈"微信公众号二维码，在图书专区下载，也可以拨打电话或发送电子邮件咨询。

如果您在使用本书的过程中遇到了什么问题，或者有相关图书出版计划，也请您发邮件告诉我们，以便我们更好地为您服务。

我们的联系方式：

教学资源·教学样书·新书信息

地　　　址：北京市海淀区双清路学研大厦 A 座 714

邮　　　编：100084

电　　　话：010-83470236　010-83470237

人工智能科学与技术
人工智能|电子通信|自动控制

资料下载·样书申请

资源下载：http://www.tup.com.cn

客服邮箱：tupjsj@vip.163.com

QQ：2301891038（请写明您的单位和姓名）

书圈

用微信扫一扫右边的二维码,即可关注清华大学出版社公众号。